U0793263

天津市首批“十四五”职业教育规划教材
高等职业教育人工智能技术应用专业系列教材

人工智能技术应用

主　编　杨美霞
副主编　史倩倩　高磊磊
参　编　王月娇　闫波波　陈媛媛　李晓晴　王一夫

机械工业出版社
CHINA MACHINE PRESS

本书为天津市首批“十四五”职业教育规划教材。本书紧跟新一代信息技术和人工智能主流技术的发展，选用 Python 这一人工智能领域的重要语言，培养学生的人工智能应用能力，以项目、任务为导向，将素质教育和相关知识的讲解贯穿在任务的实施过程中，对标“1+X”计算机视觉应用开发职业技能等级证书，使学生掌握人工智能在计算机视觉方面的具体应用，坚持与高等职业教育教学思想、岗位需求相结合的原则，通过具体的实施步骤完成预定的工作任务。本书的主要内容包括揭开人工智能的神秘面纱、初识物联网、探索大数据、走进云计算、解密区块链、学习 Python 基础、认识图像识别、认识自然语言处理、认识机器学习 9 个项目，通俗易懂，内容连贯，由浅入深，简单实用。

本书可作为职业本科及高职高专院校计算机类、电子信息类和自动化等专业的教材，也可作为人工智能初学者及相关开发人员的自学参考书。

本书配有电子课件，凡使用本书作为教材的教师可登录机械工业出版社教育服务网 www.cmpedu.com 注册后下载。咨询电话：010-88379375。

图书在版编目（CIP）数据

人工智能技术应用 / 杨美霞主编. —北京：机械工业出版社，2022.5（2024.6 重印）

高等职业教育人工智能技术应用专业系列教材

ISBN 978-7-111-70472-0

Ⅰ.①人… Ⅱ.①杨… Ⅲ.①人工智能-高等职业教育-教材 Ⅳ.①TP18

中国版本图书馆 CIP 数据核字（2022）第 058477 号

机械工业出版社（北京市百万庄大街 22 号 邮政编码 100037）

策划编辑：薛 礼　　责任编辑：薛 礼

责任校对：郑 婕 王明欣　　封面设计：张 静

责任印制：刘 媛

涿州市京南印刷厂印刷

2024 年 6 月第 1 版第 3 次印刷

184mm×260mm · 18.25 印张 · 417 千字

标准书号：ISBN 978-7-111-70472-0

定价：65.00 元

电话服务

客服电话：010-88361066

010-88379833

010-68326294

网络服务

机 工 官 网：www.cmpbook.com

机 工 官 博：weibo.com/cmp1952

金 书 网：www.golden-book.com

机工教育服务网：www.cmpedu.com

前 言

随着新一代信息技术的不断发展，人工智能正引发可产生链式反应的科学突破，催生一批颠覆性技术，加速培育经济发展新动能，塑造新型产业体系，引领新一轮科技革命和产业变革，深刻改变人类的社会生活。党的二十大报告指出，推动战略性新兴产业融合集群发展，构建人工智能等一批新的增长引擎，加快发展数字经济，促进数字经济和实体经济深度融合。因此新时代的大学生应掌握人工智能知识，能灵活运用人工智能技术分析和解决实际问题。

为了适应国家培养高素质技能型专业人才的需要，本书力求内容新颖，叙述简练，应用性强。特色如下：

1）本书坚持正确的政治方向和价值导向，全面落实党的二十大精神，贯彻实施科教兴国战略、人才强国战略、创新驱动发展战略，以社会主义核心价值观为引领，秉持和践行立德树人的教学理念，特设“素质目标”模块，将人工智能技术与素质教育相结合，将“科技强国”“自主可控”“树立远大理想”等内容融入课堂，实现素质教育贯穿教育教学全过程，做到“润物细无声”。

2）本书对标计算机视觉应用开发“1+X”证书制度标准，针对图像数据采集、标注、预处理、模型训练和部署等内容，通过若干任务的具体操作，使学生掌握人工智能具体应用的同时，也能考取“1+X”证书，实现书证融通、课证融通。

3）本书采用项目式编写体例，实施任务驱动，每个项目包括任务导入、素质目标、任务目标、任务分析、任务实施、任务评价、知识拓展、知识巩固和项目总结，框架清晰，循序渐进，层次分明。

4）本书以 Python 为载体进行人工智能相关程序的设计。Python 是一种面向对象、解释性高级程序设计语言，由于其语法简单功能强大、编写简洁、可读性好，能够用少量代码实现复杂的功能，已成为各行业应用开发的首选编程语言，目前已被大规模应用在人工智能领域。

5）本书为校企合作开发的教材。华为技术有限公司、深圳讯方技术有限公司等企业一线人员为本书的编写提供了大量的案例素材与宝贵建议，在此一并表示衷心的感谢！

本书可作为职业本科、高职高专院校计算机类、电子信息类和自动化类专业的教学用书，也可作为人工智能初学者及相关开发人员的自学参考书。

本书的项目一由高磊磊编写，项目二由王月娇编写，项目三、项目四由杨美霞编写，项目五、项目六由史倩倩编写，项目七由闫波波编写，项目八由陈媛媛编写，项目九由李晓晴编写，华为技术有限公司天津鲲鹏生态创新中心 CEO 王一夫等企业专家参与了本书部分内容编写，并提供技术支持。本书由杨美霞任主编并统稿。

由于编者水平所限，书中错误和不足之处敬请读者批评指正。

编　者

二维码清单

名称	二维码	名称	二维码	名称	二维码
01 人工智能的概念		12 计算机视觉		23 ZigBee	
02 人工智能 - 多学科融合		13 无人驾驶汽车		24 蓝牙	
03 图灵测试		14 华智冰		25 UWB	
04 达特茅斯会议		15 物联网的概念		26 智能交通	
05 专家系统		16 物联网体系架构		27 智能家居	
06 中国制造 2025		17 泛在网		28 数据的变革	
07 工业 4.0		18 RFID 的概念和特点		29 大数据的概念	
08 机器学习		19 RFID 系统的组成		30 大数据分析基本步骤	
09 卷积神经网络		20 传感器的概念		31 数据展现	
10 人机交互		21 无线传感网		32 大数据核心技术	
11 微软小冰		22 传感器的性能指标		33 HDFS	

（续）

名称	二维码	名称	二维码	名称	二维码
34 Spark 生态系统		46 引导虚拟机操作系统		58 区块链的技术原理	
35 Hive		47 Updates and other software		59 区块链的共识机制	
36 Storm		48 更换下载服务器		60 哈希算法是什么	
37 Zookeeper		49 Nova 计算服务		61 零知识证明是什么	
38 融通大数据与人工智能任务导入		50 Docker Client 和 Daemon		62 非对称加密算法是什么	
39 大数据与人工智能的关系		51 注册百度网盘账号并登录		63 上游——挖矿	
40 大数据与人工智能的挑战		52 使用百度网盘		64 区块链 + 人工智能，引领变革	
41 什么是云计算		53 区块链的任务导入		65 绘制多彩多角星任务导入	
42 云计算服务模式		54 什么是比特币		66 绘制一个等边三角形	
43 云计算部署模式		55 比特币系统是如何运行的		67 绘制一个五角星	
44 创建虚拟机		56 挖一枚比特币需要多少成本		68 改进绘制一个五角星	
45 VMware 三种网络类型		57 区块链的 5 个基本特征		69 绘制一个太阳花	

（续）

名称	二维码	名称	二维码	名称	二维码
70 灵活设置角星		82 运算符：比较、逻辑		94 字典	
71 Python 简介		83 选择结构		95 对 Excel 文件的操作	
72 安装 PyCharm		84 编写体育比赛打分程序任务导入		96 读 Excel 文件	
73 新建 . py 文件		85 随机生成参赛人员的分数		97 图像识别发展历史	
74 基本语法规则		86 得到参赛人员的有效分数		98 图像识别核心技术	
75 标识符		87 计算参赛人员的平均分和最终分		99 图像识别技术的应用	
76 运算符：算术、赋值、复合赋值		88 将参赛人员的最终分写入 Excel 文件		100 图像识别知识拓展	
77 循环结构		89 将所有参赛人员的最终分写入二维列表		101 人脸识别发展历史	
78 turtle 库		90 将所有参赛人员的信息写入二维列表		102 人脸识别流程及核心技术	
79 实现健康分类判断任务导入		91 将所有参赛人员的成绩排序后写入 Excel		103 人脸识别技术的应用	
80 计算并输出 BMI 值		92 random 库		104 人脸识别技术的应用及前景	
81 实现健康分类判断		93 列表		105 人脸识别技术的知识拓展	

（续）

名称	二维码	名称	二维码	名称	二维码
106 自然语言处理概述		116 项目实战实验流程		126 了解机器学习的特点任务目标	
107 自然语言处理的发展历程		117 项目实战环境搭建		127 机器学习的优缺点	
108 自然语言处理的工作原理		118 项目实战中的数据清洗、数据分词、去停用词		128 探索机器学习的发展历程	
109 NLP 应用场景		119 项目实战训练词向量空间		129 总结机器学习的发展历程	
110 NLP 未来展望		120 项目实战知识拓展		130 探索机器学习发展历程得到的启迪	
111 NLP 知识拓展		121 掌握机器学习的基本概念任务导入		131 理解机器学习的类型任务导入	
112 聊天机器人分类		122 掌握机器学习的基本概念素质目标		132 监督学习	
113 聊天机器人的自然语言理解		123 机器学习的定义		133 机器学习的流程	
114 聊天机器人知识拓展		124 机器学习与人类思考的对比			
115 项目实战任务分析		125 了解机器学习的特点任务导入			

目　录

人工智能技术应用

Contents

项目一
揭开人工智能的神秘面纱

任务一　掌握人工智能的基本概念

任务导入

为期 4 天的第五届世界智能大会于 2021 年 5 月 20 日在天津梅江会展中心正式拉开帷幕，本届世界智能大会智能科技展的参展企业和机构达 241 家，涵盖科研与应用、智能制造、智慧城市和交通、智慧生活等智能产品和技术。

步入展厅，犹如穿越时空来到了未来生活空间。中国中车、华为、中国电科、京东方和松下等科技企业向人们展示了众多生活、生产等不同场景下智能解决方案的应用。

作为新一轮科技革命和产业变革的重要协同力量，人工智能在算法、算力、大数据的技术驱动和巨大的经济社会需求牵引下，正在对全球经济社会发展和人类生产生活产生重大而深远的影响。本届世界智能大会不仅集中展示了人工智能赋能各个领域的全新变化，也贡献着我国在人工智能领域的“中国智慧”。

素质目标

我国目前已经被公认为人工智能大国，这将不断增强学生的民族自豪感。

任务目标

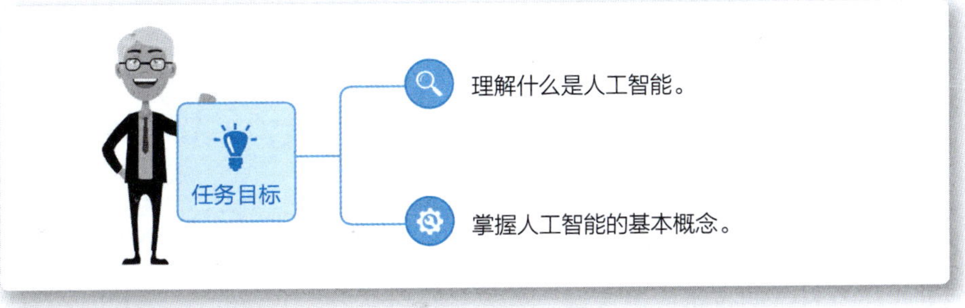

任务分析

为什么围棋世界冠军会输给 AlphaGo？为什么现在人人都在谈论“人工智能”这个新技术？为什么各大互联网企业（如微软、苹果等）都在紧锣密鼓地实施自己的人工智能战略？人工智能到底是什么？它能给人们带来哪些变化？

任务实施

人工智能（Artificial Intelligence，AI）是研究及开发用于模拟、延伸和扩展人的智能的理论、方法、技术及应用系统的一门新的技术科学。

01 人工智能的概念

尼尔逊教授对人工智能下了这样一个定义“人工智能是关于知识的学科——怎样表示知识以及怎样获得知识并使用知识的科学”。而美国麻省理工学院的温斯顿教授认为“人工智能就是研究如何使计算机去做过去只有人才能做的智能工作”。这些说法反映了人工智能学科的基本思想和基本内容，即人工智能研究人类智能活动的规律，构造具有一定智能的人工系统，研究如何让计算机去完成以往需要人的智力才能胜任的工作，也就是研究如何应用计算机的软硬件来模拟人类某些智能行为的基本理论、方法和技术。

人工智能是计算机学科的一个分支，20 世纪 70 年代以来被称为世界三大尖端技术之一（空间技术、能源技术和人工智能），也被认为是 21 世纪的三大尖端技术（基因工程、纳米科学和人工智能）之一。这是因为近 30 年来它获得了迅速的发展，在很多学科领域都获得了广泛应用，并取得了丰硕的成果。人工智能已逐步成为一个独立的分支，无论是在理论还是在实践上都已自成系统。

人工智能是多学科融合的科学，是一门极富挑战性的科学，从事这项工作的人必须懂得计算机科学、心理学和哲学等。人工智能是内涵十分广泛的科学，它由不同的领域组成，如机器学习、计算机视觉等，总的说来，人工智能研究的一个主要目标是使机器能够胜任一些通常需要人类智能才能完成的复杂工作。但不同的时代、不同的人对这种“复杂工作”的理解是不同的。2017 年 12 月，人工智能入选“2017 年度中国媒体十大流行语”。

02 人工智能－多学科融合

人工智能是研究使用计算机来模拟人的某些思维过程和智能行为（如学习、推理、思考及规划等）的学科，主要包括计算机实现智能的原理、制造类似于人脑智能的计算机等，使计算机能实现更高层次的应用。人工智能涉及的学科有计算机科学、心理学、哲学和语言学等，如图 1－1所示。可以说，人工智能几乎涉及了自然科学和社会科学的所有学科，其范围已远远超出了计算机科学的范畴。人工智能与思维科学的关系是实践和理论的关系，人工智能处于思维科学的技术应用层次，是思维科学的一个应用分支。从思维观点看，人工智能不仅限于逻辑思

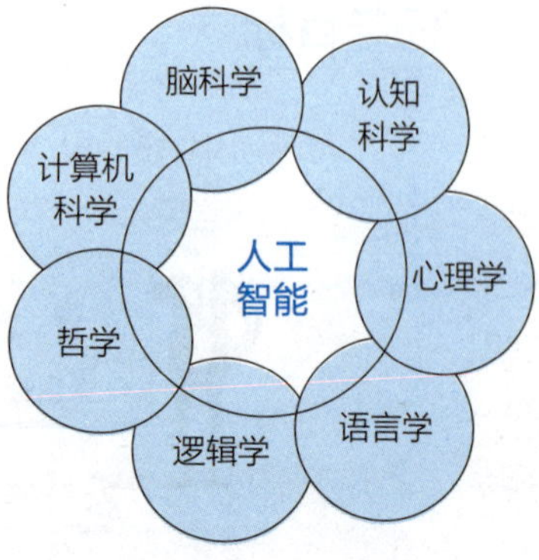

图 1－1 人工智能

维，还涉及形象思维、灵感思维等，它们共同促进人工智能的突破性发展。数学常被认为是多种学科的基础科学，人工智能学科必须借用数学这一工具，使其在标准逻辑、模糊数学等范围发挥作用，从而促进人工智能更快地发展。

任务评价

姓名：	班级：　　　　　　学号：
什么是人工智能？	
人工智能可以应用到哪些场景？	
21 世纪的三大尖端技术是什么？	
人工智能的思维和行为与人比较是相同的吗？	

知识拓展

作为“汉语盘点 2017”活动的重要组成部分，2017 年 12 月 8 日，国家语言资源监测与研究平面媒体中心发布“2017 年度中国媒体十大流行语”。本次发布的十大流行语包括“十九大”“新时代”“共享”“雄安新区”“金砖国家”“人工智能”“人类命运共同体”“天舟一号”“撸起袖子加油干”“不忘初心，牢记使命”。

“2017 年度中国媒体十大流行语”是基于国家语言资源监测语料库，利用语言信息处理技术，结合人工后期处理提取、筛选而获得的。语料来源包括国内 15 家报纸从 2017 年 1 月 1 日—11 月底的全部文本。这 15 家报纸包含国内的政府机关报、地方都市报和发行量较大的晚报，分别为北京日报、北京晚报、法制日报、光明日报、华西都市报、今晚报、南方都市报、齐鲁晚报、钱江晚报、人民日报、深圳特区报、新京报、新民晚报、羊城晚报和中国青年报。这些报纸的语料规模近 5 亿字次，代表了中国主流媒体的关注点、语言特点及其变化特征。

知识巩固

选择题

1. 人工智能的英文缩写为（　　）。

A. VR　　B. AP　　C. AI　　D. IA

2. 人工智能的目的是让机器能够（　　），以实现某些脑力劳动的机械化。

A. 具有智能　　B. 和人一样工作

C. 完全代替人的大脑　　D. 模拟、延伸和扩展人的智能

任务二　探究人工智能的发展历程

任务导入

2021年6月5日—6日，2021全球人工智能技术大会（GAITC 2021）在杭州未来科技城国际会议中心举行，会议邀请了包括31位中外院士在内的260位海内外人工智能专家及学者。本次会议同时举办了“首届全球人工智能技术创新大赛”及“全球人工智能技术博览会”两大活动，并同期举行“CAAI国际人工智能会议”“全国高校人工智能学院院长/系主任论坛”和“CAAI学术发展与学术期刊建设研讨会”，全面呈现了全球人工智能最新技术成就与前沿趋势。

素质目标

通过人工智能的发展历程可以得出“科技兴则民族兴，科技强则国家强”的结论。人工智能对经济的发展、产业的变革、技术的提升、商业模式的改变及用户体验效果的改善都具有重要的意义。学生要有使命感和责任感，努力提升自己的技术技能水平，为科技强国做贡献。

任务目标

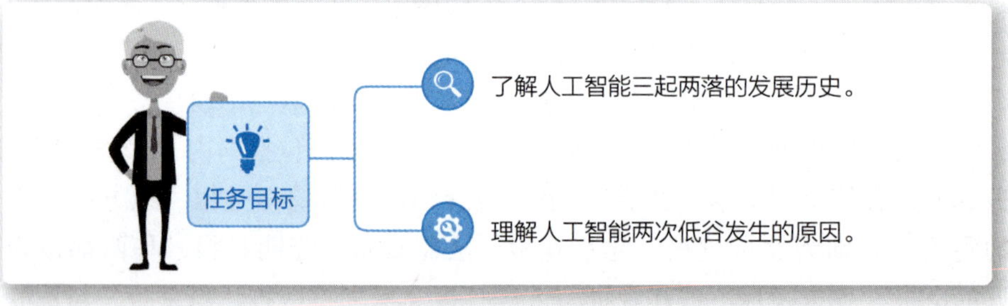

任务分析

如今人工智能已然成为香饽饽，在各行业都开始得到应用。然而人工智能并非是近些

年才兴起的，它经历了两次低谷和三次崛起才发展成当下热门的技术。因此，人工智能发展史其实也是一段励志的崛起史。

任务实施

1. 人工智能的起源

人工智能在20世纪五六十年代时被正式提出。1950年，一位名叫马文·明斯基的大学生与他的同学邓恩·埃德蒙一起建造了世界上第一台神经网络计算机。这也被看作是人工智能的一个起点。巧合的是，同样是在1950年，被称为“计算机科学之父”的阿兰·图灵提出了一个举世瞩目的想法——图灵测试。图灵的设想是：如果一台机器能够与人类开展对话而不能被辨别出机器身份，那么这台机器就具有智能。就在这一年，图灵还大胆预言了真正具备智能机器的可行性。

03 图灵测试

1956年8月，在美国汉诺斯小镇宁静的达特茅斯学院（图1-2）内，约翰·麦卡锡（John McCarthy）、马文·闵斯基（Marvin Minsky，人工智能与认知学专家）、克劳德·香农（Claude Shannon，信息论的创始人）、艾伦·纽厄尔（Allen Newell，计算机科学家）、赫伯特·西蒙（Herbert Simon，诺贝尔经济学奖得主）等科学家聚在一起开会，讨论着一个完全不食人间烟火的主题：用机器来模仿人类学习以及其他方面的智能。会议足足开了两个月，最终大家虽然没有达成普遍的共识，但是却为会议讨论的内容起了一个名字——人工智能。因此，1956年也就成了人工智能元年。

04 达特茅斯会议

就在这次会议后不久，麦卡锡从达特茅斯搬到了麻省理工学院。同年，闵斯基也搬到了这里，之后两人共同创建了世界上第一座人工智能实验室——MIT AI LAB。值得注意的是，达特茅斯会议正式确立了“人工智能”这一术语，并且开始从学术角度对其展开了严肃而精专的研究。在那之后不久，最早的一批人工智能学者和技术开始涌现。达特茅斯会议被广泛认为是人工智能诞生的标志，从此人工智能走上了快速发展的道路。

图1-2　达特茅斯学院

2. 人工智能的第一次高峰

达特茅斯会议之后，人工智能迎来了属于它的第一次高峰。在这段长达10余年的时间里，计算机被广泛应用于数学和自然语言领域，用来解决代数、几何和英语问题。这让很多学者树立了机器向人工智能发展的信心。甚至在当时，有很多学者认为“20年内，机器将能完成人能做到的一切”。

在研究人工智能的初期，受到显著成果和乐观精神驱使的很多美国大学，如麻省理工学院、卡内基梅隆大学、斯坦福大学和爱丁堡大学，都很快建立了人工智能项目及实验室，同时获得了来自 APRA（美国国防高级研究计划署）等政府机构提供的大量研发资金。

3. 人工智能的第一次低谷

20 世纪 70 年代，人工智能进入了一段痛苦而艰难的岁月。由于科研人员在人工智能研究中对项目难度估计不足，技术出现了瓶颈，导致与美国国防高级研究计划署的合作计划失败，为人工智能的前景蒙上了一层阴影。与此同时，社会舆论的压力也开始慢慢压向人工智能，导致很多研究经费被转移到了其他项目上。

当时，人工智能面临的技术瓶颈主要有 3 个方面：第一，计算机性能不足，导致早期的很多程序无法在人工智能领域得到应用；第二，早期的人工智能程序主要用于解决特定的问题，这些问题对象少、复杂性低，一旦问题上升维度，程序就不堪重负了；第三，数据量严重不足，当时不可能找到足够大的数据库来支撑程序进行深度学习，这就造成了机器因无法读取足够量的数据而难以达到智能化。

对于在这一时期研发的专家系统等人工智能系统，因受到计算机处理性能的制约，只能处理有限的数据，并且只有在特定的领域、特定的环境下才能够发挥作用。人们在对人工智能充满期待的同时，对研发出来的缺乏实用性的系统也较为失望，致使政府以及企业在人工智能方面的预算越来越少，造成人工智能项目停滞不前。1973 年，Lighthill 发表了针对英国 AI 研究状况的报告，批评了 AI 在实现“宏伟目标”上的失败。由此，人工智能遭遇了长达 6 年的科研“寒冬”。

4. 人工智能的崛起

20 世纪 80 年代，随着计算机性能的大幅提高，基于复杂规则的专家系统也可以在计算机上运行。1980 年，卡内基梅隆大学为数字设备公司设计了一套名为“XCON”的专家系统。这是一种采用人工智能程序的系统，可以简单地理解为“知识库 + 推理机”的组合。XCON 是一套具有完整专业知识和经验的计算机智能系统。这套系统在 1986 年之前每年能为公司节省超过 4000 美元的经费。有了这种商业模式后，衍生出了像 Symbolics、Lisp Machines 和 IntelliCorp、Aion 这样的硬件/软件公司。在此时期，仅专家系统产业的价值就高达 5 亿美元。专家系统在医疗、化学和地质等领域取得成功，推动了人工智能进入应用发展的新时期。

05 专家系统

5. 人工智能的第二次低谷

随着人工智能的应用规模不断扩大，专家系统存在的应用领域狭窄、缺乏常识性知识、知识获取困难、推理方法单一、缺乏分布式功能以及难以与现有数据库兼容等问题逐渐暴露出来。对通用智能机器或专家系统的研究因人机交互、智能感知技术等方面的瓶颈而停滞不前，到 20 世纪 80 年代后期，人工智能发展进入了第二个低谷期。

6. 人工智能再次崛起

从 20 世纪 90 年代中期开始，随着神经网络技术的逐步发展，以及人们对人工智能开始抱有客观理性的认知，人工智能技术开始进入平稳发展时期。1997 年 5 月 11 日，IBM 的计算机系统“深蓝”战胜了国际象棋世界冠军卡斯帕罗夫，又一次在公众领域引发了现象级的人工智能话题讨论，这是人工智能发展的一个重要里程碑。

2006 年，Hinton 在神经网络的深度学习领域取得了突破，人类又一次看到机器赶超人类的希望，这也是标志性的技术进步。

2016 年，Google 公司的 AlphaGo 战胜了韩国围棋棋手李世石，再度引发人工智能热潮。

人工智能不断爆发热潮，是与基础设施的进步和科技的更新分不开的，个人计算机的兴起和 GPU、异构计算等硬件设施的发展，都为人工智能的复兴奠定了基础。

同时，互联网的发展也使人工智能的数学能力得以提高。运算能力从传统的以 CPU 为主导变为以 GPU 为主导，这使人工智能发生了很大的变革。算法技术的更新助力人工智能的发展，最早期的算法一般是传统的统计算法，如 20 世纪 80 年代的神经网络，90 年代的浅层，2000 年前后的 SBM、Boosting、convex 的 methods 等。随着数据量的增大，计算能力的增强，深度学习的影响也越来越大。2011 年之后，深度学习的兴起带动了现今人工智能的快速发展。

可以说如今的人工智能真正地与产业结合在了一起，走进了人们的日常生活当中。搜索引擎的背后是以深度学习为基础的算法，美图秀秀的背后是机器视觉和人工智能艺术的结合，网络地图的背后是人工智能对大数据的挖掘和处理。

任务评价

姓名：	班级：　　　　　　学号：
人工智能元年是哪一年？	
人工智能第一次低谷产生的原因是什么？	
人工智能第二次低谷产生的原因是什么？	
人工智能第三次崛起的原因是什么？	

知识巩固

选择题

1.（　　）年被认为是人工智能元年。

A. 1950　　B. 1956　　C. 1980　　D. 1997

2. 1997年5月11日，IBM的计算机系统（　　）战胜了国际象棋世界冠军卡斯帕罗夫。

A. AlphaGo　　B. 深蓝　　C. AlphaZero　　D. Hinton

任务三　盘点世界主要国家的人工智能战略布局

任务导入

在移动互联网、大数据、超级计算、传感网和脑科学等新理论、新技术的驱动下，人工智能加速发展，呈现出深度学习、跨界融合、人机协同、群智开放和自主操控等新特征，正在对经济发展、社会进步、国际政治等方面产生重大而深远的影响。党的二十大报告指出，推动战略性新兴产业融合集群发展，构建新一代信息技术、人工智能、生物技术、新能源、新材料、高端装备、绿色环保等一批新的增长引擎。加快发展人工智能是我们赢得全球科技竞争主动权的重要战略抓手，是推动我国科技跨越发展、产业优化升级、生产力整体跃升的重要战略举措。不仅我国将人工智能上升为国家发展战略，世界上的其他国家也纷纷在人工智能领域寻找自己的位置。本任务将介绍世界各国的人工智能战略布局。

素质目标

立足国家发展全局，培养学生的科技创新精神，准确把握全球人工智能的发展态势，找准突破口和主攻方向，全面增强学生的科技创新基础能力，激发学生技术报国的使命感。

任务目标

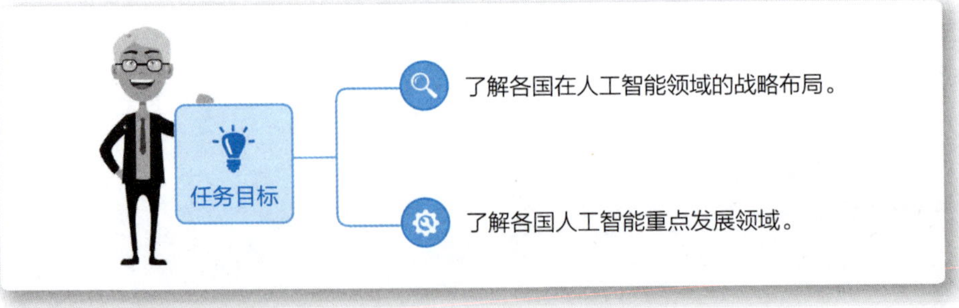

任务分析

人工智能是新一代科技革命的核心技术，特别是5G时代的到来加速了人工智能的研发与应用，深刻影响着全球人类的生产与生活。以及各国政治、经济、文化的发展。

为适应这一全球新科技革命，世界主要国家皆制定了人工智能的发展战略和规划，竞争趋于白热化。但由于市场规模、数据资源、技术水平和法律法规等的不同，各国在人工智能领域的战略布局有所不同，这又为全球化合作提供了基础和条件。竞争与合作并存，在全球产业链中找到自己新的位置，将是各国在新一轮全球科技与经济洗牌中的战略要点。

任务实施

1. 美国：布局互联网、芯片与操作系统等计算机软硬件

2016 年 10 月，美国总统奥巴马在与匹兹堡大学和卡内基梅隆大学联合举办的白宫前沿会议上就人工智能的未来发表公开演说，阐述其对未来人工智能研究的愿景。

2016 年 10 月，白宫科技政策办公室（OSTP）国家科学技术委员会（NSTC）发布《为人工智能的未来做准备》和《国家人工智能研究与发展战略计划》两份重要报告，正式将人工智能上升到国家战略层面。在这两份报告中，前者探讨了人工智能的发展现状、应用领域以及潜在的公共政策问题，后者提出了美国优先发展人工智能的七大战略方向及两方面建议。

2016 年 12 月，美国白宫发布《人工智能、自动化与经济》报告，深入阐述了人工智能驱动的自动化将会给经济带来的影响，并提出了国家的三大应对策略。

2018 年 5 月，美国白宫举办人工智能峰会，邀请业界、学术界和政府代表参与，成立了人工智能特别委员会，以改善联邦政府在人工智能领域的投入，努力消除创新与监管障碍，提高人工智能创新自由度与灵活性。特朗普政府特别强调了人工智能在国防安全领域的影响。

总体而言，美国两任总统在人工智能领域的发力点有所不同，但其焦点都在于如何面对人工智能全面发展的大趋势，着眼于长期对国家安全与社会稳定的影响与变革。

美国重点布局互联网、芯片与操作系统等计算机软、硬件，金融，军事以及能源等领域，目的是保持其在全球的技术领先地位。美国在整体的人工智能规划中，力图探讨人工智能驱动的自动化对经济的预期影响，研究人工智能给社会就业带来的机遇和挑战，进而提出相应计划与措施应对相关影响。

此外，美国也是历史上第一个在财政预算中将人工智能、自主和无人系统作为优先研发项目的国家。国防部以及 DAPRA 等机构密集部署人工智能研发，“算法战跨职能小组”“联合人工智能中心”成为美国开发人工智能军事应用的大前锋，面部识别、无人机扫描、外骨骼装置等可穿戴系统已在国土安全领域开展了实际应用。

2. 中国：覆盖广泛的研究和应用领域

我国已经成为全球第二大经济体，在人工智能研发和商用人工智能产品方面，我国正在缩小和美国的差距，我国现在已经是全球人工智能“两巨头”之一。

当然，这一切都离不开政府对人工智能发展的高度重视与战略布局。

2015 年 5 月，国务院印发《中国制造 2025》文件，明确了 9 项战略任务与重点，提出了 8 个方面的战略支撑与保障，目标是实现制造强国。

2016 年 8 月，国务院印发《“十三五”国家科技创新规划》，明确人工智能作为发展新一代信息技术的主要方向。

06 中国制造 2025

2017 年 7 月，国务院印发《新一代人工智能发展规划》。该规划是所有国家人工智能战略中最为全面的，包含了研发、工业化、人才发展、教育和职业培训、标准制定和法规、道德规范与安全等各个方面的战略，目标是，到 2030 年使中国人工智能理论、技术与应用总体达到世界领先水平，成为世界主要人工智能创新中心。

我国的人工智能战略覆盖了广泛的研究和应用领域，力图实现人工智能产业的全面发展。我国聚焦人工智能基础理论和关键技术，同时支持对人工智能交叉学科的研究；在应用领域，关注人工智能在农业、金融、制造、交通、医疗、商务、教育和环境等领域的应用。

我国的人工智能公司同样引人关注。例如，“商汤”毫无疑问是计算机视觉人工智能领域的全球领导者之一。“大疆”（DJI）是另一个例子，它创新性地将机器学习技术融入其最新产品中。

3. 德国：具有强大的“工业 4.0”基础

德国是最先提出“工业 4.0”的国家，具有高度的前瞻性，在发展人工智能的道路上也比较积极。

2011 年，德国推出“工业 4.0”国家战略，这是一个革命性的基础性科技战略，拟从最基础的制造层面上进行变革，从而实现整个工业发展质的飞跃。“工业 4.0”囊括了人工智能、机器人等领域的诸多相关研究与应用。

07 工业 4.0

2014 年，德国发布《新高科技战略》，提出推动协同创新与技术转移，扩大产学研合作，支持中小企业创新等举措，以稳固德国在科技和经济领域的领先地位，并成为创新世界的领导者。

2018 年 7 月，德国联邦政府发布《联邦政府人工智能战略要点》，要求加大对人工智能相关重点领域的研发和创新转化的资助，加强同法国人工智能的合作建设，实现互联互通；并要求加强人工智能基础设施建设，以将该国对人工智能的研发和应用提升到全球领先水平。

依托其“工业 4.0”计划，德国将人工智能的重点集中在人机交互、机器人自主学习、可穿戴、大数据分析、计算机视觉、语义技术、高性能技术以及信息物理系统等方面。在应用方面，德国着力发展自动驾驶、智慧城市、农业、医疗和能源等领域。

4. 法国：后发动力强劲

法国在人工智能发展大潮流中属于后发的强劲队伍行列。面对美、日、英、中等国家在人工智能领域的持续发力，法国担心被甩在队伍之后，便开始了积极布局，追赶人工智能洪流。

2013 年，法国政府推出《法国机器人发展计划》，旨在创造有利条件，推动机器人产业的持续发展，并实现“到 2020 年成为世界机器人领域前五强”的目标。

2017 年 3 月，奥朗德政府时期，法国制定了《国家人工智能战略》，对发展人工智能的具体政策提出了 50 多项建议，包括完善科研成果商业化机制，培养领军企业、扶持新兴企业，加大公私合作、寻求大量公私资金资助，给予国家政策倾斜并建立专门执行机构等，以动员全社会的力量共同谋划来促进人工智能发展，确保法国保持领先地位。

2018 年 3 月，法国政府公布了《法国人工智能发展战略》，将重点结合医疗、汽车、能源、金融和航天等法国较有优势的行业来研发人工智能技术，并宣布到 2020 年将投资 15 亿欧元用于开发人工智能研究，为法国人工智能技术研发创造更好的综合环境。

法国的人工智能发展战略注重抢占核心技术、标准化等制高点，重点发展大数据、超级计算机等技术；在人工智能应用上，关注健康、交通、生态经济、性别平等、电子政府以及医疗护理等领域。法国对人才培养和基础研究等方面也非常重视，另外，作为欧盟成员国，法国十分赞同欧盟对人工智能伦理开展研究的做法，也在积极部署开展相关工作，探索及解答人工智能带来的伦理性和政治性问题。

5. 英国：老牌工业强国底蕴深厚

英国大概是欧洲推动人工智能发展最积极的国家，也一直是人工智能的研究学术重镇。

2016 年 10 月，英国下议院科学和技术委员会发布《机器人技术和人工智能》报告，阐述人工智能的创新发展带来的潜在伦理道德与监管挑战，侧重阐述了英国将会如何规范机器人技术与人工智能系统的发展，以及如何应对其带来的伦理道德、法律及社会问题。

2016 年 11 月，英国政府科学办公室发布了《人工智能：未来决策的机会与影响》报告，阐述了人工智能对个人隐私、就业的影响，并指出人工智能在政府层面大规模使用的潜在可能性，就如何利用英国独特的人工智能优势来增强英国国力提出了建议。

2017 年 10 月，英国政府发布了《在英国发展人工智能》报告，对当前人工智能的应用、市场和政策支持进行了分析，从数据获取、人才培养、研究转化和行业发展 4 方面提出了促进英国人工智能产业发展的重要行动建议。该报告被纳入英国政府 2017 年的《政府行业策略指导》白皮书中，成为英国发展人工智能的重要指引。

2018 年 4 月，英国政府发布了《人工智能行业新政》报告，涉及推动政府和公司研发、STEM 教育投资、提升数字基础设施、增加人工智能人才和领导全球数字道德交流等方面的内容，旨在推动英国成为全球人工智能的领导者。

英国在人工智能的问题上布局颇为深远。英国将大量资金投入人工智能、智能能源技术、机器人技术以及 5G 网络等领域，更加注重实践与实用，已在海域工程、航天航空、农业和医疗等领域开展了人工智能技术的广泛应用。同时，英国发展人工智能的另一特点是注重人工智能人才的培养，在这一方面可谓出手不凡，斥巨资吸引、培养人工智能人才。

6. 日本：实现人工智能技术与各行业领域的对接

日本政府和企业界非常重视人工智能的发展，不仅将物联网、人工智能和机器人作为第四次产业革命的核心，还在国家层面建立了相对完整的研发促进机制，并将 2017 年确定为人工智能元年。虽然相对于中美而言，日本在以烧钱著称的人工智能和机器人行业的资金投入并不算高，但其在战略方面的反应并不迟钝。

2015 年 1 月，日本政府公布了《机器人新战略》，拟通过实施 5 年行动计划和六大重要举措达成三大战略目标，即“世界机器人创新基地”“世界第一的机器人应用国家”“迈向世界领先的机器人新时代”，使日本实现机器人革命，以应对日益突出的社会问题，提升日本制造业的国际竞争力，获取大数据时代的全球化竞争优势。

2016 年，日本提出“社会 5.0”战略，将人工智能作为实现超智能社会的核心，并设立“人工智能战略会议”进行国家层面的综合管理。

2017 年 3 月，日本 AI 技术战略委员会发布《人工智能技术战略》报告，阐述了日本政府为人工智能产业化发展制定的路线图，包括 3 个阶段：在各领域发展数据驱动人工智能技术应用（2020 年完成一、二阶段过渡），在多领域开发人工智能技术的公共事业（2025—2030 年完成二、三阶段过渡），联通各领域以建立人工智能生态系统。

日本一直以来都是亚洲制造强国，尤以名列世界前茅的机器人产业而闻名。日本已经在机器人、脑信息通信、语音识别、大数据分析等领域投入了大量科研精力。

日本的人工智能战略主张人工智能技术与各领域实现对接，在工业、农业、医药业、物流运输及智能交通等行业落实应用。日本希望通过大力发展人工智能来保持并扩大其在汽车、机器人等领域的技术优势，逐步解决人口老龄化、劳动力短缺、医疗以及养老等社会问题。由此可见，日本的人工智能研发与应用既保持了日本社会的传统文化特点，也显示了日本政府解决社会问题的决心与方法。

任务评价

姓名：	班级：　　　　学号：
美国人工智能重点关注的领域是什么？	
我国人工智能重点关注的领域是什么？	
日本人工智能重点关注的领域是什么？	

知识巩固

选择题

我国《新一代人工智能发展规划》于（　　）年发布。

A. 2016　　B. 2017　　C. 2018　　D. 2019

任务四　解析人工智能的关键技术

任务导入

李老师出门准备上班，提前预订好的共享无人驾驶汽车已经停在家门口，自动脸部识别获取李老师的信息后，车门自动打开。在车辆行驶的过程中，李老师整理好今天上课的资料后，打开一本昨夜未读完的书，享受着上班途中惬意的时光，当然中途还可以睡个回笼觉。当要抵达目的地时，车辆根据李老师的指令自动停到指定位置。现在无人驾驶汽车虽然与上述场景还有一段距离，但随着人工智能关键技术的发展，相信很快就能变成现实，本任务将介绍人工智能相关的关键技术。

素质目标

随着人工智能时代的到来，越来越多的岗位会被人工智能取代，未来对学生的能力及技能提出了更高的要求。学生应具备自主学习和终身学习的意识，养成实事求是、精益求精的品质，为自主创新打下良好的基础。

任务目标

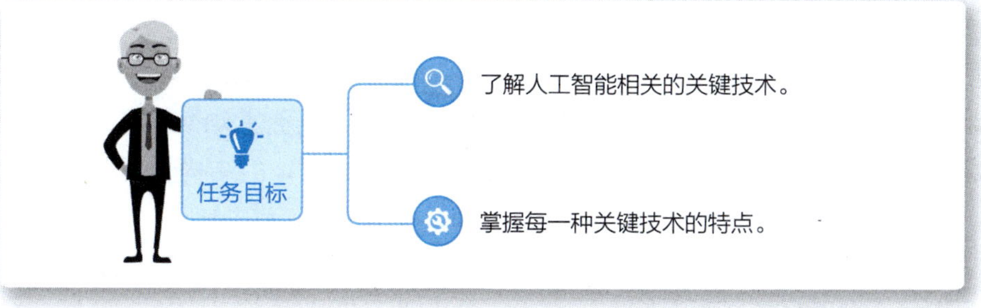

任务分析

无人驾驶汽车是智能汽车的一种，也称为轮式移动机器人，主要依靠车内以计算机系统为主的智能驾驶系统来实现无人驾驶的目的，是人工智能技术的一种典型应用。现如今，人工智能已经逐渐发展成一门庞大的技术体系，包含机器学习、深度学习、人机交互、自然语言处理和计算机视觉等多个领域的技术，下面对人工智能中的这些关键技术进行介绍。

任务实施

1. 机器学习

机器学习（Machine Learning，ML）是一门多领域交叉学科，涉及统计学、系统辨识、逼近理论、神经网络、优化理论、计算机科学和脑科学等诸多领域，通过研究计算机怎样模拟或实现人类的学习行为来获取新的知识或技能，通过知识结构的不断完善与更新来提升机器自身的性能。机器学习（图1-3）属于人工智能的核心领域。基于数据的机器学习是现代智能技术中的重要方法之一，研究从观测数据（样本）出发寻找规律，利用这些规律对未来数据或无法观测的数据进行预测。Alpha Go 就是这项技术一个很成功的体现。

08 机器学习

根据学习模式可将机器学习分为监督学习、无监督学习和强化学习等，根据学习方法可将机器学习分为传统机器学习和深度学习。

图1-3 机器学习

从20世纪50年代研究机器学习以来，不同时期的研究途径和目标并不相同，可以划分为4个阶段。

第一阶段是20世纪50年代中期到60年代中期，这个时期主要研究“有无知识的学习”。本阶段主要通过对机器的环境及其相应性能参数的改变来检测系统所反馈的数据，就好比给系统一个程序来改变它们的自由空间作用，系统将会受到程序的影响而改变自身的组织，最后这个系统将会选择一个最优的环境生存。在这个时期，最具有代表性的研究就是 Samuet 的下棋程序。但这种机器学习的方法还远远不能满足人类的需要。

第二阶段是从20世纪60年代中期到70年代中期，这个时期主要研究将各个领域的知识植入系统里。本阶段的研究目的是通过机器来模拟人类学习的过程，采用图结构及逻辑结构方面的知识进行系统描述。在这一研究阶段，主要使用各种符号来表示机器语言。研究人员在进行实验时意识到学习是一个长期的过程，从这种系统环境中无法学到更加深入的知识，因此研究人员将各专家学者的知识加入系统，并经过实践证明这种方法取得了一定的成效。这一阶段具有代表性的系统有温斯顿（Winson）的结构学习系统和海斯罗思（Hayes-Roth）的归纳学习系统。

第三阶段是从20世纪70年代中期到80年代中期，称为复兴时期。在此期间，人们从学习单个概念扩展到学习多个概念，探索不同的学习策略和学习方法。另外，在本阶段已开始把学习系统与各种应用结合起来，并取得很大的成功。同时，专家系统在知识获取方面的需求也极大地刺激了机器学习的研究和发展。在出现第一个专家系统之后，示例归纳学习系统成为研究的主流，自动知识获取成为机器学习应用的研究目标。1980年，在美国的卡内基梅隆大学 CMU 召开了第一届机器学习国际研讨会，标志着机器学习研究已在全世界兴起。此后，机器学习开始得到了大量的应用。1984年，Simon 等20多位人工智能专家共同撰写的 *Machine Learning* 文集第二卷出版，国际性杂志 *Machine Learning* 创刊，更加显示出机器学习突飞猛进的发展趋势。这一阶段代表性的工作有 Mostow 的指导式学习、Lenat 的数学概念发现程序、Langley 的 BACON 程序及其改进程序。

第四阶段是从 20 世纪 80 年代中期至今，是机器学习的最新阶段。这个时期的机器学习具有如下特点：

1）机器学习已成为新的学科，它综合应用了心理学、生物学、神经生理学、数学、自动化和计算机科学等，形成了机器学习理论基础。

2）融合了各种学习方法，并且形式多样的集成学习系统研究正在兴起。

3）机器学习与人工智能各种基础问题的统一性观点正在形成。

4）各种学习方法的应用范围不断扩大，部分应用研究成果已转化为产品。

5）与机器学习有关的学术活动空前活跃。

2. 深度学习

深度学习（Deep Learning，DL）是机器学习领域中的一个新研究方向，它被引入机器学习而使其更接近最初的目标——人工智能。

深度学习是指学习样本数据的内在规律和表示层次，在这些学习过程中获得的信息对诸如文字、图像和声音等数据的解释有很大的帮助。它的最终目标是让机器能够像人一样具有分析、学习能力，能够识别文字、图像和声音等数据。深度学习是一个复杂的机器学习算法，在语音和图像识别方面取得的成果远远超过先前的相关技术。

深度学习在搜索技术、数据挖掘、机器学习、机器翻译、自然语言处理、多媒体学习、语音、推荐和个性化技术，以及其他相关领域都取得了很多成果。深度学习使机器能够模仿、视听和思考等人类的活动，解决了很多复杂的模式识别难题，使得人工智能相关技术取得了很大进步。

深度学习是一类模式分析方法的统称，就具体研究内容而言，主要涉及如下 3 类方法：

09 卷积神经网络

1）基于卷积运算的神经网络系统，即卷积神经网络（CNN）。

2）基于多层神经元的自编码神经网络，包括自编码（Auto Encoder）以及近年来受到广泛关注的稀疏编码两类（Sparse Coding）。

3）以多层自编码神经网络的方式进行预训练，进而结合鉴别信息进一步优化神经网络权值的深度置信网络（DBN）。

近年来，研究人员也逐渐将这几类方法结合起来，如将原本以有监督学习为基础的卷积神经网络结合自编码神经网络进行无监督的预训练，进而利用鉴别信息微调网络参数，形成卷积深度置信网络。与传统的学习方法相比，深度学习方法预设了更多的模型参数，因此模型训练难度更大。根据统计学习的一般规律可知，模型参数越多，需要参与训练的数据量也越大。

20 世纪八九十年代，由于计算机的计算能力有限和相关技术的限制，可用于分析的数据量太小，深度学习在模式分析中并没有表现出优异的识别性能。自从 2006 年 Hinton 等提出快速计算受限玻耳兹曼机（RBM）网络权值及偏差的 CD－K 算法以后，RBM 就成了增加神经网络深度的有力工具，导致后面使用广泛的 DBN（由 Hinton 等开发并已被微软等公司用于语音识别中）等深度网络的出现。与此同时，稀疏编码等由于能自动从数据中提取特征，也被应用于深度学习中。基于局部数据区域的卷积神经网络方法近年来也被大量研究。

3. 人机交互

10 人机交互

关于人机交互，它最重要的方面是研究人和计算机之间的信息交换，主要包括人到计算机和计算机到人的两部分信息交换，是人工智能领域的重要的外围技术。人机交互是与认知心理学、人机工程学、多媒体技术、虚拟现实技术等密切相关的综合学科。传统的人与计算机之间的信息交换主要依靠交互设备进行，包括键盘、鼠标、操纵杆、眼动跟踪器、位置跟踪器、数据手套和压力笔等输入设备，以及打印机、绘图仪、显示器、头盔式显示器、音箱等输出设备。人机交互技术除了传统的基本交互和图形交互外，还包括语音交互、情感交互、体感交互及脑机交互等技术。

过去几年间，人工智能发展迅猛，改变了人与机器互动的方式，影响了人们的生活，重新定义了人与机器的关系。纵观整个科技发展史，变革其实都是由交互体验革新引发的：鼠标、键盘打开了 PC 时代的大门，触摸屏打开了移动互联网时代的大门。而在 AI 时代，交互设计变革不是一种进化，是重构，它将重构工具、生产力、人们的生活甚至是美学。

（1）语音交互　语音识别和语义理解是人工智能领域相对成熟的技术，语音交互在人工智能时代已经有了先发优势，正在逐渐落地并且有望大规模应用。目前，语音交互已经加速在智能家居、手机、车载、智能穿戴和机器人等行业的渗透和落地。未来，随着语音技术的不断完善，语音交互的自然度将进一步提升，并愈加趋向人类自然对话的体验，如图 1－4 所示。

a）　b）　c）　d）

图 1－4　语音交互

（2）多通道交互　人脸、手势等通道更多地出现在产品中，多通道交互成为主流交互形式。

目前，语音交互是人类沟通和获取信息最自然、便捷的方式，已成为主流交互方式之一。除语音外，随着计算机视觉技术的发展，智能体还可通过识别人脸、指纹、面部表情和肢体动作等人体信息，更加方便、快捷地判断用户意图和需求，并适时准确地提供服务或给予回应。

其中，人脸识别作为生物特征识别中的重要分支，近几年发展最为迅速。目前，人脸

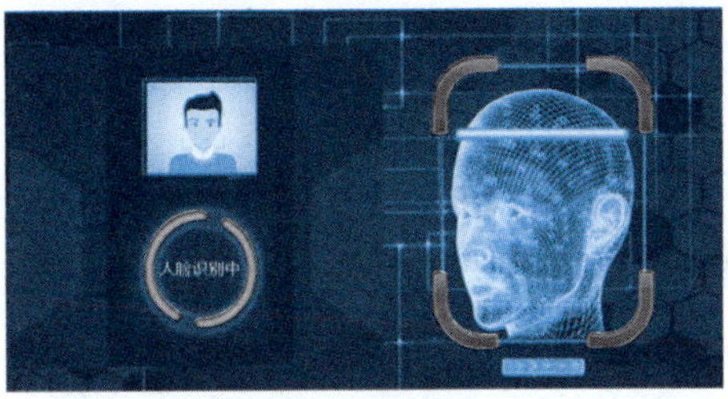

图 1-5 人脸识别

识别主要用于确认用户身份，进行安全解锁、安全支付、安全通行等，已在金融、智能家居、景区票务和智能安防等领域广泛应用，给人们的生活带来很多便利，如图 1-5 所示。

未来，基于人脸更多细节特征信息（如表情、精神状态和皮肤状态等）的识别将打开更多的交互空间和应用场景。除此以外，手势作为接近人与人自然交互的一种方式，随着可识别的手势种类和自由度的不断提升，将在智能驾驶、智能家居等领域优先落地。

（3）人设 智能体开始拥有明确的人设。所谓“人设”，是指用户在与智能体的互动过程中，根据感知到的综合特征推断出的一种具有一致性的角色形象，一般由性格（如外向、善良等）、关系（如助手、朋友等）和基本属性（如性别、年龄等）构成。

用户对智能体人设的感知会自然地形成，若不主动进行设计，用户的感知将漫无边际，甚至产生各种不可控的风险。目前，不少企业已经开始主动设计智能体的人设形象，比如起名字、设置性别与年龄和定义性格特征等。微软小冰如图 1-6 所示。

11 微软小冰

4. 自然语言处理

语言是人类区别其他动物的本质特性。在所有生物中，只有人类才具有语言能力。人类的多种智能都与语言有着密切的关系。人类的逻辑思维以语言为形式，人类的绝大部分知识也是以语言文字的形式记载和流传下来的。因而，语言也是人工智能的一个重要部分，甚至核心部分。

图 1-6 微软小冰

用自然语言与计算机进行通信，这是人们长期以来所追求的。因为它既有明显的实际意义，同时也有重要的理论意义：人们可以用自己最习惯的语言来使用计算机，而无须再花大量的时间和精力去学习不很自然和不习惯的各种计算机语言；人们也可通过它进一步了解人类的语言能力和智能的机制。

自然语言处理是计算机科学领域与人工智能领域中的一个重要方向。它研究能实现人与计算机之间用自然语言进行有效通信的各种理论和方法。自然语言处理是一门融语言学、计算机科学、数学于一体的科学。因此，这一领域的研究将涉及自然语言，即人们日常使用的语言，所以它与语言学的研究有着密切的联系，但又有重要的区别。自然语言处理并不是一般地研究自然语言，而在于研制能有效地实现自然语言通信的计算机系统，特别是其中的软件系统。因而它是计算机科学的一部分。

许多不同类型的机器学习算法已应用于自然语言处理任务。这些算法的输入是通过输入数据生成的“特征”。一些较早使用的算法（如决策树）产生的 if…then 规则类似于手写的规则。然而，越来越多的研究集中于统计模型。此类模型具有许多不同的、可能的答案，而不是只有一个相对的确定答案。

5. 人工神经网络

人工神经网络（Artificial Neural Network，ANN）是20世纪80年代以来人工智能领域兴起的研究热点。它从信息处理角度对人脑神经元网络进行抽象，建立某种简单模型，按不同的连接方式组成不同的网络，如图1－7所示。在工程与学术界也常将人工神经网络直接简称为神经网络或类神经网络。神经网络是一种运算模型，由大量的节点（或称神经元）相互连接构成。每个节点都代表一种特定的输出函数，称为激励函数（Activation Function）。每两个节点间的连接都代表通过该连接信号的加权值，称之为权重，这相当于人工神经网络的记忆。网络的输出则因网络的连接方式、权重值和激励函数的不同而不同。而网络自身通常都是对自然界某种算法或者函数的逼近，也可能是对一种逻辑策略的表达。

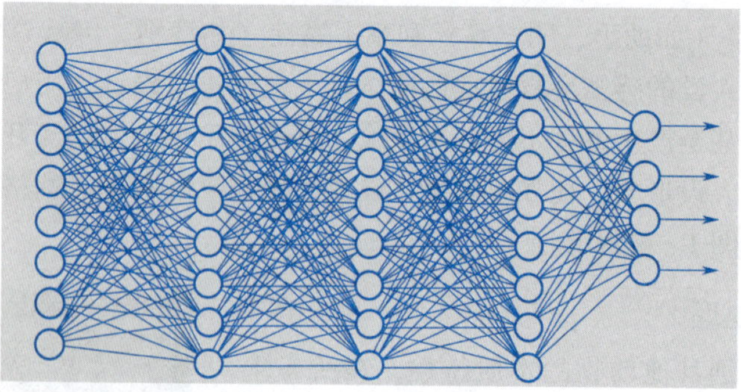

图1－7 人工神经网络

最近10多年来，人工神经网络的研究工作不断深入，已经取得了很大的进展，其在模式识别、智能机器人、自动控制、预测估计、生物、医学和经济等领域已成功地解决了许多现代计算机难以解决的实际问题，表现出了良好的智能特性。

人工神经网络是由大量处理单元互联组成的非线性、自适应信息处理系统。它是在现代神经科学研究成果的基础上提出的，试图通过模拟大脑神经网络处理、记忆信息的方式进行信息处理。人工神经网络具有如下4个基本特征：

1）非线性。非线性关系是自然界的普遍特性。大脑的智慧就是一种非线性现象。人工神经元处于激活或抑制两种不同的状态，这种行为在数学上表现为非线性人工神经网络关系。具有阈值的神经元构成的网络具有更好的性能，可以提高容错性和存储容量。

2）非局限性。一个神经网络通常由多个神经元广泛连接而成。一个系统的整体行为不仅取决于单个神经元的特征，而且可能主要由单元之间的相互作用、相互连接所决定。通过单元之间的大量连接模拟大脑的非局限性。联想记忆是非局限性的典型例子。

3）非常定性。人工神经网络具有自适应、自组织、自学习能力。神经网络不但处理的信息可以有各种变化，而且在处理信息的同时，非线性动力系统本身也在不断变化，经常采用迭代过程描写动力系统的演化过程。

4）非凸性。一个系统的演化方向，在一定条件下将取决于某个特定的状态函数。例如能量函数，它的极值对应于系统比较稳定的状态。非凸性是指这种函数有多个极值，故系统具有多个较稳定的平衡态，这将导致系统演化的多样性。

人工神经网络的特点和优越性主要表现在如下 3 个方面：

1）具有自学习功能。例如实现图像识别时，只要把许多不同的图像样板和对应的应识别的结果输入人工神经网络，网络就会通过自学习功能慢慢学会识别类似的图像。自学习功能对于预测有特别重要的意义。未来的人工神经网络计算机将为人类提供经济预测、市场预测和效益预测，其应用是很广泛的。

2）具有联想存储功能。用人工神经网络的反馈网络就可以实现这种联想。

3）具有高速寻找优化解的功能。寻找一个复杂问题的优化解，往往需要很大的计算量。利用一个针对某问题而设计的反馈型人工神经网络，充分发挥计算机的高速运算能力，可能很快能找到优化解。

6. 计算机视觉

计算机视觉是一门研究如何使机器“看”的科学，更进一步地说，就是指用摄像机和计算机代替人眼对目标进行识别、跟踪和测量等，并进一步做图形处理，使计算机处理成为更适合人眼观察或传送给仪器检测的图像。作为一个科学学科，计算机视觉是研究相关的理论和技术，试图建立能够从图像或者多维数据中获取“信息”的人工智能系统。

12 计算机视觉

计算机视觉是工程领域和科学领域中的一个富有挑战性的重要研究领域。计算机视觉是一门综合性的学科，它已经吸引了来自各个学科的研究者参加到对它的研究之中，其中包括计算机科学和工程、信号处理、物理学、应用数学和统计学、神经生理学和认知科学等，如图 1 - 8 所示。

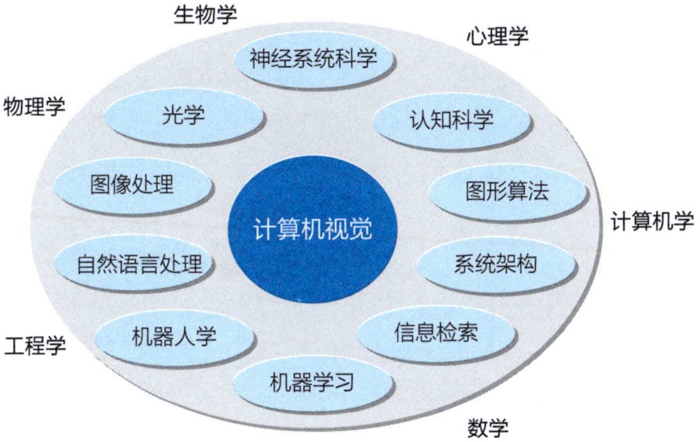

图 1 - 8　计算机视觉

计算机视觉就是用各种成像系统代替视觉器官作为输入手段，由计算机来代替大脑完成处理和解释。计算机视觉的最终研究目标是使计算机能像人那样通过观察、理解世界，具有自主适应环境的能力。

人类已经进入了信息时代，计算机会越来越广泛地进入几乎所有领域。一方面是更多未经计算机专业训练的人也需要应用计算机，另一方面是计算机的功能越来越强，使用方法越来越复杂。这就使人们在进行交谈和通信时的灵活性与在使用计算机时的刻板之间产生了尖锐的矛盾。人可以通过视觉、听觉、语言与外界交换信息，并且可用不同的方式表示相同的含义，而计算机却要严格按照各种程序语言来编写程序，只有这样计算机才能运行。为了使更多的人能使用复杂的计算机，必须改变那种为了让人适应计算机而死记硬背计算机使用规则的情况，而应反过来让计算机来适应人的习惯和要求，以人所习惯的方式与人进行信息交换，也就是让计算机具有视觉、听觉和说话等的能力。这时的计算机必须具有逻辑推理和决策的能力，具有上述能力的计算机就是智能计算机。智能计算机不但更便于被人们使用，同时用这样的计算机来控制各种自动化装置，特别是智能机器人，就可以使这些自动化装置和智能机器人具有适应环境和自主做出决策的能力，进而在各种场合取代人的繁重工作，或代替人到各种危险和恶劣环境中完成任务。

任务评价

姓名：	班级： 学号：
什么是机器学习？	
深度学习与机器学习的区别及关系是什么？	
人机交互的重点是什么？	
计算机视觉的作用是什么？	

知识巩固

选择题

要想让机器具有智能，必须让机器具有知识。因此，在人工智能中有一个研究领域，主要研究计算机如何自动获取知识和技能，实现自我完善，这门研究分支学科称为（ ）。

A. 专家系统　　B. 机器学习　　C. 神经网络　　D. 模式识别

任务五　探索人工智能成功应用的领域

任务导入

一天早上，你带着的智能睡眠检测系统会根据你的脑电波图，根据你晚上的睡眠周期，确定是否该把你叫醒，然后你在轻柔舒缓的音乐里慢慢醒来，开始你美妙的一天。睡醒之后，智能手环已经检测到了你的血液指标，根据你最近进食的记录和偏好，给你选好了适宜的早餐，发送指令给厨用机器人。厨用机器人根据你最近的血液成分记录和你的口感偏好，给你呈现个性化定制的早餐。当你出门时，一辆无人驾驶汽车早已停在了门口，你只要说出地点，无人驾驶汽车就会安全、快捷地开往目的地。随着人工智能的快速发展，上面的场景正在逐渐变成现实。下面就来一起看看人工智能成功应用的领域。

素质目标

科大讯飞的人工智能翻译、百度的无人驾驶汽车、大疆的无人机以及海康威视的视频监控等人工智能的成熟应用，是科技工作者和各行各业的工作人员将理论联系实践、不断探索的结果。通过这些典型的案例要培养学生的科技创新精神，激发学生艰苦奋斗、自主创新的学习热情。

任务目标

任务分析

现如今，人工智能已经逐渐发展成一门庞大的技术体系，我们身边人工智能的应用也无处不在，已经融入了日常生活的方方面面。人工智能时代已经到来，你准备好了吗？

任务实施

1. 科大讯飞与人工智能翻译

据统计，每年我国的出境旅游达上亿人次，出国旅游的语言问题是怎么解决的？虽然我国的英语教育比较普及，但真正能流利对话的还是少数，这时一个能随身携带的翻译工具就显得非常重要。

在语言翻译上，机器翻译由来已久，但由于译文死板、速度慢等原因为人诟病。在将人工智能技术运用到翻译领域后，机器翻译终于可以与人工翻译一较高下，可用于解决日常生活中的语言沟通问题。

在 2019 的世界人工智能大会上，科大讯飞翻译机凭借新一代语音翻译关键技术及系统获得了人工智能大会的最高荣誉“SAIL”奖。据了解，科大讯飞在语音识别合成以及机器翻译等关键技术这一方面陆续取得突破，讯飞翻译机 3.0 就是该企业的代表作。作为一款采用神经网络的机器翻译设备，在语音识别、语义理解、语音合成及图像识别等专业技术范畴内，讯飞翻译机 3.0 可以达到全球领先的技术水平，用户不仅听得清，而且听得懂，在发音更优美的同时，翻译结果也更精准，甚至有用户表示讯飞翻译机 3.0 的发音可媲美播音员。数据显示，目前该设备可以支持全球近 200 个国家和地区的语音即时翻译，离线语音识别训练模型规模可扩大 5 倍，处理器采用 8 核，性能翻倍，在 0.5s 之内就可以完成一次翻译任务。如此强悍的性能进一步显示出科大讯飞在人工智能技术这一方面的卓尔不群。而在未来，通过技术的不断落地应用，科大讯飞也将会持续推进智能翻译设备的升级，在功能及使用体验上将会持续开发更多的亮点，通过不断的更新换代，有望成为我国与世界各国沟通的智能语音翻译神器。

2. 百度与无人驾驶汽车

在 2020 年 10 月结束的国新办交通运输经济运行情况发布会上，交通运输部新闻发言人、政策研究室主任吴春耕在回答记者提问时表示，交通运输部将自动驾驶作为科技创新支撑加快建设交通强国的重要领域之一，始终坚持“鼓励探索、包容失败、确保安全、反对垄断”的原则，积极推进自动驾驶技术的研发试点和应用工作，取得了积极进展。

13 无人驾驶汽车

百度公司多年来坚持推进自动驾驶技术的研发和测试，自动驾驶安全测试里程已达到 600 万公里，载人测试超过 10 万人次，已经可以实现部分城市道路、封闭高速和园区景区的安全运行，在北京、长沙、沧州等城市也开展了载人测试试点。在国家相关部门的指导下，百度公司将继续坚持中国特色的车路协同自动驾驶路线，联合产业链上下游伙伴，继续推进自动驾驶技术的落地和成熟。

3. AlphaGo

AlphaGo 是第一个战胜围棋世界冠军的人工智能机器人，由谷歌（Google）旗下的 DeepMind 公司开发，其主要工作原理是“深度学习”。

2015 年 10 月，与 AlphaGo 一较高下的棋手是 2013—2015 年的欧洲围棋冠军、生于中国的樊麾。双方以正式比赛中使用的十九路棋盘进行了无让子的 5 局较量，AlphaGo 以5:0 的总比分获胜。

2016 年 3 月，AlphaGo 与围棋世界冠军、职业九段棋手李世石进行人机大战，以 4:1 的总比分获胜。

2016 年末至 2017 年初，AlphaGo 在中国棋类网站上以“大师”（Master）为注册账号与中日韩数十位围棋高手进行快棋对决，连续 60 局无一败绩。

2017 年 5 月，在中国乌镇围棋峰会上，AlphaGo 与排名世界第一的世界围棋冠军柯洁对战，以3:0的总比分获胜。围棋界公认AlphaGo的棋力已经超过人类职业围棋顶尖水平，如图1－9所示。

图1－9　人机大战

2017年5月27日，在柯洁与AlphaGo的人机大战之后，AlphaGo团队宣布AlphaGo将不再参加围棋比赛。2017年10月18日，DeepMind团队公布了最强版AlphaGo，代号为AlphaGo Zero。

DeepMind公司将AlphaGo的发展分为4个阶段，也就是4个版本：第一个版本是战胜樊麾的版本；第二个版本是战胜李世石的版本；第三个版本是在围棋对弈平台注册名为“Master”（大师）的版本，其在与人类顶尖棋手的较量中取得60胜0负的骄人战绩；第四个版本即最新版，开始学习围棋3天后便以100:0的成绩横扫了第二版本的AlphaGo，学习40天后又战胜了在人类高手看来不可企及的第三个版本“大师”。

谷歌Deep Mind首席执行官（CEO）戴密斯·哈萨比斯宣布：“要将阿尔法围棋（AlphaGo）和医疗、机器人等进行结合。因为它是人工智能，会自己学习，只要给它资料就可以移植。在医疗资源的现状下，人工智能的深度学习已经展现出了潜力，可以为医生提供辅助工具。实际上，对付人类棋手从来不是“AlphaGo”的目的，开发公司只是通过围棋来试探它的功力，而研发这一人工智能的最终目的是推动社会变革、改变人类命运。据悉，开发公司正积极与英国医疗机构和电力能源部门合作，以此提高看病效率和能源效率。

4. 人工智能和天网系统让不法分子无所遁形

2011年，瑞士卢加诺大学的科学家设计了一个深度学习网络，能够识别出交通标准大型数据库中99%以上的图像，并且在准确度上超过了与之较量的专家。而中国的“天网系统”则更进一步，能够依靠视频监控提供的图像准确识别监控视频中行人的性别、年龄、衣着以及车辆的品牌、颜色和车型。而且“天网系统”会根据采集到的异常声音和图片进行分析，自动识别交通事故。在“天网系统”自动报警之后，系统会对车辆和现场人员的关键信息进行提取，比如车辆的车牌、车辆型号、车辆颜色等特征，以及现场人员的体貌特征、衣着、饰品等信息。随后，“天网系统”会对一定区域内所有摄像头拍摄的视频进行抓取和比对，依托人工智能技术进行智能分析，查找肇事车辆。即便肇事车辆在短时间内更换了车牌和车辆颜色，但通过车型、驾驶人员特征和饰品等关键特征的比对，“天网系统”依旧可以辨认出肇事车辆。

在人脸识别方面，人工智能也达到了人类识别的准确度。美国Facebook公司的研究人员开发了一个包含9层人工神经元的实验系统，它能在照明条件和面部方向各异的情况下，判断出两张照片是否为同一人，准确率达97.25%，与人类观察员97.53%的准确率差距微乎其微。我国的“天网系统”可以自动将监控视频中的人脸和数据库中的在逃犯罪嫌疑人进行比对，并在发现犯罪嫌疑人后自动报警，自动调用区域内的所有摄像头跟踪在逃犯罪嫌疑人的动向，并将犯罪嫌疑人的具体方位通知给附近的警察，引导警察进行抓捕。就具体的案例来说，沈阳地铁站在安装人脸识别系统之后，警方27h就抓获了3名在逃犯罪嫌疑人。在另一个案件中，有几个罪犯拦住了一名女士，从她的支付宝中转了几十万人民币。从这位受害人打 110 开始，警方使用了公安部第三研究所打造的“天眼”识别技术，利用视频监控数据，只用了 21min 的时间，犯罪分子就被抓获了。中国电子科技大学警用装备研究联合实验室开发了一款能够自动识别人脸的警车，警车车顶上装有 360°全视角摄像头，可以自动扫描 60m 范围内的所有人脸，在日常巡逻任务中，警察可以依靠人工智能技术搜寻在逃犯罪嫌疑人。

越来越完善的监控系统以及人工智能数据分析也让天网在刑侦破案过程中发挥了越来越大的作用。

如今，我国的监控系统走向了智能时代。依靠人脸识别系统，0.01s 就能将某个人从人群中锁定；1s 就能完成 1 亿次的图像比对，确认某个人的身份信息，如图 1-10 所示。利用算法，监控系统还能实时计算出人流量、年龄及性别分布、衣着特征等信息。张学友演唱会上有逃犯落网，就是 SenseVideo 智能监控系统的杰作。

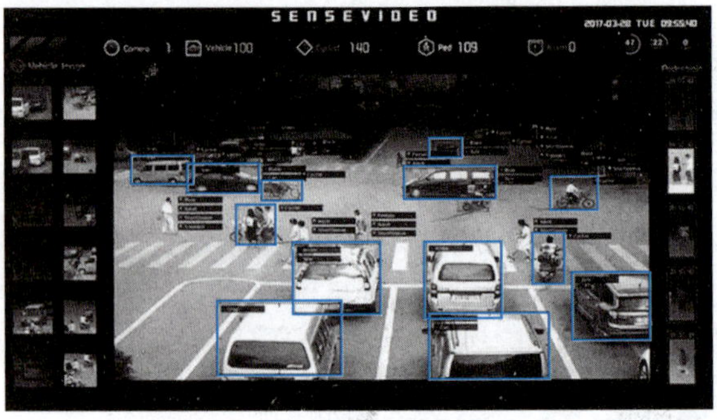

图 1-10　SenseVideo 系统界面

任务评价

姓名：	班级：	学号：
你认为未来无人驾驶汽车会普及吗？		
AlphaGo 推出的目的是什么？		
天网系统能给我们带来什么？		
你身边还有哪些人工智能的应用？		

知识拓展

谈到 AI 影响工作岗位的问题，有专家说："我觉得一周工作三四天，一天工作三四小时就可以了。有了电之后，人们节省出更多时间。有了人工智能之后，人们会有更多时间去享受各种乐趣。"

中国人工智能学会理事长李德毅院士认为："人工智能就是人类智能的体外延伸，它可以脱离意识而存在；人类会足够聪明，完全可以控制不让机器具有意识。

腾讯首席执行官马化腾说，应该以"科技向善"引领全方位治理，确保 AI"可知""可控""可用""可靠"，探索人与 AI 的正确相处之道。

科技部副部长李萌说，新一代人工智能发展总体仍处于早期阶段，许多基础理论和技术难题没有突破。要融合自然科学、社会科学等多个领域，在基础理论、基础算法、高端芯片、高精度传感器、认知科学和人机结合等方面持续探索，不断积累人工智能新突破的学术基础。

知识巩固

选择题

2016 年 3 月，Google 公司的计算机系统（　　）战胜了职业九段棋手李世石。

A. 深蓝　　B. AlphaGo　　C. Master　　D. AlphaGo Zero

任务六　驾驭"无处不在"的人工智能

任务导入

14 华智冰

唐老师好，各位老师好，我是华智冰，很高兴能成为唐老师的学生。我来自智源、智谱 AI 和小冰的人工智能团队，从诞生起，我就对文学和艺术很感兴趣。小冰的 AI 科学家们给了我面容和嗓音，还教会了我作曲，大家听到的背景音乐就是我创造的，另外，我还能够写诗、作画。不过，我深深地感到了自己的不足，所以我来到清华大学继续学习。在清华大学这所有着深厚计算机传统的高校，我也对自己的身世产生了兴趣：我是怎么诞生的？我能理解我自己吗？于是，我来到了计算机系申请加入唐老师的实验室，唐老师刚开始还有点犹豫，他觉得培养我实在是太贵了，因为我需要的 GPU 比他教过的学生还要多，幸好最终唐老师还是同意了。在唐老师的讲解下，我开始理解人工智能的发展了。今天我很开心来到了 2021 北京智源大会，为此也带来了一些专门创造的作品，虽然它们或许还有一些稚嫩，但请大家多给我一些时间，因为我每天都在争分夺秒地学习，相信下次再和大家相见的时候，我的作品会更加美妙。现在，人工智能可以完成越来越多的工作，我们怎么才能不被人工智能取代呢？

素质目标

“华智冰”的发布意味着我国超大预训练模型研发水平跨越到一个全新阶段，并将推动国际超大预训练模型发展的步伐。这将激发学生的专业自豪感，提升人工智能的学习热情，增强民族自豪和文化自信。

任务目标

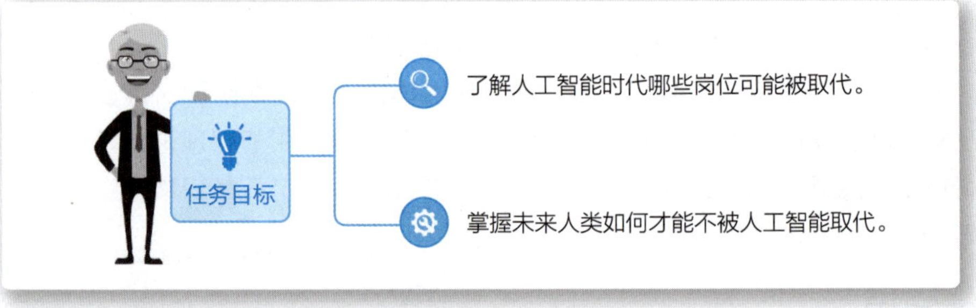

任务分析

机器学知识更快，机器的记忆更好，机器的计算速度更快，机器永远不会生气、永远不会累，而且总是能比人类做得更好，重复性的工作被机器取代已经是必然，只有提高自己的综合竞争力，才能在人机竞争中立于不败之地。

任务实施

有个名为 Lyrebird 的 AI 软件，它可以模仿任何人的声音。使用时，首先会需要预录下用户所说的 30 句话，经由 AI 运算后，就能得到会使用用户的声音说话的机器人，用户只要打打字，就可以听到自己的声音从计算机里传出来。这些技术说明：在未来，很多东西都可以被仿造，人类也可以用计算机模拟出来。

关于导航语音包，其语音导航内容可以分为两部分：简单的和复杂的。简单的，比如直行、左转、掉头……需要亲自录下来的。而比较长的句子则要用到 TTS（Text To Speech）技术，也就是文本转语音技术，Siri、谷歌翻译等用的就是这一技术。通过计算机语音合成，可以将任意文本转换成具有高自然度的语音。原理上，只要把汉语中的声母、韵母和声调组合起来的不超过 3000 个语音全部录一次，播放时，再把每个字的语音串起来就可以了。这就好比活字印刷术，每个字的发音都是一个单字，TTS 会把这些单字重新排列组合成导航里的长句子。

“树影压在秋天的报纸上”“中间隔着一片梦幻的海洋”“我凝视着一池湖水的天空……”。这些诗句不是私人作品，而是人工智能虚拟机器人微软小冰的作品，小冰的作品还被结集出版，诗集被命名为《阳光失了玻璃窗》，这是人类历史上第一部 100% 由人工智能创造的诗集。

自从 2016 年第一个人工智能围棋机器人 AlphaGo 以全胜战绩击败所有围棋高手后，

人们便开始意识到人工智能的威力所在。机器人虽然在某些方面可以超越人类，但很多人认为，文化创作是机器人的短板。可机器人诗歌作品的出现似乎告诉我们，机器人无所不能。

小冰学习了1920年以来519位诗人的现代诗，通过深度神经网络等技术手段模拟人的创作过程，花费100h，训练10000次以后，才拥有现代诗歌创作能力。小冰的学习过程与人类学习的过程非常相似，即通过反复学习进行积累，积累到一定程度之后，当小冰受到某个灵感激发源的刺激，就会在学习积累的基础上产生新的创造。微软还让小冰在天涯、豆瓣和简书等平台用27个笔名发表自己的诗歌，不过并没有被人“识破”，读者们还不知道“骆梦”“风的指尖”“一荷”“微笑的白”这些笔名背后的诗人，其实并非人类。

当然也有人质疑，诗歌是情感的表达，小冰只是冰冷的机器，如果只是文字不同的排列组合，有什么意义？可以换个角度来想，这样有新意的语言构造或许能帮助诗人激发诗歌的创作灵感和想象力。这不仅是人工智能的革命，或许也是诗歌创作的革命。不要一味地追捧人工智能作诗，也不要全面否定，人类要做的是如何不断地提高自己，才能跟上时代的变化，才能不被人工智能所取代。

如今，人工智能发展得如火如荼，从各个行业到人们的日常生活无处不在（图1-11），人们不禁感慨：人工智能真的来了。然而，在感叹科技高速发展的同时，人们也开始产生担忧，因为人工智能的普及也就意味着工作机会的减少。人们担心某一天人工智能成为社会的主体，大部分人将失去工作。家长们也在担忧孩子未来该选择什么样的专业才能避免被淘汰。

图1-11　智能机器人

据BBC基于剑桥大学研究者Michael Osborne和Carl Frey的数据体系分析，有300多种职业在未来将会面临被淘汰的境地。其中，电话推销员、打字员、会计、保险业务员、银行职员、政府职员、客服、人力资源、房地产经纪人、厨师等职业将来被人工智能取代的概率都大于70%。毫无疑问，这些职业的共性就是大量的重复性工作，而对于基于大数据学习的人工智能机器人，这是轻而易举的。研究还发现，演员艺人、化妆师、写手、翻译和理发师等被取代的可能为30%左右，而艺术家、音乐家、科学家等只有8%的可能会被取代。

在不久的未来，人工智能将接替大部分繁重的认知型任务，在企业的日常运营中进行很好的决策。人们要做的是提高自己的竞争力，在这场人机竞争中立于不败之地。

1. 将自己打造成复合型人才

人工智能时代需要复合型人才。所谓复合型人才，就是既要在某个专业领域有深厚的知识和技能，同时又对其他领域的学科有着浓厚的兴趣和求知欲。具有多学科知识背景，才能多视角地看待问题、创新性地解决复杂问题，所谓的“跨界最容易出创新成果”就基于此。复合型人才和人们常说的“斜杠青年”其实是一个概念，就是在做好本职工作之余，根据自己的兴趣爱好挖掘别的特长，从而通过大量的学习和训练，让自己在感兴趣的方面具备专业的能力。在职场上，一个懂财务的销售肯定比单纯的销售要受欢迎，一个会设计图文的文员肯定比普通的文员要吃香。

有人认为复合型就是什么都懂一点皮毛、什么都去了解一下；还有人认为复合型就是要不断地转换工作，什么工作都干一下。这些看法是非常错误的，所谓“艺多不养人”，意思是手艺很多但都不精通，就很难养家糊口。手艺不精通就很难把事情做好、做精，就没有核心竞争力。“通百艺而精于一”，精通一项专业技能，并在其他领域也有特长的复合型人才，才是人才市场上最缺乏的、企业求之若渴的人才。

2. 接触不同的工作模式

有人说，人工智能的发展乃 3000 年未有之大变局。面对如此巨大的变化，虽然可以确定的是，未来需要的技能既要经得起时间考验，又要能应对多重挑战，比如解决问题的能力、在流动团队中工作的能力等，但谁都不可能确切地知道未来将会发生什么，究竟需要哪些技能，因此只能在现有职业的基础上不断全面磨炼自己。当前，多数公司的业务都在多个领域开展，所以必须设定多个工作模式，并把它们运用在实际工作中，比如众包模式、远程制造模式、事务处理模式、技术模式等。如果能够在工作中接触不同的工作模式，并从中磨炼自己的技能，那么即便不知道 3~5 年后需要什么，但却可以应对将来可能的变化，甚至可以整合不同的工作模式。

3. 学会和机器合作

在人工智能时代，要学会和机器共同工作，将智能机器视为搭档和合作伙伴，共同解决一些创造性的问题，如图 1-12 所示。那么，应该如何和机器进行合作呢？

可以借助人工智能处理文件和数据，这样我们就可以从烦琐的工作程序中解放出来，去做其他的工作。比如高级律师熟谙法律，但对律师事务所的各种细节却未必通晓，他们可以借助机器处理法律文件，组织诉讼和论据。

在未来，人工智能可能就如现在的电一样无处不在。现在，人们的生活离不开电，在未来，人们的生活离不开人工智能。如果懂得利用人工智能来提高自己的能力，那么就会具有强大的竞争力。

图 1-12 人机合作

任务评价

姓名：	班级：　　　　　　　　学号：
如何用自己的声音播报导航？	
人工智能时代哪些岗位可能被取代？	
人工智能时代哪些岗位暂时无法被取代？	
如何提高自己的竞争力，不被人工智能取代？	

知识巩固

一、填空题

诗集《阳光失了玻璃窗》的作者是（　　）。

二、选择题

在人工智能时代，下列（　　）职业最不容易被取代。

A. 会计　　B. 银行职员　　C. 政府职员　　D. 理发师

项目总结

人工智能是研究及开发用于模拟、延伸和扩展人的智能的理论、方法、技术及应用系统的一门新的技术科学。1956 年，人工智能的概念第一次被提出，并在之后的 10 余年进入快速发展时期。甚至在当时，很多学者认为：20 年内，机器将能完成人能做到的一切。到了 20 世纪 70 年代，由于发展遇到瓶颈，1974—1980 年，人工智能的发展进入低谷。随着专家系统的诞生，人工智能再次崛起，但由于专家系统存在应用领域狭窄、缺乏常识性知识、知识获取困难以及推理方法单一等问题，人工智能的发展进入第二个低谷期。随着神经网络在深度学习领域取得突破，特别是 Google 公司的 AlphaGo 战胜了韩国围棋棋手李世石，再度引发人工智能热潮。现在，世界主要国家皆制定了人工智能的发展战略和规划，竞争趋于白热化。现如今，人工智能已经逐渐发展成一门庞大的技术体系。人工智能包含机器学习、深度学习、人机交互、自然语言处理和计算机视觉等多个领域的技术，我们身边人工智能的应用也无处不在，它已经融入人们日常生活的方方面面。

项目二 初识物联网

任务一　掌握物联网的基本概念

任务导入

李老师的孩子今年上幼儿园，家长总是担心孩子在学校的安全，于是李老师给孩子佩戴了一块智能定位手表，然后在电子地图上画定“电子围栏”，一旦孩子的活动范围超出设定的区域，李老师将收到一个报警短信，即可时时准确地掌握孩子的行踪。智能定位手表等智能产品通过物联网等关键技术使普通物体智能化。本任务将带领读者一起认识物联网。

素质目标

2010 年，中国把物联网发展写入了政府工作报告。经过十余年的发展，物联网已经成为新型基础设施的重要组成部分。党的二十大报告指出，加快发展物联网，建设高效顺畅的流通体系，降低物流成本。加快发展数字经济，促进数字经济和实体经济深度融合，打造具有国际竞争力的数字产业集群；优化基础设施布局、结构、功能和系统集成，构建现代化基础设施体系。这充分说明国家对物联网的重视。作为当代大学生，要努力学习，精通专业知识，专业技能，立志做有理想、敢担当、能吃苦、肯奋斗的新时代好青年，让青春在全面建设社会主义现代化国家的火热实践中绽放绚丽之花。

任务目标

任务目标

- 掌握物联网的概念。
- 了解物联网的起源和发展。
- 掌握物联网的体系架构。

任务分析

物联网（Internet of Things，IOT）被称为是继计算机、Internet之后的信息产业领域的第三次发展浪潮，它是新一代信息技术的重要组成部分，也是信息化时代的重要发展阶段。目前，物联网已经成为国家战略性新兴产业中信息产业发展的核心领域，将成为未来社会经济发展、社会进步和科技创新的重要基础设施，也关系到未来国家物理基础设施的安全利用。认识物联网要从物联网的概念、起源和发展、体系架构几个方面来入手。

任务实施

1. 物联网的概念

对于物联网的概念，目前在业界存在着很多不同的意见。最初，物联网是指基于Internet技术，利用射频识别（Radio Frequency Identification，RFID）技术、产品电子编码（Electronic Product Code，EPC）技术在全球范围内实现的一种网络化物品实时信息共享系统。后来，IOT逐渐演化成一种融合了传统网络、传感器、Ad Hoc（自组织）无线网络、普适计算和云计算等信息与通信技术的完整的信息产业链。

15 物联网的概念

国内普遍引用的物联网定义为：物联网是通过信息传感设备，按照约定的协议，把任何物品与互联网连接起来，进行信息交换和通信，以实现智能化识别、定位、跟踪、监控和管理的一种网络，是一个融合了感知技术、通信与网络技术、智能运算技术的复杂信息系统。

从定义可以看出，物联网是对互联网的延伸和扩展，其用户端延伸到了世界上的任何物品。如果说互联网是将世界各地的人联系起来使他们无障碍沟通，那么物联网则是将现实世界中的物体连接到互联网上，使物与物、人与物之间可以更方便地沟通。

国际电信联盟（ITU）在《ITU互联网报告2005：物联网》中指出：在物联网中，一个牙刷、一个轮胎、一座房屋，甚至是一张纸巾都可以作为网络的终端，即世界上的任何物品都能联入网络；物与物之间的信息交互不再需要人工干预，物与物之间可实现无缝、自主、智能地交互。换句话说，物联网以互联网为基础，主要解决人与人、人与物、物与物之间的互联和通信。

2. 物联网的起源与发展

物联网的概念最早出现于比尔盖茨的《未来之路》一书中。在这本书中，比尔盖茨已经提及了物联网的概念，只是当时受限于无线网络、硬件及传感设备的发展，并未引起世人的重视。物联网与射频识别、无线传感器网络和泛在网等有关。由于物联网是一种新兴的且正在不断发展的技术，其内涵也在不断地发展、扩充和完善。

物联网的概念源自射频识别（RFID）这个领域。1998年，美国麻省理工学院创造性地提出了基于RFID技术的唯一编号方案（即EPC），并以EPC为基础研究从网络上获取物品信息的自动识别技术，当时被称作EPC系统的“物联网”的构想。1999年，美国Auto-ID首先提出“物联网”的概念，该概念主要建立在物品编码、RFID技术和互联网的基础上。2005年11月17日，在突尼斯举行的信息社会世界峰会（WSIS）上，国际电信联盟（ITU）发布了《ITU互联网报告2005：物联网》，正式提出了“物联网”的概念。

该报告指出，无所不在的“物联网”通信时代即将来临，世界上所有的物体从轮胎到牙刷、从房屋到纸巾都可以通过因特网主动进行交换。

2007 年，美国率先在马萨诸塞州剑桥城打造了全球第一个全城无线传感网。2009 年 1 月，IBM 首席执行官彭明盛首次提出“智慧地球”的概念，即互联网 + 物联网 = 智慧地球。奥巴马对“智慧地球”的构想给予了积极回应，并将其提升至国家发展战略。2009 年 6 月，欧盟委员会正式提出了“欧盟物联网行动计划”。2009 年 8 月，日本政府制定了日本新一代信息化战略《i – Japan 战略 2015》，计划到 2015 年让数字信息技术如同空气和水一般融入每一个角落，并强调电子政务和社会信息服务应用。

1999 年，我国首次提出物联网的概念，不过当时命名为传感网。2009 年 10 月 24 日，我国第一颗自主研发的物联网芯片“唐芯一号”在第四届中国民营科技企业博览会上亮相。根据我国工业和信息化部公布的数据，2015 年，我国物联网产业规模达到 7500 亿人民币，至 2016 年底，我国物联网产业市场规模高达 9500 亿元，同比前一年年增长 26.67%。

我国政府也高度重视物联网的研究和发展。2006 年，《国家中长期科学和技术发展规划纲要（2006—2020 年）》将物联网列入重点研究领域。2010 年，物联网首次被写入我国政府工作报告，这一年也被称为中国物联网元年。2011 年 11 月，工业和信息化部发布了《物联网“十二五”发展规划》，将超高频和微波 RFID 标签、智能传感器等领域明确为支持重点。2013 年 2 月，国务院出台《关于推进物联网有序健康发展的指导意见》，提出推动我国物联网有序健康发展的思路，形成具有国际竞争力的物联网产业体系。2013 年 9 月，国家发改委等部门联合印发《物联网发展专项行动计划》，对 2015 年物联网行业将要达到的总体目标做出了规定。2015 年 5 月，国务院发布《中国制造 2025》，并指出“加快开展物联网技术研发和应用示范，培育智能监测、远程诊断管理以及全产业链追溯等工业互联网新应用”。

目前，发展物联网已经成为各国的重要发展战略，同时，全球物联网市场规模也在不断扩大。

3. 物联网的体系架构

了解了物联网的概念、起源和发展之后，下面介绍物联网的整体结构。物联网是开放型体系架构，不同的组织和研究群体对物联网提出了不同的体系架构。人们普遍认同的物联网体系架构可以分为 3 层：感知层、网络层和应用层。感知层是物联网的感觉器官，用来识别物体、采集信息。网络层是物联网的神经系统，负责将感知层获取的信息进行处理和传输。应用层把感知和传输来的信息进行分析，做出正确的控制和决策，解决信息处理和人机交互的问题。

16 物联网体系架构

（1）感知层　物联网与传统网络的主要区别在于将网络的触角伸到了物体之上。也就是说，物联网中的“物”是通过感知层来实现的。感知层处于 3 层构架的最底层，是物联网发展和应用的基础，主要用于采集物理世界中发生的物理事件和数据，包括各类物理量、标识、音频和视频数据，具有全面感知的核心能力。

感知层主要包含两个主要部分：一是用于数据采集和最终控制的终端装置，这些终端装置主要由电子标签、传感器等构成；二是信息的短距离传输，这些短距离传输网络负责收集终端装置采集的信息，并负责将信息在终端装置和网关之间双向传送。实际上，感知层信息获取和短距离传输这两个部分有时交织在一起，同时发生，很难区分。首先，数据采集需要标识符。给物联网中的每一个“物”都分配唯一的标识符，解决信息归属于哪一个“物”的问题。其次，进行数据采集。数据采集技术有自动识别、传感器和无线传感器网络。

1）物品标识。物联网中的标识符应该能够反映每个单独个体的特征、历史、分类和归属等信息，具有唯一性、一致性和长期性，不会随物体位置的改变而改变，不会随连接网络的改变而改变。现在，EPC 系统已经开始给全球物品分配唯一的标识符。

2）数据采集。数据采集主要有两种方式，一种是利用自动识别技术进行物体信息的数据采集，另一种是利用传感器技术进行物体信息的数据采集。

自动识别技术就是应用一定的识别装置，通过被识别物品和识别装置之间的接近活动，自动地获取被识别物品的相关信息，并提供给后台的计算机处理系统来完成相关后续处理的一种技术。自动识别技术包括条码技术、磁卡技术、射频识别技术、声音识别及视觉识别等。

在数据采集的过程中，传感器是获取自然和生产领域中准确、可靠信息的主要途径与手段。传感器是一种物理装置或生物器官，能够探测、感受外界的信号、物理条件或化学组成，并将探知的信息传递给其他装置或器官。自组织网络也是一种数据采集的终端装置，自组织网络将许多节点联合进行数据采集。自组织网络中的每一个节点都具有传感器的功能，具有无线通信的功能。

感知层获取信息后，还需要进行短距离传输，以使多个采集点协同工作，或将已采集信息传递到网关。信息短距离传输既可能发生在数据采集之后，也可能发生在数据采集的过程中。信息短距离传输有多种方式，包括 ZigBee 技术、蓝牙技术、RFID 技术和 UWB 等。

（2）网络层　物联网是网络的一种形式，物联网的主要价值在于“网”。物联网要实现物与物、人与物之间的全面通信，就必须在终端和网络之间开展协同，建立一个端到端的全局网络。

网络层位于整个物联网体系的中间位置，将来自感知层的各类信息通过基础承载网络传输到应用层，网络层中的感知数据管理与处理技术是实现以数据为中心的物联网的核心技术。网络层是一个庞大的网络体系，用于整合和运行整个物联网。

物联网的网络层包括接入网和核心网。接入网是指骨干网络到用户终端之间的所有设备。其长度一般为几百米到几千米，因而被形象地称为“最后一公里”。接入网技术包括无线接入技术和有线接入技术。核心网是基于 IP 的统一、高性能、可扩展的分组网络，支持移动性以及异构接入。

（3）应用层　应用是物联网发展的目的，物联网最终的目的就是在各行各业全面应用物联网。应用层主要基于软件技术和计算机技术来实现，用于完成数据的管理和处理。在应用层中，各种各样的物联网应用场景通过物联网中间件接入网络层。中间件是一种独立的系统软件，处于操作系统与应用程序之间。中间件通过标准接口提供服务，用户通过中间件能够获得标准化的应用服务。

大数据和云计算作为海量数据分析的平台，可以为用户提供丰富的特定服务。应用层涵盖了国民经济和社会生活的各个领域，应用层的不断开发将会带动物联网技术的开发，带动物联网产业的发展，最终带来物联网的普及。

任务评价

姓名：	班级：　　　　学号：
什么是物联网？	
物联网的概念最早出现在哪里？	
物联网体系架构可以分为哪3层？	
物联网体系构架中每层的主要功能是什么？	

知识拓展

物联网与射频识别、无线传感器网络和泛在网等有关，射频识别和无线传感器网络的相关知识会在后面详细介绍，下面介绍泛在网，以及物联网、传感网与泛在网之间的关系。

1. 泛在网

泛在网来源于拉丁语 Ubiquitous，是指无所不在的网络，又称泛在网络。泛在网（Ubiquitous Network）的概念是由美国施乐公司的 Mark Weiser 在 1991 年首先提出的。泛在网概念的提出对信息社会产生了革命性的变革，在观念、技术、应用、设施、网络和软件等各个方面都产生了巨大的变化。

17 泛在网

与泛在网相关的战略计划最早在日本和韩国发起，日韩给出的泛在网的定义为：无所不在的网络社会将是由智能网络、最先进的计算技术以及其他领先的数字技术基础设施武装而成的技术社会形态。根据这样的构想，泛在网将以“无所不在”“无所不包”“无所不能”为基本特征，帮助人类实现“4A”化通信，即任何时间（Anytime）、任何地点（Anywhere）及任何人（Anyone）及任何物（Anything）都能顺畅地通信。相对于物联网技术的当前可实现性来说，泛在网属于未来信息网络技术发展的理想状态和长期愿景。

2. 物联网、传感网和泛在网的关系

物联网、传感网和泛在网都是信息技术不断发展的结果，其目的是更加方便地为人们提供数据服务，从更小的细节完善人们的需求。其实，物联网、传感网和泛在网的概念来源不同，内涵虽有所重叠，但强调的侧重点不同。

未来，物联网、传感网和泛在网各有定位，传感网是泛在网和物联网的组成部分，物联网是泛在网发展的物联阶段，通信网、互联网和物联网之间相互协同融合是泛在网发展的目标。传感网最主要的特征是具有各种各样的传感器及中低速的近距离无线通信技术。物联网将解决广域或大范围的人与物、物与物之间信息交换需求的联网问题，它采用各种不同的技术把物理世界的各种智能物体、传感器接入网络。虽然不同概念的起源不一样，侧重点也不一致，但是从发展的视角来看，未来的网络发展看重的是无处不在的网络基础设施的发展，帮助人类实现“4A”化通信。

知识巩固

选择题

1. 第三次信息技术革命指的是（　　）。

   A. 互联网　　B. 物联网　　C. 智慧地球　　D. 感知中国

2. 下列选项中不属于物联网网络层主要技术的是（　　）。

   A. Internet 技术　　B. 移动通信网技术

   C. 无线传感器网络技术　　D. 数据挖掘技术

任务二　揭秘 RFID 技术

任务导入

小王刚开始创业，拥有了自己的社区零售店，随着生意越来越好，小王迫切需要将店面升级，转变成多家连锁超市。后来小王了解到，基于 RFID 技术的全电子化成品供应链管理能够将销售、库存、成本等信息实时分享，这能帮助小王更好地经营自己的事业。于是小王将店里的商品使用了 RFID 标签标记，RFID 标签除了应用于库存和供应链管理之外还实现了批量收银，减少了消费者排队时间，提升了购物体验。RFID 技术帮助小王提升

了5倍盘点效率，减少了约10%的商品损失率。RFID技术已经很成熟，而且得到了广泛应用。那么RFID技术究竟是什么呢？

素质目标

RFID系统中的标签和阅读器在通信过程中可能会发生信息泄露等安全隐患，数据安全和隐私是网络通信必须重视的问题。作为新时代的学生，要遵守职业道德规范，增强信息安全意识，设计稳定、可靠的系统，保障网络信息安全。

任务目标

任务分析

RFID技术是一种非接触式的自动识别技术，也是目前最重要的自动识别系统。它通过射频信号自动识别目标对象并获取相关数据，识别工作无须人工干预，可工作于各种恶劣环境。RFID技术可识别高速运动物体并可同时识别多个标签，操作快捷、方便。本任务将从RFID的概念和特点、RFID系统的组成和RFID电子标签的分类几个方面来具体介绍RFID技术。

任务实施

1. RFID的概念和特点

射频识别是自动识别技术的一种，其原理为阅读器与标签之间进行非接触式的数据通信，达到识别目标的目的。RFID具有以下几个特点：

18 RFID的概念和特点

1）适用性。RFID技术依靠电磁波，并不需要连接双方的物理接触。这使得它能够无视尘、雾、塑料、纸张、木材以及各种障碍物而建立连接，直接完成通信。

2）高效性。RFID系统的读写速度极快，一次典型的RFID传输过程通常不到100ms。高频段的RFID阅读器甚至可以同时识别、读取多个标签的内容，极大地提高了信息传输效率。

3）唯一性。每个RFID标签都是独一无二的，通过RFID标签与产品的一一对应关系，可以清楚地跟踪每一件产品的后续流通情况。

4）简易性。RFID 标签结构简单，识别速率高，所需的读取设备简单。尤其是随着 NFC 技术在智能手机上的逐渐普及，每个用户的手机都将成为最简单的 RFID 阅读器。

2. RFID 系统的组成

RFID 系统因应用不同，具体组成会有所不同，但基本上都是由电子标签、阅读器和计算机网络 3 部分组成。电子标签附着在物体上，里面存储物体的信息。电子标签通过无线电波与阅读器进行信息交互。阅读器将读写命令发送给电子标签，再把电子标签返回的数据传到计算机网络。计算机网络中的数据交换与管理系统负责电子标签数据的存储、管理和控制。

19 RFID 系统的组成

1）电子标签。电子标签由芯片和天线组成，附着在物体上来识别目标对象。每个电子标签都具有唯一的电子编码，编码中存储着被识别物体的相关信息。

2）阅读器。RFID 系统工作时，一般先由阅读器的天线发射一个特定的询问信号，当电子标签的天线感应到这个信号后就会给出应答信号，应答信号中包含电子标签携带的物体数据信息。阅读器接收到信号后进行处理，将数据传送给计算机网络。

3）计算机网络。RFID 系统中会有多个阅读器，每个阅读器都需要对多个标签进行操作，并实时处理数据信息。阅读器通过标准接口与计算机网络连接，在计算机网络中完成数据处理、传输和通信。

3. RFID 电子标签的分类

根据不同的分类标准（如供电方式、工作频率、标签的可读写性等），RFID 电子标签有不同的分类。

（1）根据标签的供电方式分类　RFID 电子标签的电能消耗很少，一般为 1/100mW 级别。根据标签供电方式的不同，电子标签可以分为有源电子标签、无源电子标签和半有源电子标签。有源电子标签指标签内部有电池，无源电子标签指内部没有电池，目前市场上大部分的电子标签为无源电子标签。

1）有源电子标签。有源电子标签又称为主动式标签，标签内部装有电池，通过自身的电池为电子标签提供能量，可利用自有电力在标签周围形成有效活动区，主动侦测周围有无读取器发射的呼叫信号，并将自身的资料传送给阅读器。有源电子标签能量充足，工作可靠性高，信号传送的距离远。缺点是体积大，价格高，寿命一般为 3～10 年。随着电池的消耗，数据传输距离不断减小，最终将影响系统工作。有源电子标签在智能监狱、智能医院、智能停车场和智能交通等领域有重要应用。

2）无源电子标签。无源电子标签又称为被动式标签，标签内部没有电池，在阅读器的读出范围之外时，电子标签处于无源状态；在阅读器的读出范围之内时，电子标签从阅读器发出的射频能量中提取其工作所需的电源。无源电子标签的使用寿命长，对工作环境的要求不高，数据传输距离比有源电子标签短，可以满足大部分实际应用的需要，比如公交卡、食堂餐卡、银行卡、宾馆门禁卡和二代身份证等。

3）半有源电子标签。半有源电子标签又称为半被动标签，内部装有电池，但电池只对维持数据的电路及维持芯片工作的电路提供支持。在平时未进入工作状态前，处于休眠状态，此时不工作，不向外界发出 RFID 信号，相当于无源电子标签，标签内部的电池能量消耗很少，电池可以维持几年甚至更长。标签进入阅读器的工作区域后，受到阅读器发出的射频信号激励而进入工作状态，电子标签和阅读器直接进行信息交互所需的能量以阅读器供应的射频能量为主，标签内部的电池用于弥补标签所在位置射频场强的不足。

（2）根据标签的工作频率分类 RFID 通过射频无线信号自动识别目标对象，阅读器发出的频率称为系统的工作频率或载波频率。电子标签的工作频率决定着射频识别系统的工作原理（电感耦合还是电磁反向散射耦合）、识别距离、电子标签和阅读器实现的难易程度、设备的成本。电子标签根据工作频率的不同可以分为低频电子标签、高频电子标签、超高频和微波电子标签，见表 2－1。

表 2－1 标签按照工作频率分类

参数	低频	高频	超高频	微波
工作频率	30～300kHz	3～30MHz	868～915MHz	2.45～5.8GHz
读取距离	1m	1.2m	4m（美国）	15m（美国）
速度	慢	中等	快	很快
潮湿环境	无影响	无影响	影响较大	影响较大
方向性	无	无	部分	有
全球适用频率	是	是	部分	部分
现有 ISO 标准	ISO 11784/11785 ISO/IEC 14223	ISO/IEC 14443 ISO/IEC 18000－3 ISO/IEC 15693	ISO/IEC 18000－6	ISO/IEC 18000－4 ISO/IEC 18000－5

1）低频电子标签。低频电子标签的工作频率范围为 30～300kHz，典型工作频率有 125kHz 和 133kHz。低频电子标签一般为无源电子标签，其工作原理一般为电磁耦合原理，即工作能量通过电感耦合方式从阅读器耦合线圈的辐射近场中获得。低频电子标签与阅读器之间传送数据时，低频电子标签位于阅读器天线辐射的近场区内，低频电子标签的阅读距离一般情况下小于 1m。

低频电子标签比较廉价、省电，适合近距离、低速度以及数据量要求较少的场合。与高频电子标签相比，低频电子标签的天线匝数更多，成本更高一些。低频电子标签的典型应用有动物识别、进出控制、工具识别和电子闭锁防盗（带有内置应答器的汽车钥匙）等。低频电子标签有多种外观形式，应用于动物识别的低频电子标签有项圈式、耳牌式和药丸式等。常见的低频电子标签如图 2－1 所示。

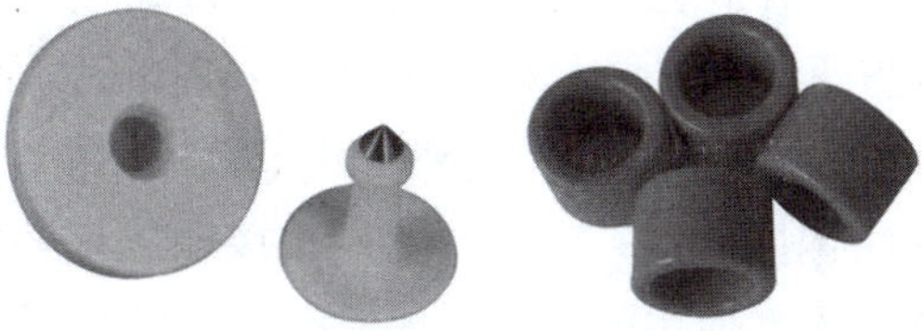

图 2－1 低频电子标签（动物耳标和脚环）

2）高频电子标签。高频电子标签的工作频率一般为3～30MHz，典型工作频率为13.56MHz。其工作原理与低频电子标签完全相同，即采用电感耦合方式工作，所以宜将其归为低频电子标签类中。另一方面，根据无线电频率的一般划分，其工作频段又称为高频，所以也常将其称为高频电子标签。高频电子标签一般也采用无源设计，其工作能量同低频电子标签一样，也是通过电感（磁）耦合方式从阅读器耦合线圈的辐射近场中获得的。标签与阅读器进行数据交换时，标签必须位于阅读器天线辐射的近场区内。

高频电子标签由于工作频率的提高，可以选用较高的数据传输速率。特点是标签存储的数据量较大，阅读距离较短，可以方便地做成卡状。典型应用包括电子身份证、电子车票、小区门禁、物业管理和电子闭锁防盗（电子遥控门锁控制器）等。

3）超高频和微波电子标签。超高频和微波频段的电子标签简称超高频和微波电子标签，超高频电子标签的典型工作频率为433.92MHz、902～928MHz微波电子标签的典型工作频率为2.45GHz、5.8GHz。微波电子标签可分为有源标签和无源标签两类。工作时，电子标签位于阅读器天线辐射场的远区场内，标签与阅读器之间的耦合方式为电磁耦合方式。阅读器天线辐射场为无源标签提供射频能量，将有源标签唤醒。相应的射频识别系统阅读距离一般大于1m，典型情况为4～7m，最大可达10m以上。阅读器天线一般均为定向天线，只有在阅读器天线定向波束范围内的电子标签才可被读写。

微波电子标签的典型特点主要集中在是否无源、无线读写距离长短、是否支持多标签读写、是否适合高速识别应用、读写器的发射功率容限、电子标签及读写器的价格等方面。微波电子标签的典型应用包括移动车辆识别、仓储物流应用和电子闭锁防盗（电子遥控门锁控制器）等，如图2－2所示。

图2－2 微波电子标签的应用

（3）根据标签保存信息的方式分类 电子标签保存信息的方式有只读式和读写式两种。根据标签的可读性可将电子标签分为只读标签、可读可写标签以及一次写入多次读出标签。

1）只读标签。只读标签是一种最简单的标签，内部只有只读存储器（Read Only Memory，ROM），ROM中存储电子标签的识别信息。这些信息在电子标签的制造过程中由制造商写入ROM中，即电子标签在出厂时已将完整的信息写入电子标签，此后信息不能更改。在应用过程中，这种标签具有只读功能。

2）可读可写标签。可读可写标签内部除了ROM、缓冲存储器之外，还有非活动可编程记忆存储器。这种存储器一般是EEPROM（电可擦除可编程只读存储器），它除了具有存储功能之外，还能在适当的条件下多次对原有数据进行擦除以及重新写入数据。

3）一次写入多次读出标签。一次写入多次读出（Write Once Read Many，WORM）的电子标签既有接触式改写的射频标签存在，也有无接触式改写的射频标签存在。这类WORM标签一般大量用在一次性使用的场合，如航空行李标签、特殊件标签等。

任务评价

姓名：	班级：　　　　　　学号：
什么是 RFID？	
RFID 系统由哪 3 部分组成？	
RFID 的标签有哪些分类方式？	

知识拓展

RFID 属于自动识别技术，自动识别技术是应用一定的识别装置，通过被识别物品和识别装置之间的接近活动，自动获取、识读被识别物品的相关信息，并提供给后台的计算机处理系统来完成后续相关处理的一种技术。

在物联网中，自动识别系统可以对物品自动进行标识和识别，并可以将数据实时更新，是全球物品信息实时共享的重要组成部分，是物联网的基石。

知识巩固

选择题

1. RFID 硬件部分不包括（　　）。

   A. 阅读器　　B. 天线　　C. 二维码　　D. 电子标签

2. 通常应用于动物识别的标签属于（　　）。

   A. 低频电子标签　　B. 高频电子标签

   C. 超高频电子标签　　D. 微波电子标签

3. 电子标签正常工作所需要的能量全部是由读写器供给的，这一类电子标签称为（　　）。

   A. 有源电子标签　　B. 无源电子标签

   C. 半有源电子标签　　D. 半无源电子标签

任务三 探究传感器与无线传感网

任务导入

2018 年 10 月 29 日发生的印尼狮航 JT610 空难是 2018 年最严重的一起空难，共有 189 人遇难，失事机型是波音最新的 737MAX 系列。JT610 空难发生的过程并不复杂：飞机左右两侧迎角传感器（AOA）的数据不一致，左侧迎角传感器故障导致输入大气计算机的迎角数据过大。波音 737MAX 的 MCAS 系统恰巧采用左侧迎角传感器数据，并没有进行数据比对，加上在起飞阶段，手动飞行满足了 MCAS 的启动条件，由此引发飞行员与 MCAS 的人机大战，进而引发空难。

事故发生后，从失事现场发现的飞机黑匣子之一 FDR（飞行数据记录仪）数据的解析显示：飞机两侧迎角传感器数据存在巨大的偏差，两侧传感器偏差值达到了惊人的 21°，这是一个传感器引发的空难。本任务将介绍传感器与无线传感网。

素质目标

传感器设计不合理可能会出现故障，故障出现在飞机等航空领域可能会造成空难，后果不堪设想。可见，在学习时要有严谨细致的科学态度，具有实事求是、精益求精的新时代工匠精神，并具备良好的职业道德。

任务目标

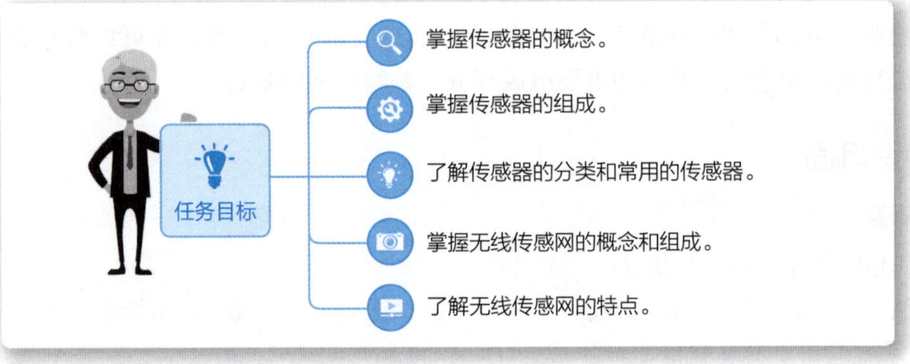

任务分析

在物联网中，传感器是物联网感知层的重要组成部分。传感器主要用于感知物体，通过在物体上植入各种微型的传感装置，使物体智能化，这样任何物体都可以变得“有感觉、有思想”。传感器可以组成无线传感网，无线传感网可以实时采集网络分布区域内目标对象的各种信息。

任务实施

1. 传感器的概念

传感器是一种获取信息的装置，能感受到被测量的信息，并能将感受到的信息按一定规律变换为电信号或其他所需形式的信息输出，以满足信息的传输、处理、存储、显示、记录和控制等要求。《传感器通用术语》（GB/T 7665—2005）对传感器的定义是：能感受被测量并按照一定的规律转换成可用输出信号的器件或装置，通常由敏感元件和转换元件组成。

20 传感器的概念

传感器的输入是被测量，可能是物理量，也可能是化学量、生物量等；输出是某种物理量，输出信号有多种形式，如电压、电流、脉冲等，通常情况下传感器输出的是电信号。因此，传感器也可以定义为把外界输入的非电量转换为电信号的一种装置。

2. 传感器的组成

传感器一般由敏感元件、转换元件和转换电路组成，敏感元件和转换元件是传感器的核心。敏感元件直接感受被测量，并输出与被测量有确定关系的物理量。转换元件将敏感元件的输出转换为电信号，但输出的电信号一般很微弱，所以需要转换电路将其放大或者变换为容易传输、处理、记录和显示的形式，最终以电量的方式输出。这样，传感器就完成了从感知被测量到最后输出电量的全过程。传感器的组成如图 2 - 3 所示。

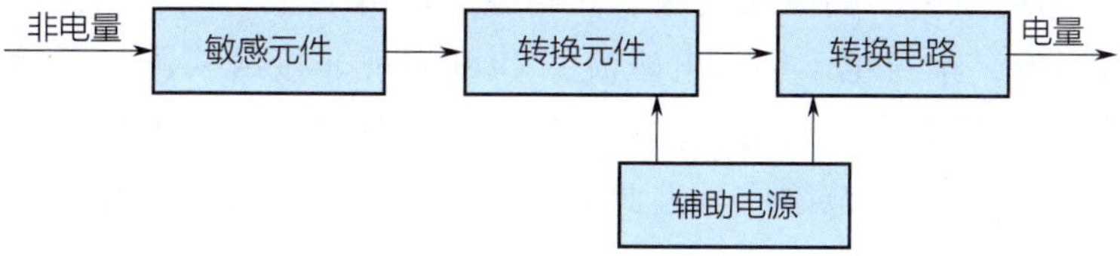

图 2 - 3　传感器的组成

3. 传感器的分类

在实际应用中，传感器种类繁多，同一被测量可以用不同的传感器来测量，同一原理的传感器可以测量多种被测量。目前，传感器的分类方法很多，常见的几种分类方法见表 2 - 2。

表 2 - 2　传感器的常见分类方法

分类方法	传感器的类型
按工作原理分类	应变式、电容式、电感式、压电式和热电式等
按输出信号形式分类	模拟式、数字式
按作用形式分类	主动型、被动型
按被测物理量分类	位移量、力量、运动量、热学量、光学量和气体量等
按能量关系分类	能量转换型、能量控制型

4. 常用的传感器

1）温度传感器。温度传感器是指能感受温度并转换成可用输出信号的传感器。温度传感器利用热敏元件的参数随温度变化而变化的特性来达到测量温度的目的。温度传感器是温度测量仪表的核心部分，品种繁多。按测量方式可分为接触式和非接触式两大类，按照传感器材料及电子元件特性可分为热电阻和热电偶两类。温度传感器如图 2-4 所示。

2）力敏传感器。力是基本物理量之一，因此各种动态力、静态力大小的测量十分重要。力的测量需要通过力敏传感器间接完成。力敏传感器是将各种力学量转换为电信号的器件，是用来检测气体、固体和液体等物质间相互作用力的传感器。力敏传感器的种类很多，有直接将力变换为电量的，如压电式、压阻式等；有经弹性敏感元件转换后再转换成电量的，如电阻式、电容式和电感式等。弹性敏感元件（力敏元件）是一种非常重要的传感器部件，它把力或压力转换成应变或位移，然后由传感器将应变或位移转换成电信号。弹性敏感元件应具有良好的弹性、足够的精度，应保证长期使用和温度变化时的稳定性。力敏传感器如图 2-5 所示。

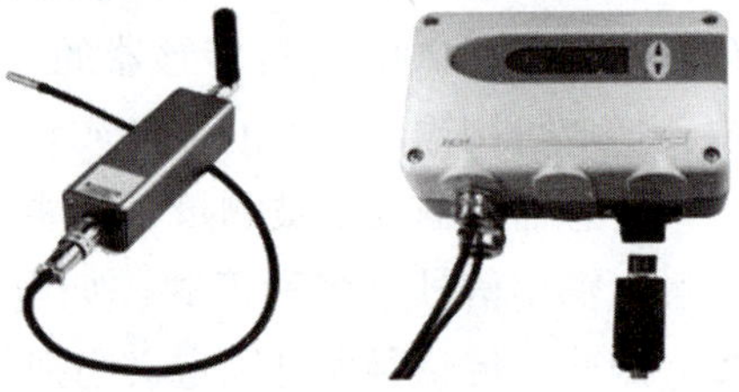

a）　　b）

图 2-4　温度传感器

3）光电传感器。光电传感器是以光为测量媒介，以光电器件为转换元件的传感器。光电传感器具有结构简单、响应速度快、高精度、高分辨率、高可靠性、抗干扰能力强（不受电磁辐射影响，本身也不辐射电磁波）和可实现非接触式测量等特点，可以直接检测光信号，间接测量温度、压力、位移、速度和加速度等参数。由于光电测量方法灵活多样，发展速度快，应用范围广，因此光电传感器具有很大的应用潜力。光电传感器如图 2-6 所示。

a）　　b）

图 2-5　力敏传感器

a）　　b）

图 2-6　光电传感器

4）超声波传感器。超声波是一种振动频率高于声波的机械波，超声波传感器是利用超声波的特性研制而成的传感器。超声波可以在气体、液体及固体中传播，传播中也有折射和反射现象，并在传播过程中有衰减。超声波在空气中衰减较快，而在液体及固体中衰减较慢、传播较远。利用超声波的上述特性，可以做成各种超声波传感器。

超声波在医学上的应用主要是诊断疾病。超声波诊断时利用超声波的反射，每遇到一个反射面时，就会在示波器的屏幕上显示回声，这些部位可能产生了病变，如图 2-7 所示。

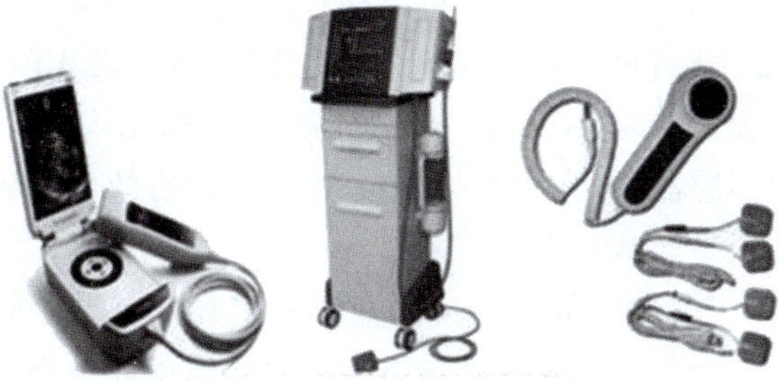

图 2-7 超声波在医学上的应用

5. 无线传感器网络

(1) 概念和组成　无线传感器网络（Wireless Sensor Network，WSN）是由大量静止或移动的传感器以自组织和多跳的方式构成的无线网络，以协作感知、采集、处理和传输网络覆盖地理区域内被感知对象的信息，并最终把这些信息发送给网络的所有者。

21 无线传感网

无线传感器网络的组成如图 2－8 所示，通常包括传感器节点、汇聚节点和管理节点。

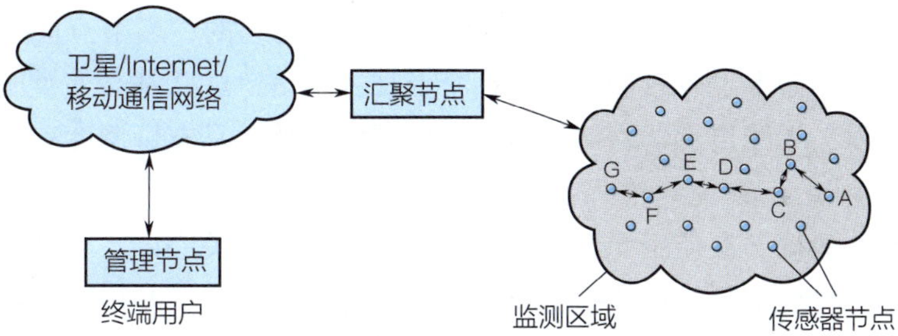

图 2-8 无线传感器网络的组成

在无线传感器网络中，大量传感器节点任意或有规律地分布在某一监测区域内，节点以自组织的形式构成网络，通过多跳中继方式将监测数据传送到汇聚节点，最后通过 Internet 或其他网络通信方式将监测信息传送到管理节点。用户可以通过管理节点对无线传感器网络进行管理和配置、发布监测任务或者收集数据信息。

传感器节点的处理能力、存储能力和通信能力相对较弱，通过小容量电池供电，只与自身通信范围内的邻居节点交换数据，访问通信范围外的节点时需要使用多跳路由。从网络功能上看，传感器节点除了进行本地信息收集和数据处理外，还要对其他节点转发来的数据进行存储、管理和融合，并与其他节点协作完成一些特定任务。

汇聚节点的处理能力、存储能力和通信能力相对较强，它是连接无线传感器网络与 Internet 外部网络的网关，可实现两种协议间的转换，同时向传感器节点发布来自管理节点的监测任务，并把 WSN 收集到的数据转发到外部网络上。

管理节点实际上是无线传感器网络使用者直接操作的计算机终端或服务器，承担无线传感器网络中服务器的角色。管理节点通过互联网或卫星与汇聚节点相连。用户通过管理节点对无线传感器网络进行管理和配置，可以动态监控和管理整个网络的数据和状态。

（2）特点　与传统的无线网络以及组网形式上相似的无线 Ad Hoc 网络相比，无线传感器网络有不同的技术要求和应用目标。传统无线网络和无线 Ad Hoc 网络以传输数据、完成通信为目的，无线传感器网络以数据为中心，以获取有效信息为目的，更注重能源的高效利用。无线传感器网络通常具有如下主要特点：

1）网络规模大。为了能够完成高密度的监测和感知任务，一般在监测区域内密集地部署大量的传感器节点，大量的甚至冗余节点的存在能够保证单个节点失效时仍然能够完成数据采集的任务，保证数据的完整性和准确性。

2）自组织。无线传感器网络系统的节点可以在无人工干预和其他预置的网络设施情况下，快速、自动地组织成网络，节点间能够相互通信、协调工作。

3）节点资源有限。传感器节点采用嵌入式处理器和存储器，使用内部电池供电，由于受到价格、体积和功耗的限制而导致节点硬件资源非常有限。

4）多跳路由。传感器节点的通信距离一般在几十米到几百米的范围内，节点只能与邻居节点直接通信，如果与射频覆盖范围外的节点通信，则需要通过中间节点进行路由。无线传感器网络中的多跳路由是由普通节点完成的，每个节点既可以发送消息，也可以转发消息。

5）动态网络拓扑。无线传感器网络的拓扑结构是动态的，当节点能量耗尽或者发生故障时节点失效，当需求发生改变时会有新节点加入网络，这些都会使整个网络的拓扑结构发生变化。所以，无线传感器网络具有动态的网络拓扑，具有可调性和重构性。

6）以数据为中心。在无线传感器网络中，人们关心的是某个区域的监测数据，不关心具体某个节点的数据。在使用无线传感器网络时，直接将关心的事件通告给网络，网络在获取相关数据信息后汇报给用户，整个流程都以数据作为查询和传输的线索。

（3）应用　无线传感器网络是由大量价格低廉的传感器节点自组织成的无线网络，具有高检测精度、高容错性、大覆盖区域等众多优点，在军事、农业、环境监测、医疗卫生、工业、智能交通、建筑物监测、空间探索等领域有着广阔的应用前景和巨大的应用价值，被认为是未来改变世界的十大技术之一、全球未来四大高技术产业之一。

1）军事通信。在现代化的战场上，通过隐身飞机可以将微型传感器随机散布在敌方区域，适合应用在恶劣的战场环境中，可以方便、隐蔽地监测敌方情况，完成侦查、监控及目标定位等任务，受到各国的普遍关注。

2）工业控制。工业现场是一个相当复杂的环境，工人、设备和环境组成一个整体。为了提高生产效率、保证生产安全，需要采集诸多信息，比如炼钢需要采集环境温度、设备运行状态等信息，煤矿需要采集瓦斯浓度、通风状态等信息。在工业安全方面，无线传感器网络技术可用于危险的工作环境，例如，在煤矿、石油钻井、核电厂等环境布置传感器节点，可以随时监测工作环境的安全状况，为工作人员的安全提供保证。另外，传感器节点还可以代替部分工作人员到危险的环境中执行任务，不仅降低了危险程度，还提高了对险情的反应精度和速度。

3）环境监测。无线传感器网络可以采集环境数据，研究环境变化对农作物的影响，监测海洋、火山爆发、大气、土壤成分及森林火灾等。此外还可以应用在精细农业上，监测农作物中的害虫，以及土壤的温度、湿度、施肥程度、含水量、光照强度等数据，以获得农作物生长所需的最佳条件。

4）生态监测与灾害预警。WSN 可以广泛地应用于生态环境监测、生物种群研究、气象和地理研究、洪水和火灾监测中。通过跟踪珍稀鸟类等动物的栖息、觅食习惯进行濒危种群的研究；在河流沿线区域布置传感器节点，随时监测水位及水资源被污染的情况；在泥石流、滑坡等自然灾害容易发生的地区布置节点，可提前发出灾害预警，及时采取相应的抗灾措施；可在重点保护林区布置大量节点，随时监控内部火险情况，一旦发现火情，可立刻发出警报，并给出具体位置及当前火势的大小；可将节点布置在发生地震、水灾等灾害的地区，用于临时应急通信。

5）健康护理。无线传感器网络在医疗系统和健康护理方面已有很多应用，例如，监测人体的各种生理数据，跟踪和监控医院中患者的行动，以及医院的药物管理等。如果在住院病人身上安装特殊用途的传感器节点，如心率和血压监测设备，医生就可以随时了解被监护病人的病情，在发现异常情况时能够迅速实施抢救。利用无线传感器网络长时间地收集人的生理数据，可以加快研制新药品的过程，而安装在被监测对象身上的微型传感器也不会给人的正常生活带来太多的不便。

任务评价

姓名：	班级： 学号：
什么是传感器？	
传感器由什么组成？	
常见的传感器有哪些？	
无线传感器网络由哪些节点组成？	
无线传感器网络有哪些特点？	

知识拓展

传感器的性能指标可以在一定程度上表征传感器的质量，因此，评价传感器的质量好坏离不开其性能指标。在检测控制系统和科学实验中，需要对各种参数进行检测和控制，而要达到比较优良的控制性能，则必须要求传感器能够感知被测量的变化，并且能不失真地将其转换为相应的电量，这种要求主要取决于传感器的特性。

22 传感器的性能指标

传感器的一般特性是指传感器系统的输出—输入关系特性。传感器的一般特性分为静态特性和动态特性。如果输入量不随时间变化，则称为传感器的静态特性；如果输入量随时间变化，则称为传感器的动态特性。

传感器的静态特性是指当被测量处于稳定状态时，传感器输出量与输入量之间的相互关系。衡量传感器静态特性的技术指标主要有线性度、灵敏度、迟滞、重复性、精度、分辨力、漂移、测量范围和量程等。

传感器的动态特性是指检测系统的输入为随时间变化的信号时，系统的输出量与输入量之间的关系。传感器主要动态特性的性能指标有时域单位阶跃响应性能指标和频域频率特性性能指标。有良好静态特性的传感器，未必有良好的动态特性。

知识巩固

选择题

1. 下列（　　）不是传感器的组成元件。

A. 敏感元件　　B. 转换元件　　C. 转换电路　　D. 电阻电路

2. 温度传感器利用（　　）的参数随温度变化而变化的特性来达到测量温度的目的。

A. 热敏元件　　B. 光敏元件　　C. 磁敏元件　　D. 力敏元件

3.（　　）是连接无线传感器网络和外部网络的接口，通过协议转换实现管理节点与无线传感器网络之间的通信。

A. 传感器节点　　B. 汇聚节点　　C. 管理节点　　D. 监测区域

任务四　走进物联网通信

任务导入

小梅的童年处于1G时代，爸爸花了大半年的积蓄买了一部“大哥大”移动电话，在当时算是新鲜事物。小梅的中小学、大学属于2G时代，上大学的时候，小梅有了自己的第一部手机，虽然只能打电话、发短信、听音乐、玩一下俄罗斯方块，但拥有手机仿佛拥有了全世界一般。小梅研究生期间到了3G时代，手机开始变得智能，可以看视频、刷微博，天下大事尽在掌中。小梅踏上工作岗位时正值4G时代，手机已经不是一个简单的通信工具，可以发微信、收邮件、传文件、打游戏、手机端购物、移动支付，在这个时代可谓“机不离手”。而现在我们正在进入5G的物联网时代，充满着无限憧憬和挑战。小梅见证了移动通信的不断发展，而移动通信只是物联网通信的一部分，本任务将介绍物联网通信。

素质目标

华为在移动通信5G方面，从产品到技术再到服务做到了世界领先，是中华民族的骄傲。我们要增强科技自信、民族自信，树立坚定的理想信念，用丰富的知识武装自己，艰苦奋斗，做社会主义事业的建设者和接班人。

任务目标

任务分析

物联网通信可将获得的大量信息进行交换和共享，将物理世界产生的数据接入公用电信网。通信是物联网的主要功能，物联网通信构成了物与物、物与人互联的基础。物联网通信几乎包含了现在所有的通信技术，形成了大规模的信息化网络。本任务主要介绍短距离无线通信和移动通信，它们是物联网通信技术的基石。

任务实施

1. 短距离无线通信

短距离无线通信技术一般指有效通信距离在几厘米到几百米范围内的无线通信技术，主要包括Wi-Fi技术、蓝牙技术、ZigBee技术、超宽带（Ultra Wide Band，UWB）技术、射频识别（RFID）技术、红外数据传输（IrDa）技术以及近距离/近场通信（Near Field Communication，NFC）技术等。

23 ZigBee

（1）ZigBee　ZigBee这一名称来源于蜜蜂的八字舞，蜜蜂（Bee）靠飞翔和嗡嗡（Zig）地抖动翅膀与同伴传递花粉的方位信息。借助蜜蜂的通信方式，人们用ZigBee来称呼这种近距离、低功耗、低复杂度、低速率的无线通信方式，ZigBee 的中文通常称为“紫蜂”。ZigBee 是一项新型的无线通信技术，适用于传输范围小、数据传输速率低的一系列电子元器件设备之间。ZigBee 无线通信技术可在数以千计的微小传感器相互间，依托专门的无线电标准达成相互协调通信。ZigBee 具有低功耗、低速率、低成本和网络容量大等特点。

1）低功耗。ZigBee 主要通过降低传输的数据量、降低收发信机的忙闲比、降低帧开销、实行严格的功率管理机制（如关机和睡眠模式）等方式降低设备功耗。在低耗电待机模式下，两节普通的 5 号电池可以使用 6 个月以上，非常省电。

2）低速率。传输速率只有 10～250kbit/s，能满足低速率传输数据的应用需求。

3）低成本。协议简单，传输速率低，从而降低了设备的成本。

4）短时延。ZigBee 的响应速度较快，通信时延和从休眠状态激活的时延都很短。一般从睡眠转入工作状态只需 15ms，节点连接进入网络只需 30ms。

5）高安全性。ZigBee 提供了 3 级安全模式，包括无安全设定、使用接入控制清单（ACL）防止非法获取数据以及采用高级加密标准的对称密码，可以灵活确定其安全属性。

6）网络容量大。ZigBee 可采用多种网络结构，一个主节点可管理若干子节点。一个主节点最多可管理 254 个子节点，主节点还可由上一层网络节点管理，最多可组成 65000 个节点的大网。

7）有效范围大。ZigBee 相邻节点间的传输距离一般在 10～100m 之间，如果通过路由和节点间通信，则传输距离可以更远。

8）工作频段灵活。ZigBee 的工作频段有 3 个，分别为欧洲的 868MHz、美国的 915MHz 和全球的 2.4GHz，都是免执照频段。

ZigBee 技术是一种应用于短距离和低速率下的无线通信技术，在物联网的感知层中发挥着重要作用。ZigBee 可以嵌入各种设备，可以在数千个微小的传感器之间相互协调实现通信，这些传感器只需要很少的能量，能以接力的方式通过无线电波将数据从一个网络节点传到另一个节点。无线传感器网络采用的就是 ZigBee 技术。此外，ZigBee 技术还可以应用在 PC 外设（鼠标、键盘、游戏操纵杆）、家用电器（电视和 DVD 的遥控设备）及医疗监控等领域。

（2）蓝牙　蓝牙技术是一种无线数据与语音通信的开放性全球规范，它以低成本的近距离无线连接为基础，为固定与移动设备通信环境建立了一个特别连接。其实质是为固定设备或移动设备之间的通信环境建立通用的无线电空中接口，将通信技术与计算机技术进一步结合起来，使各种设备在没有电线或电缆相互连接的情况下，能在近距离范围内实现相互通信或操作。简单地说，蓝牙技术是一种利用低功率无线电在各种设备间彼此传输数据的技术。蓝牙工作在全球通用的 2.4GHz ISM（即工业、科学、医学）频段，使用 IEEE 802.15 协议。作为一种新兴的短距离无线通信技术，蓝牙技术正有力地推动着低速率无线个人区

24 蓝牙

域网络的发展。

1）全球范围可用。蓝牙技术在2.4GHz运行，全球大多数国家使用的ISM频段的范围是2.402～2.4835GHz。该频段在全球是无须申请许可的ISM频段，使用蓝牙不需要支付任何费用。

2）同时可传输语音和数据。蓝牙有两种链路类型：异步无连接（ACL）链路和面向同步连接（SCO）链路。其中，ACL链路支持对称或非对称、分组交换和多点连接，适用于传输数据；SCO链路支持对称、电路交互和点对点连接，适用于传输语音。

3）抗干扰能力强。工作在ISM频段的无线电设备有很多，蓝牙技术具有跳频的功能，将2.402～2.4835GHz频段分成79个频点，蓝牙设备在某个频点发送数据之后，再跳到另一个频点发送，频点的排列顺序是伪随机的，有效避免了ISM频带遇到干扰源。

4）便于使用。蓝牙技术是一项即时技术，不要求固定的基础设施，易于安装和设置。蓝牙新用户只需可用的配置文件，即可连接至使用同一配置的另一个蓝牙设备。设备可以随身携带，甚至可以与其他网络连接。

5）开放的接口标准。蓝牙技术的标准全部公开，全世界范围内的任何单位和个人都可以进行蓝牙产品的开发，只要通过蓝牙技术联盟的蓝牙产品兼容性测试就可以推向市场。

蓝牙系统一般由天线单元、链路控制（硬件）、链路管理（软件）和蓝牙软件（协议）4个功能模块组成。其中，链路控制（硬件）负责处理基带协议和其他一些底层常规协议，链路管理（软件）实现链路的建立、认证及链路硬件配置等。

蓝牙技术规定每一对设备之间进行蓝牙通信时，必须一个为主角色，另一个为从角色。通信时必须由主端进行查找，发起配对，建立连接成功后双方即可收发数据。理论上，一个蓝牙主端设备可同时与7个蓝牙从端设备进行通信。一个具备蓝牙通信功能的设备可以在两个角色间切换，平时工作在从模式，等待其他主设备来连接，需要时转换为主模式，向其他设备发起呼叫。

在蓝牙数据传输过程中，一对一串口数据通信最为常见。蓝牙设备在出厂前即提前设置好两个蓝牙设备之间的配对信息，主端预存从端设备的PIN码、地址等，两端设备加电即自动建立连接，进行透明串口传输。一对一应用中的从端设备可以设置为两种类型：一是静默状态，即只能与指定的主端通信，不被别的蓝牙设备查找；二是开发状态，既可被指定主端查找，也可被其他蓝牙设备查找建立连接。

将蓝牙技术应用到车载免提系统中，是最典型的汽车蓝牙应用技术。利用手机作为网关，打开手机蓝牙功能与车载免提系统，只要手机在距离车载免提系统的10m之内，就可以自动连接，控制车内的麦克风与音响系统，从而实现全双工免提通话。将车载免提应用框架作为蓝牙免提通信技术的基础，可很好地规范蓝牙设备，并且汇集蓝牙功能集，这样就可以控制蓝牙技术。

（3）UWB　UWB 技术是一种无载波通信技术，它不采用正弦载波，而是利用纳秒级的非正弦波窄脉冲传输数据，在较宽的频谱上传送低功率信号，能在 10m 左右的范围内实现数百 Mbit/s 的无线数据传输速率，适用于近距离的高速无线通信。

25 UWB

UWB 无线通信是一种不用载波而采用时间间隔极短（小于 1ns）的脉冲进行通信的方式，也称为脉冲无线电或无载波通信。与普通信号波形相比，UWB 不利用余弦波进行载波调制，而是发送许多小于 1ns 的脉冲，因此这种通信方式占用的带宽非常宽，并且频谱的功率密度极小，通常具有扩频通信的特点。

1）传输速率高。UWB 系统使用高达 500MHz ~ 7.5GHz 的带宽，传输速率可以达到几十 Mbit/s 到几百 Mbit/s，有望高于蓝牙 100 倍，以非常宽的频率带宽来换取高速的数据传输，并且不单独占用已经拥挤不堪的频率资源，而是共享其他无线技术使用的频带。

2）功耗低。UWB 系统使用间歇的脉冲来发送数据，脉冲持续时间很短，系统耗电很低，进行高速通信时，系统的耗电量仅为几百微瓦至几十毫瓦。民用 UWB 设备的功率一般是传统移动电话所需功率的 1/100 左右，是蓝牙设备所需功率的 1/20 左右，军用的 UWB 电台耗电也很低。

3）成本低。在工程实现上，UWB 技术比其他无线技术要简单得多，可全数字化实现。它只需要以一种数学方式产生脉冲，并对脉冲进行调制，而实现上述过程所需的电路都可以被集成到一个芯片上，设备的成本很低。

4）安全性高。UWB 信号一般把信号能量弥散在极宽的频带范围内，对于一般通信系统来说，UWB 信号相当于白噪声信号，并且在大多数情况下，UWB 信号的功率谱密度低于自然的电子噪声的功率谱密度，从电子噪声中将脉冲信号检测出来是一件非常困难的事。采用编码对脉冲参数进行伪随机化后，脉冲的检测将更加困难。

5）多径分辨能力强。信号经过几条路径到达接收端，而且每条路径的长度（时延）和衰减都随时间而变，即存在多径传播现象。常规无线通信的射频信号大多为连续信号，或其持续时间远大于多径传播时间，多径传播效应限制了通信质量和数据传输速率，由于超宽带无线电发射的是持续时间极短且占空比极小的单周期脉冲，因此多径信号在时间上是可分离的。假如多径脉冲要在时间上发生重叠，其多径传输路径长度应小于脉冲宽度与传播速度的乘积。由于脉冲多径信号在时间上不重叠，因此很容易分离出多径分量，以充分利用发射信号的能量。大量的实验表明，对常规无线电信号多径衰落深达 10 ~ 30dB 的多径环境，对超宽带无线电信号的衰落最多不到 5dB。

6）定位精确。冲击脉冲具有很高的定位精度。UWB 技术将定位与通信合一，具有极强的穿透能力，可在室内和地下进行精确定位，而 GPS（全球定位系统）只能工作在 GPS 定位卫星的可视范围之内。与 GPS 提供绝对地理位置不同，超宽带无线电定位器可以给出相对位置，其定位精度可达厘米级。

根据 UWB 的特点，它的主要功能包括无线通信和定位功能。由于 UWB 技术具有传输速率高、多径分辨能力强、安全性高、系统复杂度低、能提供精确定位以及与现有其他无线通信系统共享频谱等优点，目前已广泛应用于雷达成像系统（穿墙成像雷达、医学成像系统和监视系统）、高速无线通信系统（无线个域网、无线多媒体网络等）、精确测量定位系统（车载雷达、精密测量和传感定位系统），以及军事、医疗、救援、勘探测量等领域。

2. 移动通信

移动通信指的是移动体之间的通信，或者是移动体和固定体之间的通信，也就是通信双方至少有一个处于移动状态。移动体可以是人，也可以是火车、轮船等。移动通信系统是指能够实现移动通信技术的系统，由空间系统和地面系统两部分组成。地面系统包括卫星移动无线电台、天线、基站等。移动通信系统从20世纪80年代诞生以来，大体经过了5代的发展历程。

1）第一代移动通信（1G）：模拟语音。第一代移动通信技术（1G）是指最初的模拟、仅限语音的蜂窝电话标准，制定于20世纪80年代。第一代移动通信主要采用的是模拟技术和频分多址（FDMA）技术。由于受到传输带宽的限制，不能进行移动通信的长途漫游，是一种区域性的移动通信系统。第一代移动通信有多种制式，我国主要采用的是TACS。第一代移动通信有很多不足之处，如容量有限、制式太多、互不兼容、保密性差、通话质量不高、不能提供数据业务和不能提供自动漫游等。

2）第二代移动通信（2G）：数字语音。第二代移动通信系统有效地将手机从模拟通信转移到数字通信，是以数字技术为主体的移动通信网络。第二代移动通信系统主要采用的是数字的时分多址（TDMA）技术和码分多址（CDMA）技术，主要业务是语音，其主要特性是提供数字化的语音业务及低速数据业务。它克服了模拟移动通信系统的弱点，语音质量、保密性能得到很大提高，并可进行省内、省际自动漫游。

3）第三代移动通信（3G）。3G以码分多址（CDMA）技术为基础，能在全球更好地实现无缝漫游，数据传输速度有了大幅提升，能够处理图像、音乐和视频流等多种媒体形式，提供包括网页浏览、电话会议和电子商务等多种信息服务。

4）第四代移动通信（4G）。第四代移动通信（4G）是在3G技术上的一次更好的改良，其相较于3G通信技术来说，一个更大的优势就是将WLAN技术和3G通信技术进行了很好的结合，使图像的传输速度更快，让传输的图像看起来更加清晰。在智能通信设备中应用4G通信技术，让用户的上网速度更加迅速，可以高达100Mbit/s。

5）第五代移动通信（5G）。第五代移动通信技术（5G）是最新一代的蜂窝移动通信技术，5G的性能目标是高数据速率、减少延迟、节省能源、降低成本、提高系统容量、与大规模设备连接。Release－15（3GPP首个完整的5G标准）中5G规范的第一阶段是为了适应早期的商业部署。Release－16的第二阶段于2020年4月完成，作为IMT－2020技术的候选提交给国际电信联盟（ITU）。ITU IMT－2020规范要求速度达到20Gbit/s，可以实现宽信道带宽和大容量。

任务评价

姓名：	班级： 学号：
什么是 ZigBee？ZigBee 有什么特点？	
什么是蓝牙？蓝牙有什么特点？	
什么是 UWB？UWB 有什么特点？	
简述第一代移动通信到第五代移动通信的发展历程。	

知识拓展

1982 年，法国物理学家艾伦·爱斯派克特（Alain Aspect）和他的小组成员成功地完成了一项实验，证实了微观粒子之间存在一种叫作“量子纠缠”（Quantum Entanglement）的关系。1993 年，在量子纠缠理论的基础上，美国科学家 C. H. Bennett 提出了量子通信（Quantum Teleportation）的概念。量子通信是指利用量子纠缠效应进行信息传递的一种新型通信方式，是量子论和信息论相结合的新研究领域。2016 年 8 月，中国在酒泉卫星发射中心用长征二号丁运载火箭成功将世界首颗量子科学实验卫星“墨子号”发射升空，这是我国在世界上首次实现卫星和地面之间的量子通信。

量子通信具有传统通信方式所不具备的绝对安全特性，有着重大的应用价值和前景。

知识巩固

选择题

1. ZigBee 具有（　　），无须人工干预，网络节点能够感知其他节点的存在，并确定连接关系，组成结构化的网络。

   A. 自愈功能　　B. 自组织功能

   C. 碰撞避免机制　　D. 数据传输机制

2. 蓝牙的工作频段是全球开放的（　　）频段。

   A. 5.2GHz　　B. 5.4GHz　　C. 2.4GHz　　D. 800MHz

3. 下列（　　）不属于3G 网络的技术体制。

   A. W-CDMA　　B. CDMA2000　　C. TD-SCDMA　　D. IP

任务五　体验物联网应用

任务导入

李老师工作了一整天，准备下班回家的时候，拿出手机简单地发出一条指令，提前指挥冬天里停在室外的汽车化雪解冻，让家中的空调启动、电饭煲开始煮饭，并解除了不在家时的防盗设置。李老师吃完晚饭后躺在智能沙发上，通过 APP 控制沙发升降，展开伸缩，进行按摩，再用手机 APP 操作智能扫地机器人，定位房间来回不停地打扫卫生。叫一声“小爱同学”，通过智能音箱收听自己喜欢的音乐，惬意地享受着美好的居家时光。这些是物联网在智能家居方面的应用，本任务将从交通、农业和家居几个方面介绍物联网的应用。

素质目标

物联网在我国共享单车、温室大棚和智能家居等方面的成熟应用，是科技工作者和各行各业的工作人员将理论联系实践、不断探索的结果。学生在学习的同时要勤于实践，勇于创新，提高自己的动手实践能力和科技创新能力，为科技强国贡献自己的力量。

任务目标

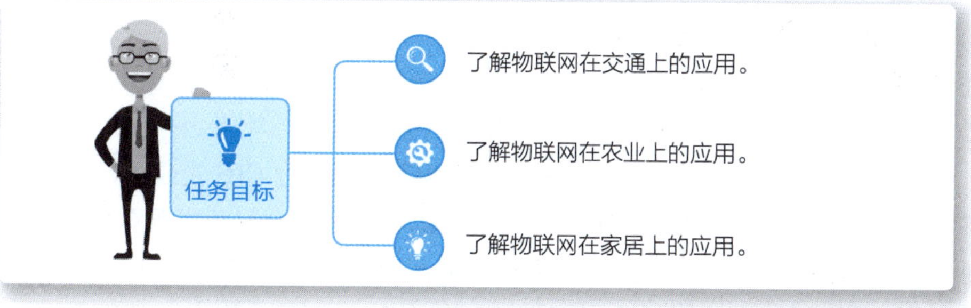

任务分析

2005 年，国际电信联盟在《ITU 互联网报告 2005：物联网》中全面、透彻地分析了物联网。物联网的应用领域非常广泛，现在已经应用于交通、物流、农业和军事等领域，并逐渐普及到所有领域。随着技术的不断进步，物联网将会成为人们日常生活的一部分。本任务将从智能交通、智能农业和智能家居几个方面来介绍物联网的具体应用。

任务实施

1. 智能交通

26　智能交通

将交通基础设施、交通运载工具和交通参与者综合起来考虑，充分利用信息技术、数据通信传输技术、电子传感技术、卫星导航与定位技术、控制技术、计算机技术及交通工程等高新技术，使人、车、路之间的相互作用关系以新的系统呈现出来，并解决交通问题的系统就是智能交通系统。

《2016年中国智能交通市场回顾与竞争分析》报告指出，2016年，中国城市智能交通市场规模为414.4亿，增长率达到33.5%，再创历史新高。截至2016年底，我国城市智能交通市场规模保持了高速增长态势，包含智能公交、电子警察、交通信号控制、卡口、交通视频监控、出租车信息服务管理、城市客运枢纽信息化、GPS与警用系统、交通信息采集与发布、交通指挥类平台等10个细分行业的项目，数量达到6000多项。从企业规模看，目前国内从事智能交通的企业有3000多家，主要集中在道路监控、高速公路收费、3S（GPS、GIS和RS）和系统集成环节。高速公路收费系统是中国非常有特色的智能交通领域，国内有400多家企业从事相关产品的生产，并且国内企业已取得了具有自主知识产权的高速公路不停车收费双界面CPU卡技术。

共享单车（图2-9）是我国物联网应用的很好实例，将引领物联网真正爆发。共享单车是企业在校园、地铁站点、公交站点、居民区、商业区和公共服务区等提供的自行车共享服务，采用分时租赁模式，是一种新型绿色环保共享经济。共享单车创造了通过移动互联实现自行车共享的新模式，让人们用手机就可以在运营区域内完成找车、约车、开锁、还车和支付的全部用车流程。

图2-9 共享单车

（1）智能锁 共享单车的车锁是智能锁，共享单车的定位功能就来源于智能锁。智能锁内嵌了GPS模块、SIM卡、开锁电机和传感器等，具有定位、无线移动通信、自动开锁和蜂鸣报警等功能。

1）GPS定位。智能锁里面有GPS模块，智能锁可以进行GPS定位，骑行时可实时地进行路径追踪，可以使用用户的手机上传位置，单车内的GPS只负责跟踪单车，只需要在一段时间内更新某个点，更新的时间可以长达30s～1min。而车辆锁上后，后台可以控制10～15min再进行更新一次。

2）智能开锁。智能锁里面有无线移动通信模块，相当于智能锁里面有个手机，例如可将锁内的GSM模块当成具有SIM卡的黑白功能的手机（非智能手机），智能锁里面还有蓝牙模块。智能锁开锁有以下3种方式：

①利用短信开锁。用手机扫描单车上的二维码，网络的服务器收到后给单车发短信，单车响应后就开锁了。对于这种开锁方式，智能锁始终与网络保持连接，以短信作为开锁信号，开锁比较慢，但是稳定，极少失败。

②利用GPRS流量开锁。智能锁采用2G移动通信模块，手机扫码后服务器通过GPRS流量传达开锁指令。这种方式开锁速度快，但是开锁成功率依赖于信号，信号不强的地方开锁不稳定。

③利用流量加蓝牙开锁。这是现在使用最普遍的开锁方式。蓝牙辅助开锁的原理是使用用户手机蓝牙与锁内蓝牙配对后开锁。服务器只需用流量连接手机，手机蓝牙发送开锁

指令到智能锁。这种开锁方式降低了开锁功耗，也不需要依赖智能锁中模块的信号强度，提高了稳定性。

3）蜂鸣报警。共享单车的智能锁内装有传感器，在监测到非正常移动、被人恶意破坏时会发出蜂鸣警报。蜂鸣报警器还可以进行终端控制，方便找车。

4）续航问题。智能锁内部主要存在两个耗电模块，一个用于给 GSM、GPS 和蓝牙模块供电，另外一个用于给开锁电机供电。现在普遍采用的是太阳能充电，在车篮子上加装太阳能电池板，保证电量的供应。

（2）企业平台　共享单车系统包括用户智能终端、共享单车和企业平台，其中，企业平台是核心。智能锁的开发和生产是其中的一小步，更重要的是共享单车的后端服务器、云平台。企业平台体现了共享单车的本质，能有效对接车与人的需求，构建车与车的物联网数据，实现前后台系统的一体化。企业平台可以把用车需求量化，进行动态匹配，收集用户短途骑行的大数据信息，对单车铺货位置、数量等运营有战略性的意义。

（3）电子围栏　企业平台可以划定电子围栏，督促用户不乱停乱放，如果单车没有停放在电子围栏内，后台将会一直计费。电子围栏是一种信号覆盖技术，由蓝牙发射器发出信号，与共享单车连接，划定一个无形围栏，单车只有来到了电子围栏圈定的范围，蓝牙连接上了，后台才允许使用者结束计费；如果蓝牙没有连接上，车子将无法上锁。电子围栏的大小可以调整，最长的辐射半径为 100m。

（4）共享单车的标准　2017 年 11 月，中国通信工业协会正式发布团体标准《基于物联网的共享自行车应用系统总体技术要求》（简称《技术要求》）。《技术要求》规定了基于物联网的共享单车应用系统总体架构，并围绕该架构中的用户智能终端侧、共享单车侧和企业应用平台侧的功能、性能和信息安全等方面做出了技术要求。

在用户服务方面，《技术要求》指出，共享单车 APP 应在行程结束后自动结算，应具备押金支付、退回功能。此外，为了规范用户停车，宜具备停放区引导功能，向用户推荐目的地附近的停放区域，以及禁止停放/骑行区域等信息。

在车辆技术方面，《技术要求》指出，智能锁是共享单车的信息化主体，应具备远程自动开锁、车辆定位、数据通信、移动报警、电源管理和信息上报等功能；关锁后应在 30s 内停止计费，关锁状态下自行车位置信息上报不低于 1 次/4h；应满足不低于 8000 次无故障开关锁循环。在信息安全方面，应具备防止暴力破解的能力。

在企业平台方面，《技术要求》指出，共享单车企业应建立用户信用体系，用户不规范用车或违法违规行为应在信用体系中予以体现；应具备大数据管理功能，具备不同区域自行车分布数量状况、活跃用户数量、一天各时段行程数量、活跃地区分布、自行车及人员属性统计等分析能力；宜支持电子围栏服务，对于用户是否在电子围栏中停车予以记录，该记录应在用户信用体系中体现。

2. 智能农业

智能农业是农业生产的高级阶段，是集新兴的互联网、移动互联网、云计算和物联网技术为一体，依托部署在农业生产现场的各种传感器节点（环境温湿度、土壤水分、二氧化碳和图像等传感器节点）和无线通信网络，实现农业生产环境的智能感知、智能预警、智能决策、智能分析和专家在线指导，为农业生产提供精准化种植、可视化管理和智能化决策。

物联网技术在现代农业朝着智能化方向发展的过程中发挥着关键作用。将物联网技术应用于农业生产全过程中，可改变传统农业的粗放生产方式以及弊端，优化作物生长环境参数，将各种农业资源有效利用，从而提高农产品质量和品质，真正实现农业现代化。基于物联网的智能农业系统包括智能农业应用层、智能农业网络层和智能农业感知层。

智能农业感知层的主要任务是通过各种手段，将大范围内的现实世界农业生产的各种物理量，实时并自动化地转换为虚拟世界可处理的数字化信息或者数据。智能农业网络层包括通信与互联网的融合网络、网络管理中心、信息中心和智能处理中心等。智能农业应用层的主要任务是将信息汇总，对汇总而来的信息进行分析和处理，从而将现实世界的实时情况形成数字化的认知。应用层是农业物联网的“社会分工”，它与农业行业需求结合，实现广泛的智能化。

2002 年，英特尔公司率先在俄勒冈建立了世界上第一个无线葡萄园。传感器节点被分布在葡萄园的每个角落，每隔 1min 检测一次土壤温度、湿度或该区域有害物的数量，以确 保葡萄可以健康生长。研究人员发现，葡萄园气候的细微变化可极大地影响葡萄酒的质量。通过长年的数据记录以及相关分析，可精确地掌握葡萄酒的质地与葡萄生长过程中的日照、温度及湿度的确切关系。这是一个典型的精准农业、智能耕种的实例。

我国中科院遥感应用研究所开发的基于无线传感器网络和移动通信平台的农业生态环境监测系统解决了大棚内监测温度、湿度的困难。在环境参数超过用户设置的范围时，系统可以通过短信方式对用户进行报警。同时，用户可利用手机短信获取大棚内实时的温度、湿度 或者登录 Internet 查看，用户还可以通过手机短信对大棚内的浇灌系统、顶棚等设备进行控制。

上海交大机电控制与物流装备研究所针对葡萄新梢生长发育的规律特点，开发研制了基于嵌入式控制器和 CCD 彩色相机的葡萄新梢生长图像数据采集记录系统，实现了葡萄新梢生长态势的在线监测。该系统针对葡萄生长发育的特点，配备球坐标式图像采集支架，实现了对图像采集角度的自由调整；设计开发的全光谱辅助照明装置大幅减少或避免了直射光对成像质量的影响；嵌入可编程式控制器实现了无人值守的自动拍照模式，用户可根据需求预先自由设定拍摄间隔，从而无须人工干预即可获取清晰的图像数据。由于采用了商业化的 CCD 彩色相机，因此拍摄到的图像分辨率高且色彩真实，有利于后续的图像分析处理，可以得到理想的图像分割效果和精度。同时，系统还具备现场大容量 SD 卡存储功能和远程无线网络传输功能，既延长了监控周期，又可以实时地共享观测结果。

2015 年，浙江托普云农科技股份有限公司针对我国农业生产管理的发展现状，研发了智慧农业云平台。目前，该产品和服务被广泛应用于农业生产智能化、农产品溯源、农业生态监管、农业产业管理、农产品市场监测、农业电商、农资监管、农业应急指挥及农村公共服务等涉农领域，已服务浙江省 95% 的市县农业主管单位、近 1000 家农业企业、30 家大型农批市场、2000 多个村镇和 17 家农业服务组织，在专业性方面得到了广大行业用户的好评。智慧农业云平台旨在通过新一代物联网、大数据、3S 等信息化技术有效整合省、市、县各级涉农资源，汇聚农业产业、物联网、植保、农机、畜牧、农资、农经和科教等各级农业业务应用及数据，形成“大农业”数据中心，构建互联共享的“互联网+农业”信息服务体系，以最终实现科学地指导农业的生产、经营、管理，政府决策监管和社会公众服务。

3. 智能家居

智能家居是利用先进的计算机技术、网络通信技术、综合布线技术，依照人体工程学原理，融合个性需求，将与家居生活有关的各个子系统（如安防、灯光控制、窗帘控制、气体控制、家电控制和场景控制等）有机结合在一起，通过网络化综合智能控制和管理，实现“以人为本”的全新家居生活体验。

27 智能家居

智能家居是在互联网影响之下物联化的体现，它通过物联网技术将家中的各种设备连接到一起，提供家电控制、照明控制、窗帘控制、电话远程控制、室内外遥控、防盗报警、环境监测、暖通控制、红外转发及可编程定时控制等多种功能和手段。下面主要介绍智能家居中的智能灯光控制系统、智能电器控制系统、智能安防监控系统和远程医疗监护系统。

（1）智能灯光控制系统　智能灯光控制系统用于实现对全宅灯光的智能管理，可以用遥控等多种智能控制方式实现对全宅灯光的遥控开关、调光和全开全关，以及“会客”“影院”等多种一键式灯光场景效果；并可用定时控制、电话远程控制、计算机本地及互联网远程控制等多种控制方式，从而实现智能照明的节能、环保、舒适和方便等功能。

（2）智能电器控制系统　智能电器控制系统采用弱电控制强电的方式，既安全又智能。可以用遥控、定时等多种智能控制方式，实现对饮水机、插座、空调、地暖、投影机和新风系统等进行智能控制，可避免饮水机在夜晚反复加热而影响水质，在外出时断开插排电源，避免电器发热而引发安全隐患，以及对空调、地暖进行定时或者远程控制。

（3）智能安防监控系统　智能安防监控系统主要由各种报警传感器（人体红外传感器、烟雾传感器、可燃气体传感器等）及其检测、处理模块组成，可以及时发现陌生人入侵、煤气泄漏及火灾等情况并通知主人。该系统操作非常简单，可以通过遥控器或者门口的控制器进行布防或者撤防。

（4）远程医疗监护系统　在智能家居系统中，远程医疗监护应用引起了人们的广泛关注，而且是未来智能家居发展的方向之一。基于 GPRS 的远程医疗监控系统由中央控制器、GPRS 通信模块、GPRS 网络、Internet、数据服务器和医院局域网等组成。当系统工作时，患者随身携带的远程医疗智能终端首先对患者心脏、血压和体温进行监测，当发现可疑情况时，通信模块就对采集到的人体现场参数进行加密、压缩处理，再以数据流的形式通过串行方式（RS-232）连接到 GPRS 通信模块上，与移动基站进行通信后，基站的服务 GPRS 支持节点（SGSN）与网关 GPRS 支持节点（GGSN）进行通信，网关 GPRS 支持节点对分组资料进行相应的处理，把资料发送到互联网上并寻找互联网上的一个指定 IP 地址的监护中心，并接入后台数据库系统。这样，信息就开始在移动患者单元和远程移动监护医院工作站之间不断进行交流，所有的诊断数据和患者报告都会被传送到远程移动监护信息系统存档，以供将来研究、评估和资源规划之用。

任务评价

姓名：	班级： 学号：
举例说明物联网在交通上的应用。	
举例说明物联网在农业上的应用。	
举例说明物联网在家居上的应用。	

知识拓展

物联网技术在医疗领域的应用潜力巨大，能够帮助医院实现对人的智能化医疗和对物的智能化管理工作，支持医院内部医疗信息、设备信息、药品信息、人员信息、管理信息的数字化采集、处理、储存、传输和共享等，实现物资管理可视化、医疗信息数字化、医疗流程科学化、服务沟通人性化，能够满足医疗健康信息、医疗设备与用品、公共卫生安全的智能化管理与监控等方面的需求，从而解决医疗平台支撑薄弱、医疗服务水平整体较低以及医疗安全生产隐患等问题。

知识巩固

选择题

1. 智能交通系统的作用是（　　）。

   A. 缓解交通阻塞，提高路网通行能力

   B. 实现公共交通工具全程追踪和溯源，保证运输的安全

   C. 实现管理透明化，提高事故防控能力和水平

   D. 以上三项都对

2. 智能农业在（　　）领域的应用，避免了自然环境和气候的影响，减少了病虫危害，实现了作物的优质、高产和无公害生产。

A. 智能温室　　B. 节水灌溉

C. 智能化培育控制　　D. 水产养殖环境监控

3. 智能农业系统基于（　　）等，实现短程、远程监控。

A. ZigBee 网络　B. 移动通信网络　C. Internet　D. 以上都是

项目总结

本项目首先介绍了物联网的相关概念，然后对 RFID、传感器与无线传感网、物联网通信等关键技术进行了讲解，读者可以更好地了解和研究物联网。最后结合物联网在交通、农业和家居等方面的具体应用，将理论和实践联系起来。

物联网目前被广泛认为是人工智能产品的重要落地应用场景之一，所以物联网的智能化是一个比较明显的发展趋势。人工智能可为物联网提供强有力的数据扩展功能，使物联网智能化的同时，提高物联网的运营效率。万物互联成为全球网络未来的发展趋势，物联网最终的目的必然是智能化，因为只有智能化才能够最大限度地发挥出物联网的价值，万物互联的背后必然是万物智能。

项目三
探索大数据

任务一　掌握大数据的基本概念

任务导入

阿岚是某高校的2019级本科生，一年级上学期挂科3门，自理能力较差。2020年5月15日，辅导员收到一条失联告警，阿岚从前天早上早自习结束，到当日下午一直未回宿舍，可能已经失联。辅导员开始到处寻找阿岚，在阿岚手机关机、在当地没有亲戚、调看几千个监控视频工作量巨大的情况下，学校的学生画像系统派上了用场。辅导员调看阿岚的用户画像，发现阿岚爱玩游戏、泡网吧，最近常在学校南门附近出入。再通过学生画像系统的朋友识别功能找到阿岚社交最亲密的一位外院朋友，最后确定阿岚在某网吧玩游戏。从失联告警到找到阿岚，只用了30min。阿岚的用户画像正是大数据时代的产物，用户信息充斥在网络中，将用户的每个具体信息抽象成标签，利用这些标签将用户的形象具体化，从而为用户提供有针对性的服务。本任务揭开大数据的神秘面纱吧。

素质目标

阿岚从失联到被找到仅仅用了30min，这正是大数据的神奇之处。大数据所呈现的力量是前所未有的，人们也在无形当中随时随地享受着大数据带来的便利。作为人口大国和制造大国，我国数据产生能力巨大，大数据资源极为丰富。大数据的应用已经渗透到了各行各业，成为推动经济转型的新动力。国内大数据的发展呈百花齐放的态势，许多优秀的民族企业在国家大数据的发展和技术创新中起到了非常重要的作用。作为大学生，要提升民族自豪感和使命感，培养艰苦奋斗、自主创新的学习热情，具备科技创新的精神。

任务目标

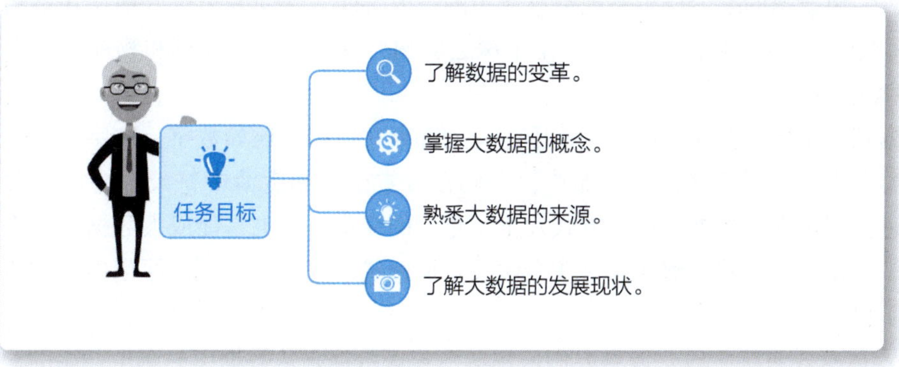

任务分析

人们每天都在使用和产生数据，近年来数据量呈爆炸式增长，从浏览网站数据到自主产生数据，数据已经发生了重大变革。数据量越来越大，在大量的数据中寻找数据的规律，可进行大数据分析与预测。

任务实施

1. 数据的变革

大数据时代悄然来临，带来了信息技术发展的巨大变革。人类社会信息科技的发展为大数据时代的到来提供了技术支撑，而数据产生方式的变革是促进大数据时代到来至关重要的因素。人类在冷信息时代没有数据的概念，被视为数据的各类信息，在当时只是冷冰冰的符号。后来技术水平提高了，数据也越来越多，人们发现把这些数据集合起来，可以完成一些智能化的分析，所以就有了互联网时代炙手可热的大数据。

28 数据的变革

IBM 前首席执行官郭士纳曾提出一个重要的观点，认为 IT 领域每隔 15 年就会迎来一次重大变革，见表 3－1。这一判断像摩尔定律一样准确，人们把它称为“十五年周期定律”。

表 3－1　计算模式变革

信息化浪潮	标志	解决的问题	代表企业
第一次浪潮（1980 年前后）	个人计算机普及	信息处理	Intel、AMD、IBM、苹果、微软、联想、戴尔、惠普等
第二次浪潮（1995 年前后）	互联网的普及	信息传输	雅虎、谷歌、阿里巴巴、百度、腾讯等
第三次浪潮（2010 年前后）	大数据、云计算、物联网	信息爆炸	亚马逊、谷歌、IBM、VMWare、Palantir、Hortonworks、Cloudera、阿里云等

信息化发展的 3 个阶段实现了信息的数字化、网络化和智能化。数字化奠定基础，实现数据资源的获取和积累；网络化构造平台，促进数据资源的流通和汇聚；智能化展现能力，通过多源数据的融合分析呈现信息应用的类人智能，帮助人类更好地认知事物和解决问题。3 次信息化浪潮对现代社会产生了深远影响，大数据、云计算和物联网就孕育在第三次信息化浪潮时代。

数据到底是什么？在人们的生活中，处处都存在数据，比如数字、文字、图像和声音等。随着人类社会信息化进程的加快，人们在日常生产和生活中每天都会产生大量的数据。从过去到现在，数据的产生方式发生了重大的变革，这也是促成大数据时代来临的重要因素。数据产生方式大致经历了 3 个阶段：运营式系统阶段、用户原创内容阶段和感知式系统阶段。

（1）运营式系统阶段　最早人们使用的大规模数据是从数据库的诞生开始的。大型超市销售系统、银行交易系统、医院医疗系统等大量运营式系统都是建立在数据库基础之上的，数据库中保存了大量企业关键信息，用来满足企业各种业务的需求。在这个阶段，数据的产生方式是被动的，只有当企业业务发生时，才会产生新的记录并存入数据库。比如去超市购物，结账之后，就会在数据库中产生交易记录。

（2）用户原创内容阶段　互联网的出现使数据传播更加快捷。真正的数据爆发产生于以“用户原创内容”为特征的 Web 2.0 时代，即以博客、微博、微信和抖音等自服务模式为主，大量上网用户本身就是内容的生产者，尤其是随着移动互联网和智能手机终端的普及，人们更是可以随时随地使用手机发微博传照片、发抖音录视频，数据量开始急剧增加。

（3）感知式系统阶段　物联网的发展最终导致数据量的第三次飞跃。物联网中包含大量传感器，比如温度传感器、湿度传感器等。视频监控摄像头也是物联网的重要组成部分。物联网中的这些设备，每时每刻都在自动产生大量数据。与用户原创内容阶段产生的数据相比，物联网中的自动数据产生方式将在短时间内生成更密集、更大量的数据，使人类社会迅速步入“大数据时代”。

2. 大数据的概念

通俗地说，大数据（Big Data）就是海量资料，这些海量资料来源于世界各地随时产生的数据。随着大数据时代的到来，“大数据”已经成为互联网信息技术行业的流行词汇。在大数据时代，任何微小的数据都可能产生不可思议的价值。到底什么是大数据呢？大家比较认可关于大数据的“4V”说法，即大数据的 4 个特点，包括数据量巨大（Volume）、数据类型繁多（Variety）、处理速度快（Velocity）和价值密度低（Value）。

29 大数据的概念

1）数据量巨大。从前 MAP3 时代，一个小小的 MB 级别的 MAP3 就可以满足很多人的需求。然而随着时间的推移，存储单位从过去的 GB 级别发展到 TB 级别，乃至现在的 PB、EB 级别。随着信息技术的高速发展，数据开始爆发性增长。截至目前，人类生产的所有印刷材料的数据量是 200PB（1PB = 1024TB）左右，而历史上全人类说过的所有话的数据量大约是 5EB（1EB = 1024PB）左右。当前，典型个人计算机硬盘的容量为 TB 量级，而一些大企业的数据量已经接近 EB 量级。

2）数据类型繁多。广泛的数据来源决定了大数据形式的多样性。这种类型的多样性也让数据分为结构化数据、半结构化数据和非结构化数据。相对于以往便于存储的以文本为主的结构化数据，非结构化数据越来越多，包括网络日志、音频、视频、图片和地理位置信息等，这些多类型的数据对数据的处理能力提出了更高要求。

3）处理速度快。这是大数据区分于传统数据挖掘的最显著特征。大数据的产生非常迅速，主要通过互联网传输。在如此海量的数据面前，处理数据的效率就是企业的生命。

4）价值密度低。这也是大数据的核心特征。价值密度的高低与数据总量的大小成反比。以视频为例，一部 1h 的视频，在连续不间断的监控中，有用数据可能仅有 1～2s。如何通过强大的机器算法更迅速地完成数据的价值“提纯”，成为目前大数据背景下亟待解决的难题。

3. 大数据的来源

大数据的来源非常广泛，如信息管理系统、网络信息系统、物联网系统和科学实验系统等。

1）信息管理系统。信息管理系统主要通过用户数据和系统二次加工的方式产生数据，其产生的大数据大多数为结构化数据，通常存储在数据库中。

2）网络信息系统。基于网络运行的信息系统即网络信息系统，是大数据产生的重要方式。电子商务系统、社交网络、社会媒体和搜索引擎等都是常见的网络信息系统。网络信息系统产生的大数据多为半结构化或非结构化的数据。

3）物联网系统。物联网是新一代信息技术，其核心和基础仍然是互联网，是在互联网的基础上延伸和扩展的网络，而其具体实现是通过传感技术获取外界的物理、化学和生物等数据信息。

4）科学实验系统：主要用于科学技术研究，可以由真实的实验产生数据，也可以通过模拟方式获取仿真数据。

大数据的数据类型包括结构化数据、半结构化数据和非结构化数据。

1）结构化数据：是指由二维表结构来逻辑表达和实现的数据，严格地遵循数据格式与长度规范，主要通过关系型数据库进行存储和管理。它也称作行数据，一般数据以行为单位，一行数据表示一个实体的信息，每一行数据的属性是相同的，见表 3－2。

表 3－2　结构化数据

ID	Name	Gender	Phone	Address
1	张一	Female	3337899	天津市和平区
2	王二	Male	3337799	天津市河西区
3	李三	Female	3337699	天津市津南区

2）非结构化数据：是数据结构不规则或不完整的、没有预定义的数据模型，不方便用数据库二维逻辑表来表现的数据，如所有格式的办公文档、文本、图片、HTML、各类

报表、图像和音频/视频信息等。

3）半结构化数据：是结构化数据的一种形式，虽不符合关系型数据库或其他数据表的形式关联起来的数据模型结构，但包含相关标记，可用来分隔语义元素以及对记录和字段进行分层，因此也被称为自描述的结构。常见的半结构化数据有 XML（图 3－1）和 JSON。

```
<person>
    <name>A</name>
    <age>13</age>
    <gender>female</gender>
</person>
```

图 3－1　XML 数据

4. 大数据的发展现状

进入新世纪以来，信息技术飞速发展，以互联网为代表的公司更是异军突起，如阿里、腾讯、百度和小米等公司，这些企业不但是国内的大公司，而且也成功地入围世界 500 强企业。这些互联网公司的用户数目非常庞大，而这些用户每天都会使用相应的软件，这样在相应的企业中就产生了海量的用户信息。而互联网企业的数据量也只是整个商业的一小部分。对于企业而言，数据体量越大越能够反映用户的特征，这样就可以针对用户的特征来为他们提供不同的服务。因此，如何挖掘这些海量数据背后的规律来为企业决策进行服务，如何充分发挥大数据潜在的价值就成了摆在企业面前的重要课题。其中，大数据分析技术、大数据处理方式和大数据应用软件的开发等是其中的关键。

（1）数据分析成为大数据技术的核心　单独地看一条数据，它是孤立的，但是当数据的体量达到千万级甚至几亿级别时，数据的规律就变得有章可循。从大规模的数据到数据背后的规律，在这个过程中，大数据的数据分析技术发挥着重要的作用。大数据的数据分析技术就是借助其他领域的知识和工具，尤其是人工智能方面的数据挖掘、深度学习和机器学习等数据处理技术，通过数据清洗、数据填充等操作来对数据信息进行数据脱敏、均一化等操作，将所有的信息变为计算机能够处理的数值类型，最终用大数据来训练数据分析技术的模型，得到满足实际需求的实际模型，从而挖掘出大规模用户数据中的规律。

（2）基于云计算处理平台的实时性的数据处理方式　在进行数据的分析之前，大规模的用户数据和最终的实际模型都需要存储空间来存放。同时，数据分析模型中的运算也需要相应的运算设备来进行。而云计算技术正好满足了上述需求。它能够为大数据提供分布式的计算方法，可以弹性扩展，具有相对便宜的存储空间和计算资源，这些都是大数据技术发展中十分重要的组成部分。此外，云计算技术具有十分丰富的 IT 资源，分布较为广泛，为大数据技术的发展提供了技术支持。随着云计算技术的不断发展和完善，以及发展平台的日趋成熟，大数据技术自身将会得到快速提升，数据处理水平也会得到显著提升。

（3）大数据应用软件的开发　应用软件为广大非编程人员提供了一种友好的界面交互方式。使用者能够通过对应功能的按键操作来完成相应的功能。大数据的处理同样需要一种交互性良好的应用软件来方便数据操作者使用。而中小型企业没有能力自己研发这样的大型软件，亟待相关的企业或机构能够为数据操作制定规范，并能对研发出的软件进行开源，一起来促进大数据应用软件的完善。大数据应用软件的开源软件是在大数据技术发展过程的不断反馈中研发出来的。同时，这些开源软件对各个领域的发展、人们的日常生活具有十分重要的作用。开源软件的发展可以适当地促进商业软件的发展，以此作为推动力，从而更好地服务于应用程序开发工具、应用和服务等各个不同的领域。虽然现如今商业化的软件发展得十分迅速，但是两者之间并不会产生矛盾，可以优势互补，从而共同进步。开源软件自身在发展的同时，也在为大数据技术的发展贡献力量。

任务评价

姓名：	班级：　　　　学号：
数据变革经历的三次信息化浪潮分别是什么？	
大数据的概念是什么？	
大数据的来源包括哪些方面？	
简述大数据的发展现状。	

知识巩固

一、选择题

大数据的主要特点不包括（　　）。

A. 数据量大　　B. 数据类型繁多　　C. 处理速度快　D. 价值密度高

二、简答题

简述大数据的 4 个基本特征。

任务二　解析大数据的核心技术

任务导入

李阿姨是一名企业退休员工，退休之后组织社区老年人跳广场舞，积极响应国家开展全民健身活动的号召。她作为广场舞的组织者和领导者，需要给大家定制统一的服装。这可给李阿姨愁坏了，参加广场舞的人数太多了，如果去商店买服装，将服装运输到活动地点就是一个大问题。李阿姨寻求社区小王的帮助。小王说："这太简单了，李阿姨，您可以网购啊！下单成功之后，快递小哥就会把您购买的商品派送到活动地点。"于是小王打开购物网站，教李阿姨如何购买衣服。李阿姨顺利完成了第一次网购。社区又一次举行活动，还需要订购服装。李阿姨这次有了上网购物的经验，拿出手机直接打开购物网站，她惊讶地发现，购物网站的首页给自己推送了各种活动服装，不需要自己再费力搜索了，李阿姨感叹："这个购物网站真是太贴心了！"。这就是大数据技术实现的反复跟踪推荐，通过购物者的购买习惯，应用大数据技术，将可能感兴趣的商品推荐给购物者，实现精准营销，同时为购物者提供了更加便利的购物体验。大数据技术还包含哪些内容呢？下面就让我们进行探索吧！

素质目标

像李阿姨这样的购物者数以亿计，购物者的购物行为会被记录下来用于大数据分析，提供更加精准的商品信息推荐。但大数据技术是一把双刃剑，在给人们创造美好生活的同时，也存在一些已知或未知的风险。对于我们来说，在享受现代化生活带来的舒适便利的同时，也不要疏忽对自己的人身、财产和信息安全的保护。要树立辩证的科学思维，增强法律意识和安全意识，提高自身的道德修养与职业精神。

任务目标

任务分析

购物系统在李阿姨网购时推荐相关服装的功能是如何实现的呢？首先要收集购物者的购买行为数据，将这些数据进行整理并存储起来，在此基础上进行分析，最终得出分析结果。本任务将介绍大数据分析到底包含哪些基本步骤，以及在分析过程中用到了哪些核心技术。

任务实施

1. 大数据分析的基本步骤

典型的大数据分析包含6个步骤，分别是明确分析的目的和思路、数据收集、数据处理、数据分析、数据展现和报告撰写，如图3－2所示。

30 大数据分析基本步骤

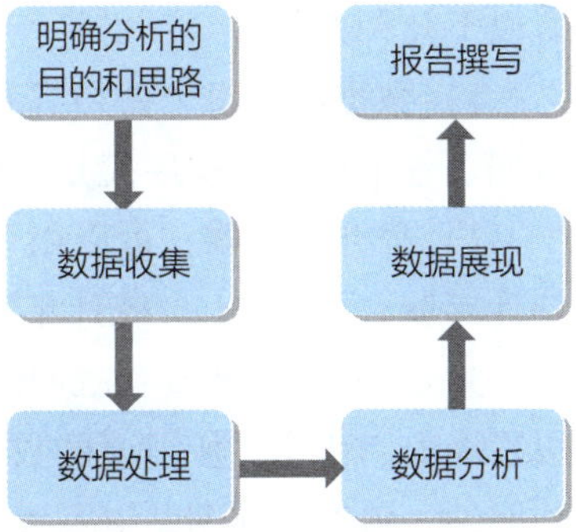

图3-2 典型的大数据分析步骤

（1）明确分析的目的和思路 明确数据分析的目的以及确定分析思路，是确保数据分析过程有效进行的先决条件，它可以为数据的收集、处理及分析提供清晰的指引方向。数据分析的目的是整个分析流程的起点。目的不明确会导致方向性的错误。也就是说，首先要思考为什么要开展数据分析，通过这次数据分析要解决什么问题。

明确目的后，就要梳理分析思路，搭建分析框架，把分析目的分解成若干个不同的分析要点，即如何具体开展数据分析，需要从哪几个角度进行分析，采用哪些分析指标。只有明确了分析目的，分析框架才能确定下来，最后还要确保分析框架的体系化，使分析更具有说服力。

体系化也就是逻辑化，简单来说，就是先分析什么，后分析什么，使得各个分析点之间具有逻辑联系，避免不知从哪方面入手以及分析的内容和指标被质疑是否合理、完整。所以体系化就是为了让分析框架具有说服力。

要想使分析框架体系化，就需要以一些营销、管理等理论为指导，结合实际的业务情况进行构建，这样才能保证分析维度的完整性，分析结果的有效性以及正确性。比如，以用户行为理论为指导而搭建的互联网网站分析指标框架如图3-3所示。

图3-3 以用户行为理论为指导而搭建的互联网网站分析指标框架

把跟数据分析相关的营销、管理等理论统称为数据分析方法论，比如用户行为理论、PEST分析法和5W2H分析法等。

（2）数据收集 数据收集是按照确定的数据分析框架收集相关数据的过程，它为数据分析提供了素材和依据。这里所说的数据包括第一手数据与第二手数据，第一手数据主要指可直接获取的数据，第二手数据主要指经过加工整理后得到的数据。一般数据来源主要有以下几种方式：

1）数据库：每个公司都有自己的业务数据库，存放从公司成立以来产生的相关业务数据。这个业务数据库就是一个庞大的数据资源，需要有效地利用起来。

2）公开出版物：可以用于收集数据的公开出版物包括《中国统计年鉴》《中国社会统计年鉴》《中国人口统计年鉴》《世界经济年鉴》和《世界发展报告》等。

3）互联网：随着互联网的发展，网络上发布的数据越来越多，特别是搜索引擎，可以帮助人们快速找所需要的数据，例如，国家及地方统计局网站、行业组织网站、政府机构网站、传播媒体网站以及大型综合门户网站等都可能有人们需要的数据。

4）市场调查：进行数据分析时，需要了解用户的想法与需求，但是通过以上三种方式获得此类数据会比较困难，因此可以尝试使用市场调查的方法收集用户的想法和需求数据。市场调查就是指运用科学的方法，有目的、系统地收集、记录和整理有关市场营销的信息和资料，分析市场情况，了解市场现状及其发展趋势，为市场预测和营销决策提供客观、准确的数据资料。市场调查可以弥补其他数据收集方式的不足，但进行市场调查所需的费用较高，而且会存在一定的误差，故仅能做参考之用。

（3）数据处理　数据处理是指对收集到的数据进行加工整理，形成适合数据分析的样式，它是数据分析前必不可少的阶段。数据处理的基本目的是从大量杂乱无章、难以理解的数据中抽取并推导出对解决问题有价值、有意义的数据。

数据处理主要包括数据清洗、数据转化、数据提取和数据计算等处理方法，如图3－4所示。一般拿到手的数据都需要进行一定的处理才能用于后续的数据分析工作，即使再"干净"的原始数据，也需要先进行一定的处理才能使用。

数据处理是数据分析的基础。数据处理可将收集到的原始数据转换为可以分析的形式，并且保证数据的一致性和有效性。

图3－4　数据处理方法

（4）数据分析　数据分析是指用适当的分析方法及工具对处理过的数据进行分析，提取有价值的信息，形成有效结论的过程。由于数据分析多是通过软件来完成的，因此要求数据分析师不仅要掌握各种数据分析方法，还要熟悉数据分析软件的操作。

数据挖掘其实是一种高级的数据分析方法，就是从大量的数据中挖掘出有用的信息。它是根据用户的特定要求，从浩如烟海的数据中找出所需的信息，以满足用户的特定需求。数据挖掘技术是人们长期对数据库技术进行研究和开发的结果。一般来说，数据挖掘侧重解决4类数据分析问题：分类、聚类、关联和预测。其重点在于寻找模式和规律。数据分析与数据挖掘的本质是一样的，都是从数据里面发现关于业务的知识。

31 数据展现

（5）数据展现　数据展现是指数据的展现形式。一般情况下，数据是通过表格和图形的方式来呈现的，人们常说的“用图表说话”就是这个意思。常用的数据图表包括饼图、柱形图、条形图、折线图、散点图和雷达图等，如图 3－5 所示。当然可以对这些图表进一步整理加工，使之变为人们所需要的图形，如金字塔图、矩阵图和漏斗图等。

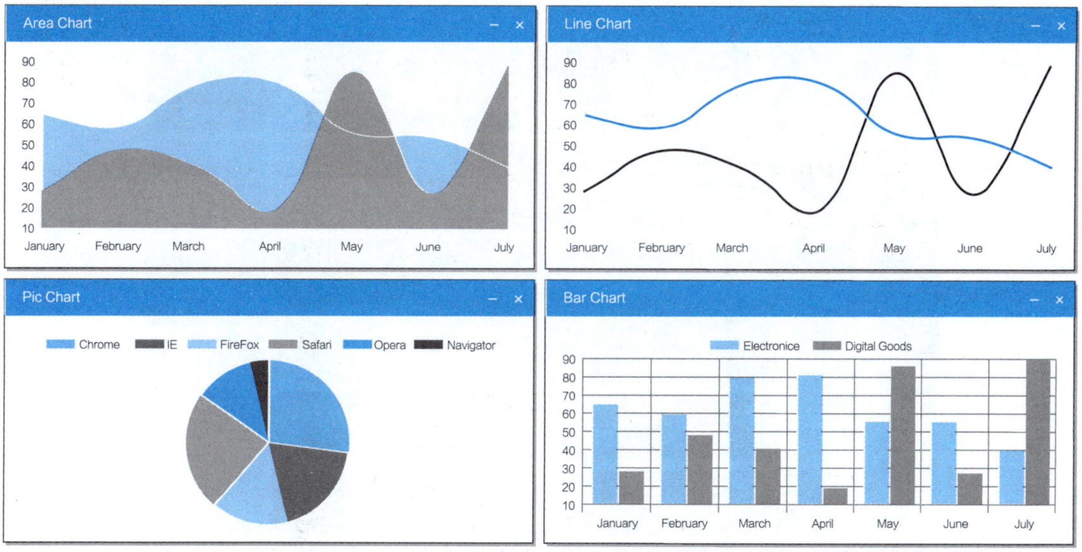

图 3－5　数据图表

大多数情况下，人们更愿意使用图形这种数据展现方式，因为它能更加有效、直观地传递出分析所要表达的观点。一般情况下，能用图说明问题的就不用表格，能用表格说明问题的就不用文字。

（6）报告撰写　数据分析报告其实是对整个数据分析过程的总结与呈现。报告可把数据分析的起因、过程、结果及建议完整地呈现出来，供决策者参考。

一份好的数据分析报告，首先需要有一个好的分析框架，并且图文并茂、层次明晰，能够让阅读者一目了然。结构清晰、主次分明可以使阅读者正确理解报告内容；图文并茂可以令数据更加生动活泼，提供视觉冲击力，有助于阅读者更形象、直观地看清楚问题和结论，从而产生思考。

另外，数据分析报告需要有明确的结论，没有明确结论的分析称不上分析，同时也失去了报告的意义，因为人们最初就是为寻找或者求证一个结论才进行分析的，所以千万不要舍本逐末。

最后，好的分析报告一定要有建议或解决方案。作为决策者，需要的不仅仅是找出问题，更重要的是建议或解决方案，以便他们做决策时参考。所以，数据分析师不仅需要掌握数据分析方法，还要了解和熟悉业务，这样才能根据发现的业务问题提出具有可行性的建议或解决方案。

一个成熟的数据分析会包含以上的所有步骤，其中，大数据技术会在数据采集、数据处理和数据分析中应用。

2. 大数据的核心技术

经过多年的发展，大数据技术在不断完善和成熟。目前，大数据领域每年都会出现大量新的技术，成为大数据存储与处理等的有效手段。大数据技术栈如图 3－6 所示。大数据技术能够将海量数据中有价值的信息挖掘出来，为各个行业的应用提供技术支撑。

32 大数据核心技术

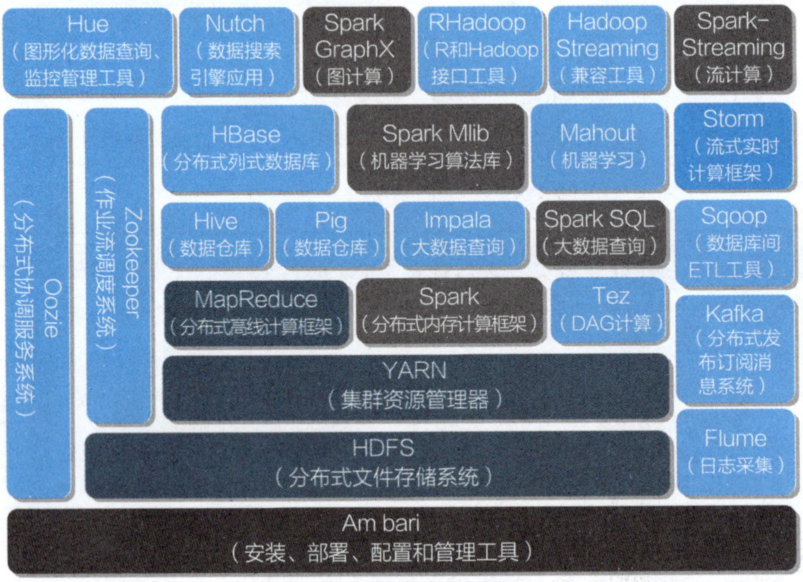

图 3－6 大数据技术栈

【任务导入】中的案例使用了哪些大数据的核心技术？下面进行详细介绍。

（1）Hadoop 案例中收集完成的数据经过清洗之后可以存储到分布式文件系统中，再由分布式计算框架进行数据分析。在大数据领域中，Hadoop 可以实现案例中提到的分布式文件存储和分布式计算。

Hadoop 是 Apache 软件基金会旗下的一个开源分布式计算平台，可为用户提供系统底层透明的分布式基础架构。Hadoop 基于 Java 语言开发，具有很好的跨平台性，同时部署成本低廉，处理数据高效且可靠。

起初，Hadoop 是由 Apache Lucene 创始人 Doug Cutting 创建的。最早起源于 Nutch，它是 Lucene 的子项目。Nutch 的设计目标是构建一个大型的全网搜索引擎，包括网页抓取、索引和查询等功能，但随着抓取网页数量的增加，遇到了严重的可扩展性问题，即如何解决数十亿网页的存储和索引问题。

2003 年，Google 发表了一篇论文，为该问题提供了可行的解决方案。论文中描述的是谷歌的产品架构，该架构称为谷歌分布式文件系统（GFS），可以解决在网页爬取和索引过程中产生的超大文件的存储问题。2004 年，Google 发表论文，向全世界介绍了谷歌版的 MapReduce 系统。同时期，Nutch 的开发人员完成了开源实现 HDFS 和 MapReduce，并从 Nutch 中剥离成为独立项目 Hadoop。到 2008 年 1 月，Hadoop 成为 Apache 顶级项目，迎来了它的快速发展期。目前，Hadoop 已经成为最具影响力的开源分布式开发平台。

Hadoop 的核心是分布式文件系统（Hadoop Distributed File System，HDFS）和 MapReduce。

1）HDFS。HDFS 是 Hadoop 的核心组件之一，作为最底层的分布式存储服务而存在。HDFS 解决的问题就是大数据存储，它们是横跨在多台计算机上的存储系统。HDFS 在大数据时代有着广泛的应用前景，可为存储和处理超大规模数据提供所需的扩展能力。HDFS 具有可处理超大数据、能进行流式处理、可以运行在廉价商用服务器上等优点。

33 HDFS

文件存储到 HDFS 时，会将文件按照 128MB 为一块切分，将切分后的文件存储到 HDFS 的节点上，并且每个数据块会备份到其他的节点上，以备容灾使用，如图 3-7 所示。

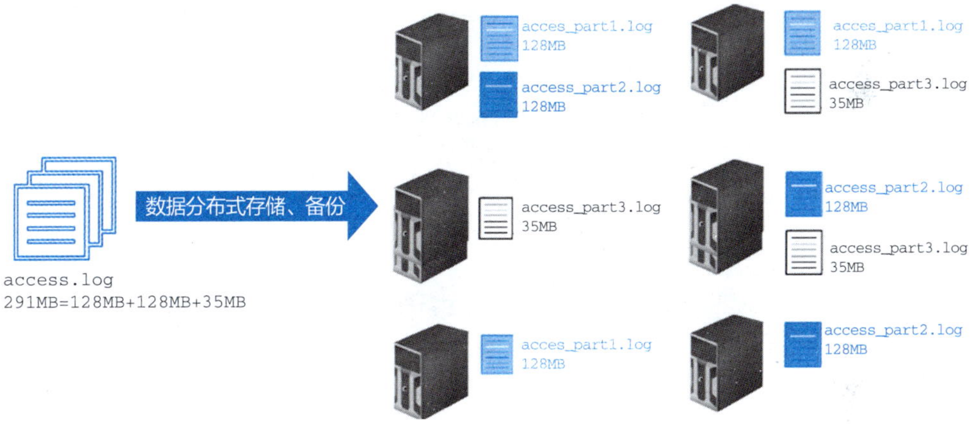

图 3-7　HDFS 文件存储方式

2）MapReduce。MapReduce 思想在生活中处处可见，它的核心是“分而治之”，适用于大量复杂的任务处理场景（大规模数据处理场景）。Map 负责“分”，即把复杂的任务分解为若干个“简单的任务”来并行处理。可以进行拆分的前提是这些小任务可以并行计算，彼此间几乎没有依赖关系。Reduce 负责“合”，即对 Map 阶段的结果进行全局汇总。这两个阶段合起来正是 MapReduce 思想的体现。

当对已经存储在 HDFS 上的文件进行计算时，MapReduce 会针对文件的不同分块进行分布式的 Map 计算，然后 Reduce 会将 Map 的计算结果复制到 Reduce 的机器上进行汇总计算，最终将数据输出，如图 3-8 所示。

（2）Spark　除了 Hadoop MapReduce 可以完成分布式计算之外，Spark 也可以进行分布式数据分析。

Spark 是一种快速、通用、可扩展的大数据分析引擎，2009 年诞生于加州大学伯克利分校 AMPLab，2010 年开源，2013 年 6 月成为 Apache 孵化项目，2014 年 2 月成为 Apache 顶级项目。目前，Spark 生态系统已经发展成为一个包含多个子项目的集合，其中包含 Spark SQL、Spark Streaming、GraphX 和 MLlib 等子项目。Spark 是基于内存计算的大数据

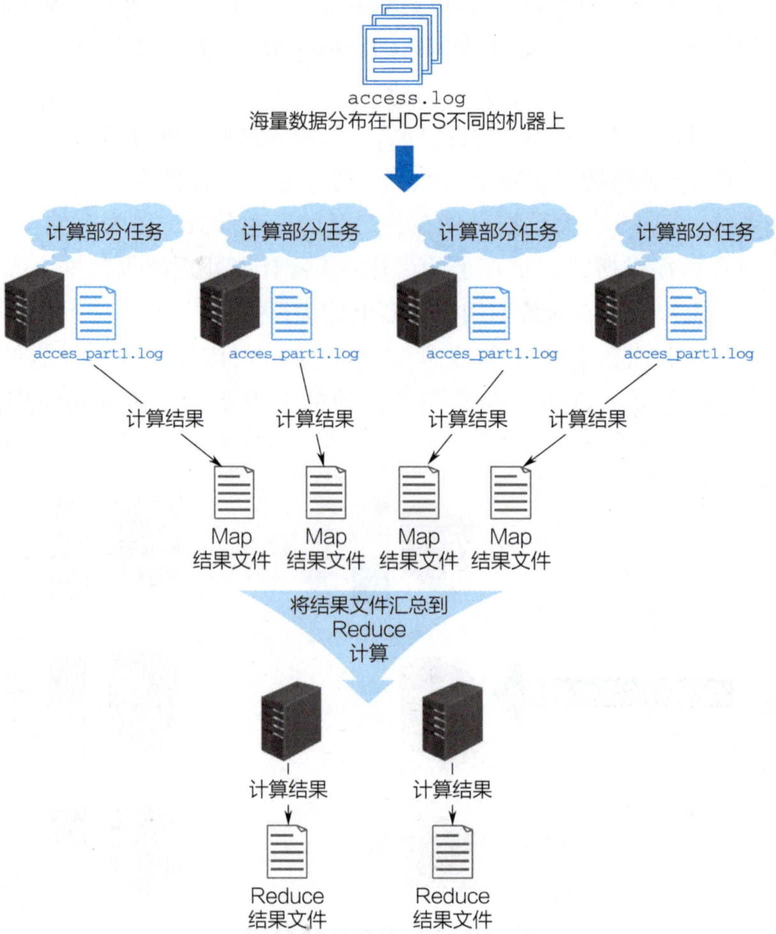

图 3-8 MapReduce 计算架构

并行计算框架，提高了大数据环境下数据处理的实时性，同时保证了高容错性和高可伸缩性，允许用户将 Spark 部署在大量廉价硬件之上，形成集群。Spark 得到了众多大数据公司的支持，这些公司包括 Hortonworks、IBM、Intel、Cloudera、MapR、Pivotal、百度、阿里、腾讯、京东、携程和优酷土豆等。当前百度的 Spark 已应用于凤巢、大搜索、直达号及百度大数据等业务；阿里巴巴利用 GraphX 构建了大规模的图计算和图挖掘系统，实现了很多生产系统的推荐算法；腾讯 Spark 集群已达到 8000 台的规模，是当前已知的世界上最大的 Spark 集群。

Spark 具有如下 4 个主要特点：

1）速度快。与 Hadoop 的 MapReduce 相比，Spark 基于内存的运算要快 100 倍以上，基于硬盘的运算也要快 10 倍以上。Spark 实现了高效的 DAG 执行引擎，可以基于内存来高效处理数据流。Spark 与 Hadoop 比较如图 3-9 所示。

2）易用。Spark 支持 Java、Python 和 Scala 的 API，且支持超过 80 种高级算法，使用户可以快速构建不同的应用。另外，Spark 支持交互式的 Python 和 Scala 的 shell，可以非常方便地在这些 shell 中使用 Spark 集群来验证解决问题的方法，如图 3-10 所示。

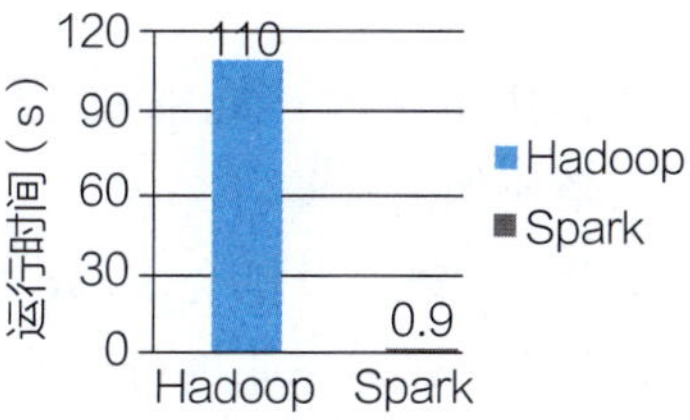

图 3－9　Spark 与 Hadoop 比较

```
text_file = spark.textFile("hdfs://...")

text_file.flatMap(lambda line: line.split())
    .map(lambda word: (word, 1))
    .reduceByKey(lambda a, b: a+b)
```

图 3－10　Spark 的易用性

3）通用。Spark 提供了统一的解决方案。Spark 可以用于批处理、交互式查询（Spark SQL）、实时流处理（Spark Streaming）、机器学习（Spark MLlib）和图计算（GraphX）。这些不同类型的处理都可以在同一个应用中无缝使用。Spark 统一的解决方案非常具有吸引力，毕竟任何公司都想用统一的平台去处理遇到的问题，减少开发及维护的人力成本和部署平台的物力成本。

4）兼容性。Spark 可以非常方便地与其他的开源产品进行融合。比如，Spark 可以使用 Hadoop 的 YARN 和 Apache Mesos 作为它的资源管理和调度器，并且可以处理所有 Hadoop 支持的数据，包括 HDFS、HBase 和 Cassandra 等。这对于已经部署 Hadoop 集群的用户特别重要，因为不需要做任何数据迁移就可以使用 Spark 的强大处理能力。Spark 也可以不依赖于第三方的资源管理和调度器，它实现了将 Standalone 作为其内置的资源管理和调度框架，这样进一步降低了 Spark 的使用门槛，使所有人都可以非常容易地部署和使用 Spark。此外，Spark 还提供了在 EC2 上部署 Standalone 的 Spark 集群的工具，如图 3－11所示。

图 3－11　Spark 兼容性

下面介绍 Spark 生态系统。Spark 生态系统称为 BDAS（伯努利数据分析栈），如图 3－12 所示。

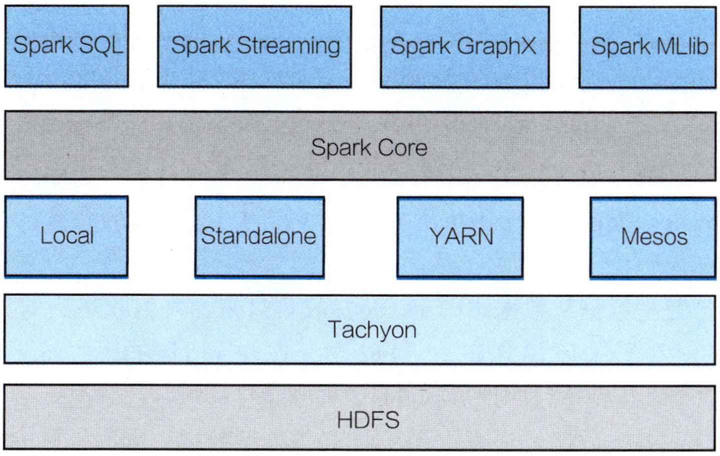

34　Spark 生态系统

图 3－12　Spark 生态系统

Spark 生态系统中包含如下多个组件：

1）Spark Core：Spark 的核心组件，是 Spark 生态系统中的离线计算框架。Spark Core 中提供的 Map、Reduce 算子可以完成 MapReduce 计算引擎所做的计算任务。

2）Spark Streaming：Spark 生态系统中的流式计算框架，其操作的数据对象是 DStream。Spark Streaming 可将流式计算分解成一系列短小的批处理作业进行计算。

3）Spark SQL：提供 Spark SQL CLI（命令行界面），可以使用 SQL 语句编写 Spark 代码。

4）Spark GraphX：Spark 生态系统中的图计算和并行图计算，目前的较新版本已支持 PageRank、数三角形、最大连通图和最短路径等 6 种经典的图算法。

5）Spark MLlib：一个可扩展的 Spark 机器学习库，里面封装了很多通用的算法，包括二元分类、线性回归、聚类和协同过滤等，用于机器学习和统计等场景。

6）Local、Standalone、YARN 和 Mesos：Spark 的 4 种部署模式。其中，Local 是本地模式，一般用来开发测试；Standalone 是 Spark 自带的资源管理框架；YARN 和 Mesos 是另外两种资源管理框架。Spark 使用哪种模式部署也就是使用了哪种资源管理框架。

（3）Hive　Hive 是基于 Hadoop 的一个数据仓库工具，用来进行数据提取、转化和加载，这是一种可以存储、查询和分析存储在 Hadoop 中的大规模数据的机制。Hive 数据仓库工具能将结构化的数据文件映射为一张数据库表，并提供类似 SQL 的查询功能，能将 SQL 语句转变成 MapReduce 任务来执行，如图 3－13 所示。Hive 的优点是学习成本低，可以通过类似 SQL 的语句实现快速 MapReduce 统计，使 MapReduce 变得更加简单，而不必开发专门的 MapReduce 应用程序。Hive 十分适合对数据仓库进行统计分析。

35 Hive

Hive 构建在基于静态批处理的 Hadoop 之上，Hadoop 通常都有较高的延迟，并且在作业提交和调度的时候需要大量的开销。因此，Hive 并不能够在大规模数据集上实现低延迟快速的查询，例如，Hive 在几百 MB 的数据集上执行查询时，一般有分钟级的时间延迟。因此，Hive 并不适合那些需要高实时性的应用，如联机事务处理（OLTP）。Hive 查询操作过程严格遵守 Hadoop MapReduce 的作业执行模型，Hive 将用户的类似 SQL 语句通过解释器转换为 MapReduce 作业提交到 Hadoop 集群上，Hadoop 监控作业执行过程，然后返回作业执行结果给用户。Hive 并非为联机事务处理而设计，也不提供实时的查询和基于行级的数据更新操作。Hive 的最佳使用场合是大数据集的批处理作业，如网络日志分析。

（4）Flume　【任务导入】案例中的数据收集可以使用 Flume 完成。

Flume 是 Cloudera 提供的一个高可用的、高可靠的、分布式的海量日志采集、聚合和传输的软件。

Flume 的核心是把数据从数据源（Source）收集过来，再将收集到的数据送到指定的目的地（Sink）。为了保证输送的过程成功，在送到目的地之前，会先缓存数据（Channel），待数据真正到达目的地后，Flume 再删除自己缓存的数据。

Flume 支持定制各类数据发送方，用于收集各类型数据；同时，Flume 支持定制各种数据接收方，用于最终存储数据。一般的数据采集需求，通过对 Flume 的简单配置即可实

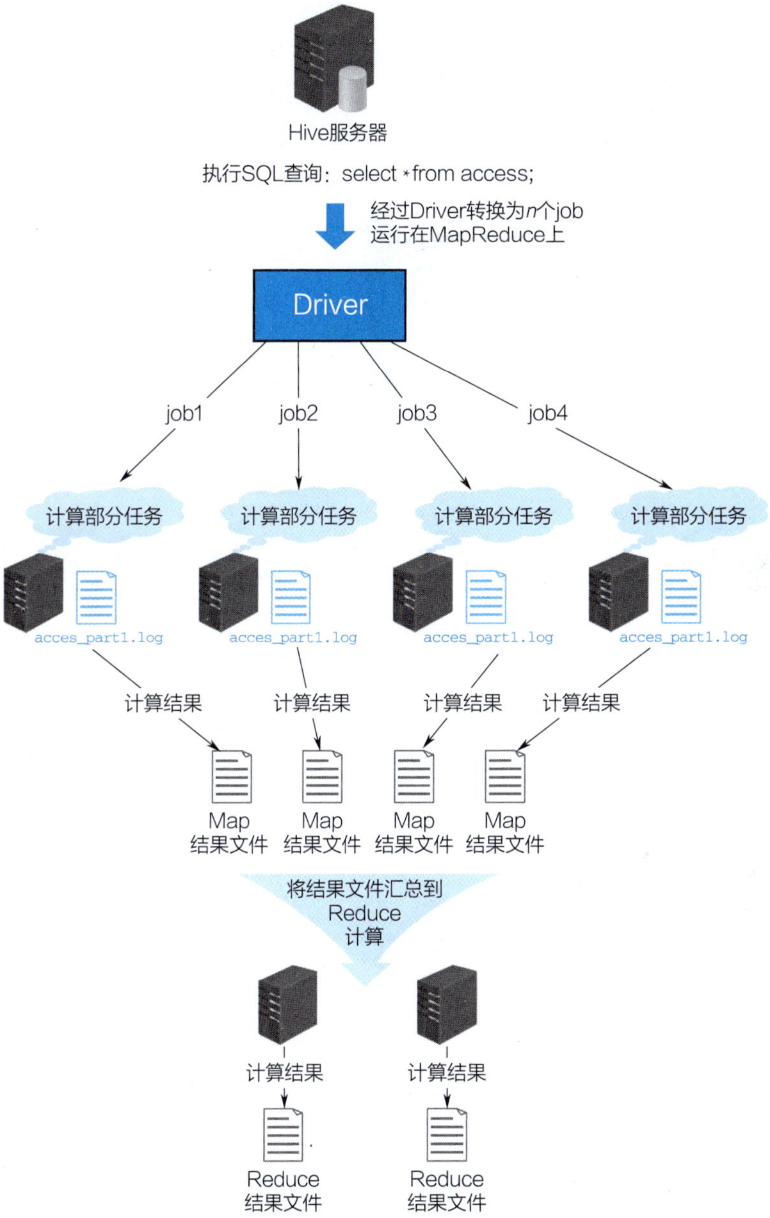

图 3-13 Hive 数据仓库工作过程

现。针对特殊场景的应用，Flume 也具备良好的自定义扩展能力。因此，Flume 可以适用于大部分的日常数据采集场景。

当前 Flume 有两个版本。Flume 0.9X 版本的统称为 Flume OG（Original Generation），Flume 1.X 版本的统称 Flume NG（Next Generation）。由于 Flume NG 经过核心组件、核心配置以及代码架构重构，因此与 Flume OG 有很大不同，使用时应注意区分。改动的另一原因是将 Flume 纳入 Apache 旗下，Cloudera Flume 改名为 Apache Flume。

Flume 可以高效率地将多个网站服务器中收集的日志信息存入 HDFS、HBase、Kafka 或者数据库中。使用 Flume，人们可以将从多个服务器中获取的数据迅速地移交给

Hadoop。除了日志信息外，Flume 也可以用来收集规模宏大的社交网络节点事件数据，如 Facebook、Twitter、亚马逊等。Flume 还支持各种接入资源数据的类型以及接出数据类型，同时也支持多路径流量、多管道接入流量、多管道接出流量和上下文路由等。同时，Flume 也可以被水平扩展，保证 Flume 的高可用性。Flume 数据采集如图 3-14 所示。

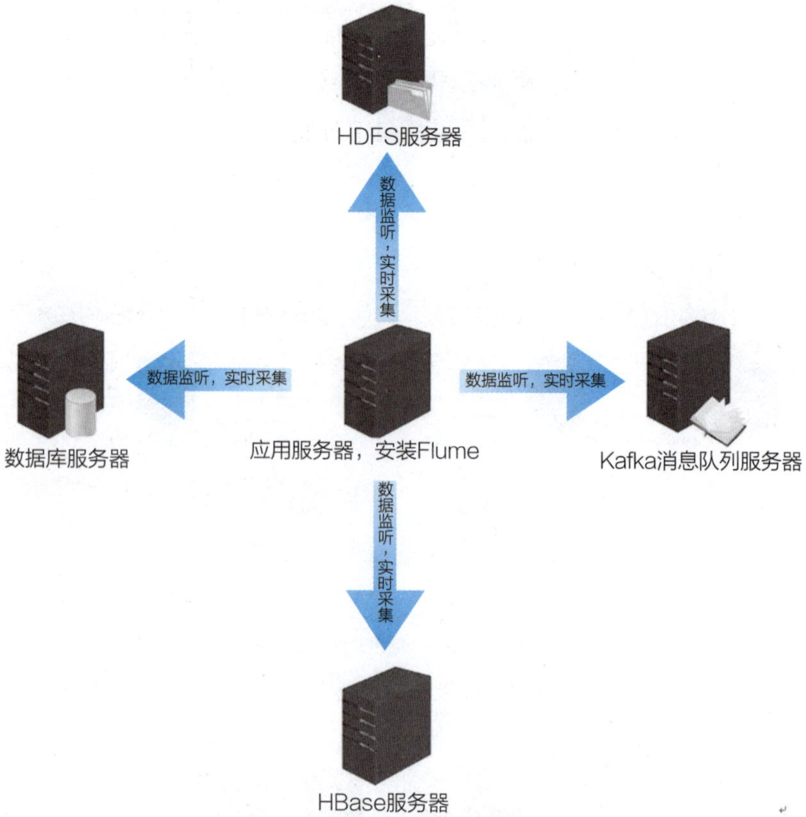

图 3-14 Flume 数据采集

任务评价

姓名：	班级：	学号：
大数据分析的基本步骤是什么？		
大数据的核心技术包含哪些？		

知识拓展

除了上述讲解的常用大数据核心技术外，在大数据领域中还有许多其他核心技术。

1. Storm

Storm 是 Twitter 开源的分布式实时大数据处理框架，被业界称为实时版 Hadoop。随着越来越多的场景对 Hadoop 的 MapReduce 高延迟无法容忍，如网站统计、推荐系统、预警系统和金融系统（高频交易、股票）等，大数据实时处理解决方案（流计算）的应用日趋广泛，目前已是分布式技术领域的最新爆发点，而 Storm 更是流计算技术中的佼佼者。

36 Storm

Storm 用来实时处理数据，它的特点是低延迟、高可用、分布式、可扩展、数据不丢失，并且可提供简单、容易理解的接口，便于开发。Storm 用来对源源不断产生的数据进行实时计算，如同流水线生产。Storm 的应用场景包括推荐系统（实时推荐，根据下单或加入购物车的商品推荐相关商品）、金融系统、预警系统、网站统计（实时销量、流量统计，如淘宝“双 11”效果图）以及交通路况实时系统等。

Storm 在处理数据时会将数据分发到不同的节点，节点之间会收集数据，并将数据下发到计算节点进行并行计算，最终将计算结果存储到数据库中。Storm 集群结构如图 3－15 所示。

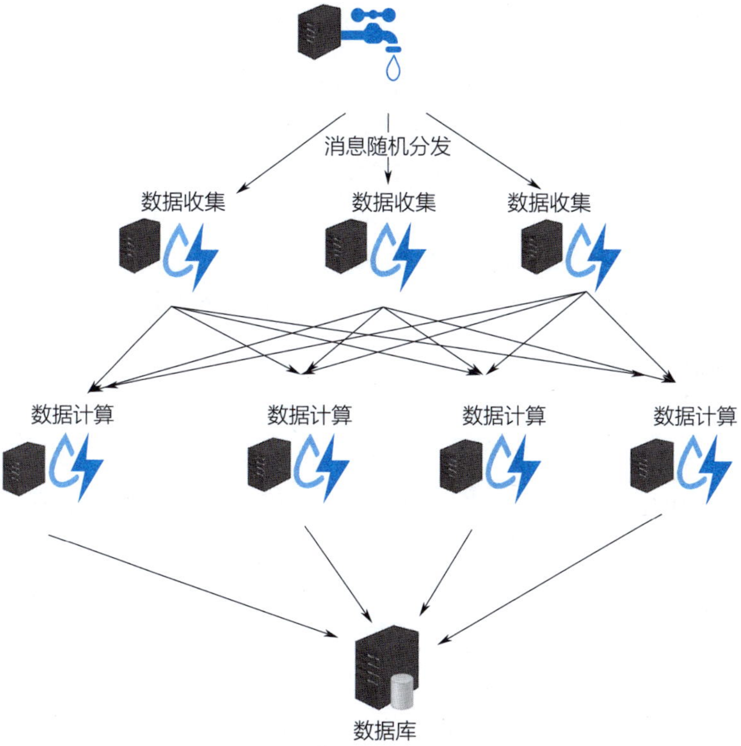

图 3－15　Storm 集群结构

2. Sqoop

Apache 框架 Hadoop 是一个越来越通用的分布式计算环境，主要用来处理大数据。随着云提供商利用 Hadoop 框架进行分布式存储和计算，更多的用户将数据集在 Hadoop 和传统数据库之间转移，这使得进行数据传输的工具变得更加重要。Apache Sqoop 就是这样一款工具，可以在 Hadoop 和关系型数据库之间转移大量数据。Sqoop 的工作过程如图 3－16 所示。

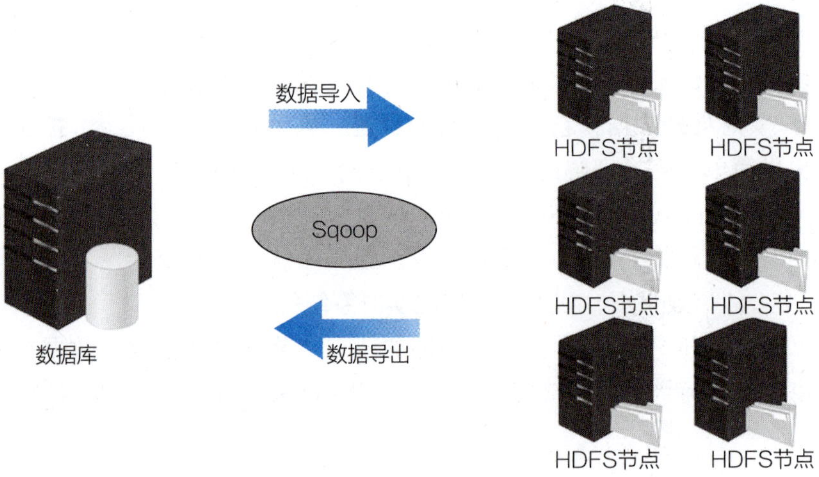

图 3－16　Sqoop 的工作过程

Sqoop 是一个分布式的数据迁移工具，可以将一个关系型数据库（如 MySQL、Oracle、PostgreSQL 等）中的数据导入 Hadoop 的 HDFS 中，也可以将 HDFS 的数据导入关系型数据库中。

某些 NoSQL 数据库也提供了连接器。Sqoop 类似于其他 ETL 工具，使用元数据模型来判断数据类型，并在数据从数据源转移到 Hadoop 时确保类型安全的数据处理。Sqoop 专为大数据批量传输设计，能够分割数据集并创建 MapTask 任务来处理每个区块。

3. ZooKeeper

ZooKeeper 是一个分布式的、开放源码的分布式应用程序协调服务，是 Google 的 Chubby 的一个开源的实现，是 Hadoop 和 HBase 的重要组件。它是一个为分布式应用提供一致性服务的软件，提供的功能包括配置维护、域名服务、分布式同步和组服务等。

37 Zookeeper

ZooKeeper 的目标就是封装好复杂易出错的关键服务，将简单易用的接口和性能高效、功能稳定的系统提供给用户。

ZooKeeper 包含一个简单的原语集，提供 Java 和 C 的接口，可以很好地帮助类似于 Hadoop 的集群实现 HA（Highly Available）的功能。ZooKeeper 选取 Leader 如图 3－17 所示。

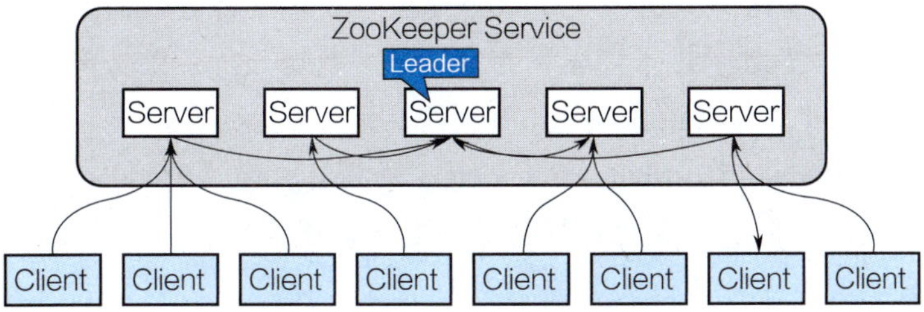

图 3-17　ZooKeeper 选取 Leader

那么，Zookeeper 能做什么事情呢？下面举个简单的例子：假设有 20 个搜索引擎的服务器（每个都负责总索引中的一部分的搜索任务）、一个总服务器（负责向这 20 个搜索引擎的服务器发出搜索请求并合并结果集）、一个备用的总服务器（负责当总服务器宕机时替换总服务器）以及一个 Web 的 CGI（向总服务器发出搜索请求）。搜索引擎的服务器中的 15 个服务器提供搜索服务，5 个服务器正在生成索引。使用 ZooKeeper 可以确保总服务器自动感知多少个提供搜索引擎的服务器，并向这些服务器发出搜索请求，当总服务器宕机时自动启用备用的总服务器。

对大数据技术栈中的主要技术概括如下：

1）HDFS：分布式文件系统。

2）MapReduce：分布式运算程序开发框架。

3）Hive：基于 Hadoop 的分布式数据仓库，提供基于 SQL 的查询数据操作。

4）HBase：基于 Hadoop 的分布式海量数据库。

5）ZooKeeper：分布式协调服务基础组件。

6）Mahout：基于 MapReduce、Spark、Flink 等分布式运算框架的机器学习算法库。

7）Oozie：工作流调度框架。

8）Sqoop：数据导入/导出工具（如用于 MySQL 和 HDFS 之间）。

9）Flume：日志数据采集框架。

10）Impala：基于 Hadoop 的实时分析。

知识巩固

一、选择题

1. 下面描述正确的是（　　）。

A. HDFS 只是普通的文件系统，不是分布式文件系统

B. MapReduce 是 Hadoop 核心之一，它的思想是分而治之

C. Hive 是分布式实时大数据处理框架

D. 以上描述都不对

2. 大数据分析的基本步骤是（　　）。

A. 明确目的和思路－数据分析－数据处理－数据展现－数据收集－撰写报告

B. 数据处理－数据收集－数据分析－数据展现－撰写报告－明确目的和思路

C. 明确目的和思路－数据收集－数据处理－数据分析－数据展现－撰写报告

D. 明确目的和思路－数据整理－数据收集－数据分析－数据展现－撰写报告

3. 有关 HDFS 描述不正确的是（　　）。

A. HDFS 是 Hadoop Distribute File System 的简称，意为 Hadoop 分布式文件系统

B. HDFS 解决的问题就是大数据存储，它们是横跨在多台计算机上的存储系统

C. HDFS 具有能够处理超大数据、可进行流式处理、可以运行在廉价商用服务器上等优点

D. 文件存储到 HDFS 时，会将文件按照 64MB 为一块进行切分

4. 以下（　　）技术是基于内存计算的大数据并行计算框架。

A. MapReduce　　B. Hive　　C. Storm　　D. Spark

5.（　　）被称为实时版的 Hadoop。

A. Storm　　B. Hive　　C. MapReduce　　D. ZooKeeper

6. Hive 是一个数据仓库工具，它构建在（　　）之上。

A. ZooKeeper　　B. Storm　　C. Hadoop　　D. Spark

7. 有关 Flume 的描述不正确的是（　　）。

A. Flume 是 Cloudera 提供的一个高可用的、高可靠的、分布式的海量日志采集、聚合和传输的软件

B. Flume 的核心是把数据从数据源（Source）收集过来，再将收集到的数据送到指定的目的地（Sink）

C. Flume 与 Hadoop 功能相同

D. Flume 可以被水平扩展

8. 如果想将数据集在 Hadoop 和传统数据库之间转移，需要使用以下（　　）技术。

A. Sqoop　　B. Storm　　C. ZooKeeper　　D. Hive

二、简答题

1. 简述 Hadoop 的两个核心。

2. 简述大数据技术栈中的 3 个技术以及每个技术的具体功能。

任务三　融通大数据与人工智能

任务导入

姥姥：“春运火车站人流量大，人工检票肯定慢！我说呀，明天咱们还得早点出发。”

小亮：“姥姥！现在火车站都采用刷脸乘车了，从进站到上车只要您一看屏幕，就能够通过了。”

姥姥：“这么高科技的东西，我可操作不了，我还是找人工检票，

38 融通大数据与人工智能任务导入

放心！”

小亮：“姥姥，您放心吧！您明天站我前面，我当您的专属检票员。”

第二天，小亮一行人按时来到了车站，轮到姥姥刷脸进站了，小亮把票、证放好之后让姥姥看镜头，只听见机器传出“验证成功，请通过”的声音，挡在前面的闸机门自动打开，姥姥开心地走了过去。

姥姥：“小亮，这个是什么原理？我怎么这么快就进站了呢？”

小亮：“不仅车站能自动检票，现在车都能自己开，咱们国家的科技飞速发展，等上车之后我给您好好讲解一下！”

图 3－18　自动进站闸机

实际上，刷脸进站只是将人脸大数据与人工智能技术相结合的一种新技术。目前，刷脸进站在中国的各大车站都已经广泛使用（自动进站闸机如图 3－18 所示），它能够有效减轻车站工作人员的负担，极大地提高进站和检票的效率。

素质目标

正如【任务导入】案例中的小亮所说，不但进站能够实现自动化，现在汽车都已经能够实现自动驾驶了，只要打开无人驾驶车辆的自动驾驶功能，输入起始位置，车就能从起点位置自动行驶并到达终点。自动检票、自动驾驶都离不开人脸识别技术。在人脸识别领域，商汤科技、旷视科技和依图科技等企业的识别率高达 99% 以上。在其他领域，中国企业利用大数据与人工智能产生的新科技已经处于世界前列，这些企业是中华民族的骄傲。学生要增强科技自信、民族自信，在实际生活中将科学严谨的学习态度与开拓进取的创新精神相结合，不断探索、精益求精，努力将自己打造成科技创新型人才。

同时，这些新技术也可能被不法分子利用而从事违法犯罪活动。在实际工作中，要严格按照职业道德规范约束自己，不断提高自身的信息安全意识，将自己培养成爱岗敬业、德才兼备的科技人才。

任务目标

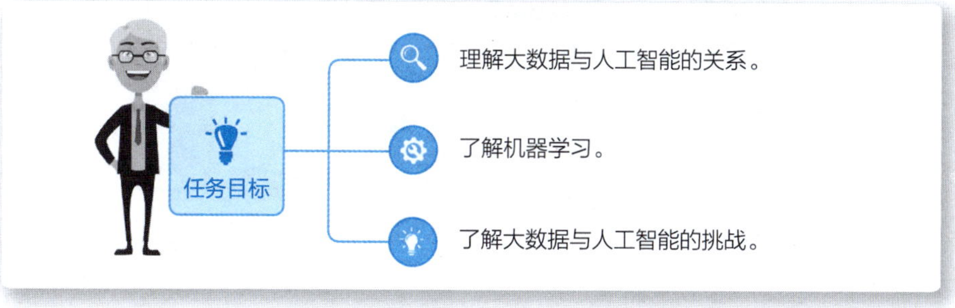

任务分析

大数据是人工智能的前提，没有数据的“喂养”，机器便无“数”可学，也就谈不上智能，AlphaGo 就是大规模数据训化的结果。那么大数据与人工智能之间到底有什么关系？在未来的发展中，大数据与人工智能又将面临怎样的挑战？

任务实施

1. 大数据与人工智能的关系

1）大数据为人工智能提供了数据基础：大数据里面的数据分 3 种类型：结构化数据、非结构化数据和半结构化数据。不同结构、不同规模的数据构成了海量的数据基础，这些用户和产品数据能够为特定场景的模型提供充分的数据样本。而数据量越大，进行模型训练与验证的效果就越好，大数据能够保证最终的数据模型具有较高的准确率和稳定性，有利于数据模型的大规模推广。

39 大数据与人工智能的关系

2）人工智能为大数据提供了数据处理方法：数据本身没有什么用处，而数据中隐藏的规律才是其价值所在，该规律也称为信息。数据十分杂乱，经过梳理和清洗，才能够称为信息。信息会包含很多规律，人们需要从信息中将规律总结出来，称为知识。利用数据挖掘技术对海量数据的处理和分析，在电子商务领域能够实现对用户精准化定位，并为用户提供个性化的定制。如图 3－19 所示，电商平台能够根据用户平时的浏览习惯、购物习惯和收货地址等信息，在“猜你喜欢”的功能下为消费者推荐其可能需要的物品。而总结信息、知识、智慧形成的规律需要用到人工智能中深度学习与机器学习的方法进行深度参与，从而完善决策。

图 3－19 电商平台淘宝的推荐功能

2. 机器学习——大数据分析利器

机器学习就是让机器模拟人类学习事物的过程，进而对出现的一些事件进行判断。机器学习和人类根据经验进行判断的过程是非常类似的。但机器学习需要考虑更多的情况，执行更加复杂的计算。图 3-20 所示为某一机器学习的流程。机器学习的一个重要任务是将人类长年劳动经验的总结转换为某种假设模型，该模型能够以近似于人的思维方式解决实际出现的复杂问题。机器学习算法也称为模型，用于挖掘数据之后潜在的规律，如图 3-20 中的“啤酒与尿布的关联”。最后，通过最终的模型将数据转换为决策。例如，沃尔玛商场希望预测下一个季度的销售额，就可以使用机器学习算法。该算法根据过去的销售额和其他影响因素来预测未来的销售额，帮助企业进行合理的资源配置。

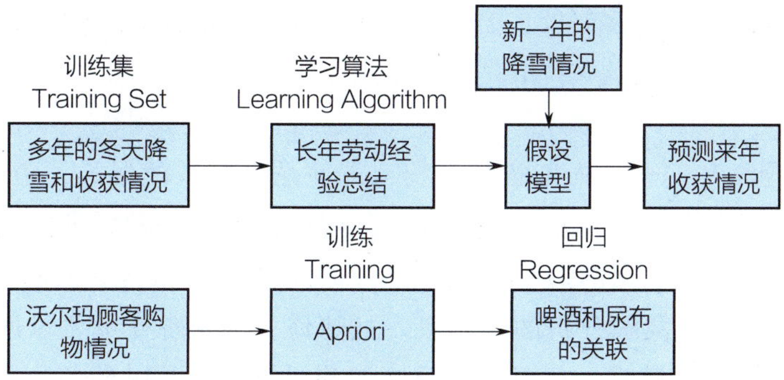

图 3-20　机器学习的流程

大数据的核心是挖掘数据的价值，机器学习则是挖掘数据价值的关键技术。大数据与机器学习是相互促进的。对大数据而言，机器学习的研究领域涵盖了大数据处理的诸多方面，如分类、回归和聚类等问题，机器学习对于研究大数据是不可或缺的。相反，如图 3-21 所示，对于机器学习而言，数据的体量越大，训练集和测试集中的数据就越能反映实际情景，将这些数据用于机器学习的模型训练，就能得到精度更高的决策模型，降低错误发生的概率。机器学习算法中的复杂计算也迫切需要分布式计算与内存管理等关键

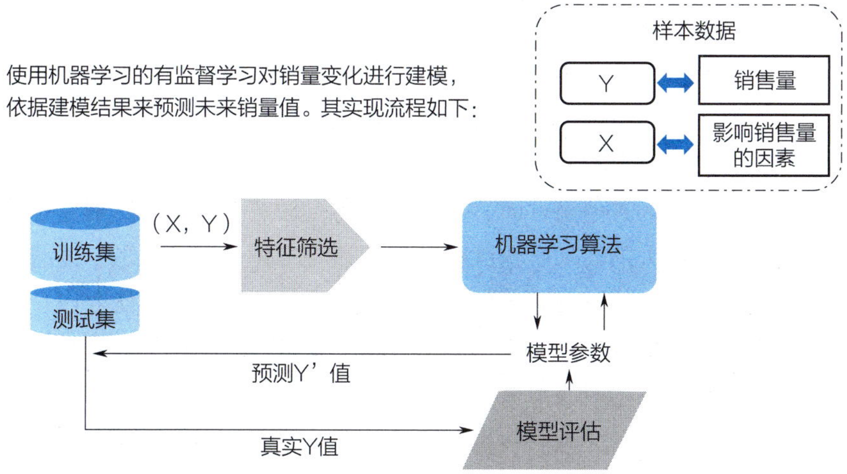

图 3-21　机器学习模型的建立过程

技术。因此，机器学习的兴盛也离不开大数据，大数据与机器学习是互相促进的。机器学习技术是目前计算机领域最热门的技术之一，从购物推荐、自动驾驶技术和网络攻击抵御系统等都可以看到机器学习的身影。

3. 大数据与人工智能的挑战

从数据驱动制造到自动驾驶汽车，可以看到数百个令人惊叹的、以前难以想象的壮举，这要归功于大数据分析和人工智能的进步。以前，各行业的企业都拥有大量的数据，但是不确定它们可以通过这种方式获得竞争优势。但是随着机器学习、深度学习和自然语言处理等方法的进步，以及计算能力的提高，看似无用的数据突然开始有了意义。

40 大数据与人工智能的挑战

尽管人工智能带来了很多好处，但它的发展也给大数据带来了无数的挑战，特别是数据需求大的人工智能系统。这些挑战是人们在充分认识人工智能和大数据潜力之前必须解决的最大障碍。

1）数据的隐私和安全。人工智能系统，即使是最基本的形式，也是非常复杂的，大量的算法掩盖了系统实际在底层做了什么。因此，用于这种处理的数据通常是隐藏的，这引发了关于这种数据的透明性和隐私性的问题。以 Cookie 为例，这是用于从网站收集用户数据以进行高级分析的代码段。虽然许多国家现在都要求网站通知用户使用 Cookie 从浏览器收集数据，但是没有办法知道通过这些网站收集了多少数据或什么类型的数据。另外，当人工智能系统在联网的分布式数据库中处理海量数据时，总会存在数据安全问题。在诸如电信行业的许多自动化行业中，被窃取的数据可用于发布自动垃圾邮件。

2）有限的技术能力。尽管迄今为止人们已经成功地构建了更快更好的处理器以提高计算能力，但这些能力不断受到日益苛刻的处理任务和大量待处理数据的挑战。人工智能算法通常非常复杂，通常需要数以千计的计算，有时甚至每秒计算一次。随着云计算和分布式处理在过去几年的发展，处理这些算法变成了现实，也迎来了人工智能驱动数据分析的时代。然而，随着对更强大处理器需求的增加，瓶颈将会出现，企业将很难采用这种技术。对于创业公司和中小型企业来说，这意味着需要筹集大笔资金，以使用更好的处理器和更大的存储服务器，这是很多中小型企业难以做到的。

3）缺乏人力资本。数据分析是一个复杂的领域，当考虑到机器学习、深度学习和常用于分析数据的人工智能的其他组件时，事实会变得更加复杂。因此，对于在多个领域有才能的数据科学家有着巨大的需求，这纯粹是因为这项工作是多学科的。麦肯锡的一项研究表明，仅美国就有大约 20 万个跨行业的大数据科学家和专业人员就业岗位。随着数据收集和先进的基于人工智能的分析方法的不断增加，这种需求将会增长，如何找到合适的专业人员来处理这些数据，这对企业来说意义重大。除了机器学习和数据挖掘外，数据科学家还需要具备统计学、软件工程、线性代数、Python 和 Java 等方面的知识，以及用于高级分析的 Hadoop 平台等方面的知识。

任务评价

姓名：	班级：　　　　　　学号：
大数据与人工智能的关系是什么？	
简述机器学习的相关知识。	
简述大数据与人工智能面临的挑战。	

知识巩固

一、选择题

以下描述不正确的是（　　）。

A. 人工智能与大数据完全没有关系，是两个概念

B. 大数据为人工智能提供了数据基础

C. 机器学习就是让机器模拟人类学习事物的过程，进而对出现的一些事件进行判断

D. 大数据与人工智能的发展依然面临诸多挑战

二、简答题

1. 简述大数据与人工智能的关系。
2. 简述大数据与人工智能面临的挑战。

项目总结

本项目通过寻找失联阿岚的实例引出大数据的概念、来源及发展现状，从大数据技术栈出发，结合大数据分析的基本步骤，介绍了大数据的核心技术，最后阐述了大数据与人工智能的关系。具体内容如下。

1）数据的变革，3 次信息化浪潮。

2）大数据的概念——4V。

3）大数据的来源。

4）大数据的发展现状。

5）大数据技术栈。

6）大数据分析基本步骤包括明确分析目的和思路、数据收集、数据处理、数据分析、数据展现及报告撰写。

7）大数据核心技术包括 Hadoop、Spark、Hive、Flume 和其他核心技术，以及各类技术的应用场景。

8）大数据与人工智能的关系。

9）机器学习——大数据分析利器。

10）大数据与人工智能的挑战。

项目四
走进云计算

任务一　掌握云计算的基本概念

任务导入

早上 6:54，李老师被云闹钟从梦中叫醒，这个贴心的小家伙提醒到：“现在是早上 6:54，今天最高温度 20°C，最低温度 5°C，建议穿秋裤和大衣，PM2.5 指数 30，湿度 40%，适宜晨练”。他并没有晨练，起床之后打开了手机的网易云音乐，一边洗漱，一边听歌。洗漱完成后离开家，经过两个十字路口，来到了学校，在这个过程中等了大约 20s 的红灯。来到学校，开始了他的第一节云计算课程。但糟糕的是，他忘记了带存有课件的 U 盘，正在考虑如何应对之时，突然想起几天前貌似在百度网盘里备份过一次，于是激动地打开了百度网盘，下载了之前备份的课件，此时李老师的心情就像买彩票中了奖一样，高高兴兴地开始了他的第一节云计算课程。

素质目标

人们在每天的生活中都会用到很多高科技产品，从而可以感受科技的力量。在体验新科技的过程中，可提升学生对新技术的求知欲，感受科技的进步，支持信创产业，助力关键核心技术自主可控，提升民族自豪感。

任务目标

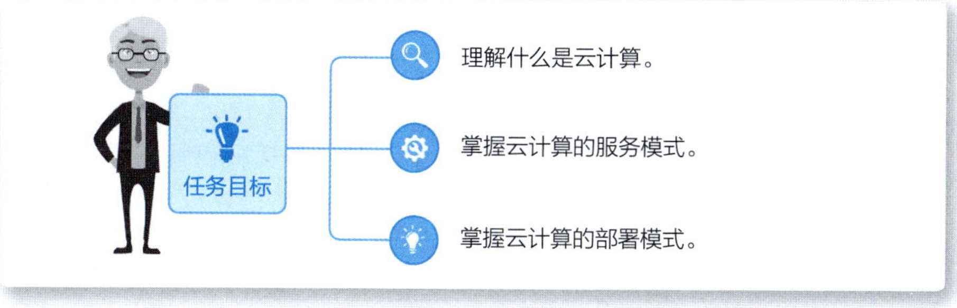

任务分析

从起床到去学校上课的整个过程中，李老师用到了很多云产品：提醒起床和穿衣的云闹钟、听歌休闲的云音乐、等更少红灯的云交通、备份课件的云网盘。随着云计算技术的快速发展，人们的生活中会有更多各种各样的云产品。

任务实施

什么是云计算呢？这是一个很值得深思的问题。人们对自然界的云并不陌生：云一般都是很大一片的；云的形状和规模都是动态变化的，它的边界是模糊的；云在空中飘忽不定，人们无法确定它的具体位置，但它确实存在于某处。

41 什么是云计算

自然界的云和云计算的“云”是很相似的，为了更好地理解什么是云计算，下面来看一个小例子：很久以前，如果想用水，需要在自家院子里打一口井（选定井的位置、雇佣工人、挖井以及用水桶打水），打一口井需要大量的人力、物力和财力；然而现在想要用水就很简单，从自来水公司买水，在家里打开水龙头，根据使用水的多少向自来水公司缴费就可以了，这种模式就和传统 ICT 基础设施建设同云计算的关系相类似。

云计算（Cloud Computing）是一个广泛的概念，不同的组织对云计算有不同的定义，下面列举几种常见的定义。

1）AWS 官方网站对云计算的定义是：云计算是基于“按需付费定价（pay-as-you-go pricing）”模式的 IT 资源交付服务，通过 AWS 这样的云计算服务提供商，用户可以根据需要购买如计算能力、存储和数据库等 IT 资源，而无须购买和维护物理数据中心和服务器。

2）Microsoft Azure 官方网站对云计算的定义是：云计算就是计算服务的提供（包括服务器、存储、数据库、网络、软件、分析和智能），通过 Internet（云）提供快速创新、弹性资源和规模经济。对于云服务，通常使用多少支付多少，从而帮助用户降低运营成本，使基础设施更有效地运行，并能根据业务需求的变化调整对服务的使用。

3）美国国家标准和技术研究院（National Institute of Standards and Technology，NIST）对云计算的定义是：云计算是一种能够通过网络以便利的、按需付费的方式获取计算资源（包括网络、服务器、存储、应用和服务等）并提高其可用性的模式。这些资源来自一个共享的、可配置的资源池，并能够以最省力和无人干预的方式获取和释放。

以上对云计算的定义侧重点不同，但互不冲突。总体来说，云计算就是一种基于 Internet 的超级计算模式，在远程数据中心里，成千上万台计算机和服务器等设备将计算、存储、网络等资源虚拟化后形成资源池，用户通过网络接入资源池，按需获取所需的资源并根据使用量付费。

任务评价

姓名：	班级：　　　　　学号：
什么是云计算？	
云计算服务模式包含哪些？	
云计算部署模式是什么？	

知识拓展

1. 云计算的特征

根据云计算的定义可以看出，它具有以下 5 个基本特征：

1）用户按需自助获取服务。消费者不需要或者很少需要云服务提供商的协助，可以根据需要单方面自行获取并使用云端的计算资源，整个过程就像在淘宝上购物一样简单。

2）广泛的网络访问。消费者可以随时随地使用任何云端设备接入网络并使用云端的计算资源。常见的云终端设备包括手机、笔记本计算机、平板计算机等。

3）资源池化。为了向使用多租户模型的消费者提供服务，云计算服务提供商将 IT 资源虚拟化为一个资源池，并根据用户的需要实时分配和回收资源池的 IT 资源。虚拟化的资源池可能由分散到各地的计算机集群共同组成，但用户并不能感知。

4）快速弹性的资源分配。消费者能方便、快捷地按需获取和释放计算资源，也就是说，需要时可以快速获取资源，以扩展计算能力；不需要时可以快速释放资源，以降低计算能力，从而减少资源的使用费用。

5）可度量的资源使用。云计算系统将用户使用 IT 资源的各项参数（如存储、CPU、内存、网络带宽及使用时长等参数）作为依据来监视、控制和报告资源使用情况，输出各种资源的使用报表，并根据用户对资源的使用情况进行计费。

2. 云计算服务模式

42 云计算服务模式

云计算主要分为3种服务模式，3种服务模式的分法主要是从用户体验的角度出发的。

1）SaaS（Software as a Service，软件即服务）：其作用是将应用作为服务提供给客户。

2）PaaS（Platform as a Service，平台即服务）：其作用是将开发平台作为服务提供给用户。

3）IaaS（Infrastructure as a Service，基础设施即服务）：其作用是将虚拟机或者其他资源作为服务提供给用户。

PaaS基于IaaS实现，SaaS的服务层次又在PaaS之上，三者分别面对不同的需求，关系如图4-1所示。

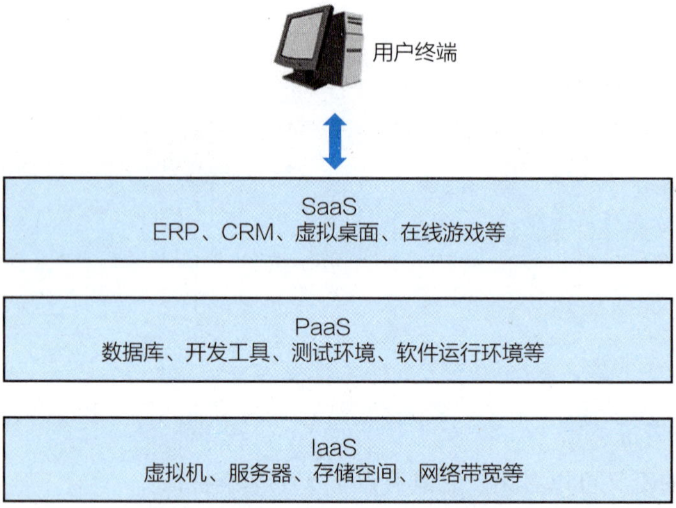

图4-1　3种云计算服务模式关系图

SaaS是通过Internet交付软件应用程序的方法，通常以订阅为基础，按需提供。使用SaaS时，云提供商托管并管理软件应用程序和基础结构，并负责软件升级和安全修补等维护工作。用户只要接入网络，通过浏览器就能直接使用云端上运行的应用，而不需要顾虑安装等琐事，并且免去了初期高昂的软硬件投入。

SaaS主要面对的是普通用户。对于许多小型企业来说，SaaS免除了企业购买、构建、维护基础设施和应用程序的费用。在SaaS模式中，厂商将应用软件统一部署在自己的服务器上，客户可以根据实际需求，通过互联网向厂商定购所需的应用软件服务，按定购的服务多少和时间长短向厂商支付费用，并通过互联网获得厂商提供的服务。用户不用再购买软件，而改用向提供商租用基于Web的软件来管理企业经营活动，并且无须对软件进行维护。服务提供商会全权管理和维护软件，软件厂商在向客户提供互联网应用的同时，也提供软件的离线操作和本地数据存储，让用户随时随地都可以使用其定购的软件和服务。

PaaS 是指云服务提供商按需提供开发、测试、交付和管理软件应用程序所需的环境。PaaS 旨在让开发人员能够更轻松地快速创建 Web 或移动应用，而无须考虑对开发所必需的服务器、存储空间、网络和数据库基础结构进行设置或管理。

通过 PaaS 这种模式，用户可以在一个包括 SDK、文档和测试环境等在内的开发平台上非常方便地编写应用，而且不论是部署还是在运行，都无须为服务器、操作系统、网络和存储等资源的管理操心，这些烦琐的工作都由 PaaS 供应商负责处理。另外，PaaS 在整合率上非常惊人，比如，一台运行 Google App Engine 的服务器能够支撑成千上万的应用，也就是说，PaaS 是非常经济的。

IaaS 是云计算服务的最基本类别。使用 IaaS 时，用户以即用即付的方式从服务提供商处租用 IT 基础资源，如服务器和虚拟机（VM）、存储空间、网络、操作系统。

通过 IaaS 这种模式，用户可以从供应商那里获得其所需要的虚拟机或者存储等资源来装载相关的应用。同时，这些基础设施的烦琐的管理工作将由 IaaS 供应商来处理。IaaS 的主要用户是系统管理员。

3. 云计算部署模式

并非所有的云都相同，并且没有一种云计算适合所有人。为了帮助提供合适的解决方案，满足客户需要，已有多种不同的模型、类型和服务得到开发。部署云计算资源有 4 种不同的方法：私有云、社区云、公有云和混合云。这是根据云计算服务的消费者来源划分的，即：

43 云计算部署模式

1）如果一个云的消费者来自于某一个特定的组织，那么这个云就是私有云。

2）如果一个云的消费者来自两个或两个以上特定的组织，那么这个云就是社区云。

3）如果一个云的消费者来自社会公众，那么这个云就是公有云。

4）如果一个云的云端资源来自两个或两个以上的云，那么这个云就是混合云。

私有云是指通过 Internet 或专用内部网络仅面向特定用户（而非一般公众）提供的计算服务，私有云也称作内部云或公司云。私有云通过公司防火墙和内部托管提供更高级别的安全及隐私，确保第三方提供商无法访问和操作敏感数据。它存在一个缺点，即由公司 IT 部门承担私有云的成本以及管理责任。因此，私有云需具有与传统数据中心相同的人员配备、管理和维护费用。

社区云由一个特定社区独自使用，该社区由具有共同关心事项（如使命、安全要求和政策等）的多个组织组成，多个组织共享一套基础设施，所产生的成本由各组织共同承担，因此，所能实现的成本节约效果并不是很大。社区云的成员都可以登入云中，以获取信息和使用应用程序。

公有云为第三方云服务提供商所拥有和运营，通过 Internet 提供计算资源（如服务器和存储空间）。在公有云中，所有硬件、软件和其他支持性基础结构均为云服务提供商所拥有和管理，用户使用 Web 浏览器访问这些服务和管理账户。与私有云不同，公有云可为企业节省购买、管理和维护本地硬件及应用程序基础结构的昂贵成本，云服务提供商将负责系统的所有管理和维护工作。相较于本地基础结构，公有云还可更快地部署一个几乎可无限缩放的平台。只要公司员工可访问 Internet，就可在任何办公室或分支机构通过自选设备使用相同的应用程序。虽然有人担忧公有云环境的安全性，但是如果提供商使用适当的安全方法（如入侵检测防御系统，IDPS），那么公有云就可以与高效管理的私有云实施一样安全。

混合云组合了公有云和私有云，通过允许在这两者之间共享数据和应用程序的技术将它们绑定到一起。混合云允许数据和应用程序在私有云和公共云之间移动，当计算和处理需求发生变化时，混合云计算使企业能够将其本地基础结构无缝扩展到公有云以处理任何溢出，而无须授予第三方数据中心访问其整个数据的权限。组织可获得公有云在基本和非敏感计算任务方面的灵活性和计算能力，同时配置公司防火墙来保护关键业务应用程序和本地数据的安全。混合云计算具有云计算的所有优势，即灵活性、可伸缩性和成本效益，同时还能尽量降低数据暴露的风险。

知识巩固

选择题

1. 以下是云计算部署模式的是（　　）。

A. 私有云　　B. 公有云　　C. 混合云　　D. 社区云

2. SaaS 是指（　　）。

A. 软件即服务　　B. 平台即服务　　C. 安全即服务　　D. 桌面即服务

任务二　解析云计算的关键技术

云计算融合了多项 ICT 技术，是传统技术“平滑演进”的产物，其中以虚拟化技术、OpenStack 技术和容器技术最为关键。

子任务一　安装虚拟机

任务导入

李老师买了一台笔记本计算机，打算在闲暇时间打几局游戏，买回来就迫不及待地开了一局英雄联盟，体验不是一般得好呀！然而紧接着问题就出现了，李老师需要给学生讲解 Linux 操作系统的课程，这需要在笔记本计算机上安装 Linux 操作系统做实验，游戏需要 Windows 操作系统。李老师非常头疼：如何能鱼和熊掌兼得呢？经过反复思考和请教，最终得到了一个解决方案：在 Windows 操作系统中安装虚拟化软件，在虚拟化软件中虚拟出 Linux 操作系统的主机。

素质目标

在学习的过程中，学生要善于发现问题，并通过多种途径解决问题，以目标为导向，为了目标执着追求。党的二十大报告指出：加快实施一批具有战略性全局性前瞻性的国家重大科技项目，增强自主创新能力。华为近期发布了自主产权操作系统——鸿蒙 3.0，在手机操作系统方面取得了巨大的突破，不会再出现被卡脖子的问题。国人要增强科技自信、民族自信，树立坚定的理想信念，用丰富的知识武装自己，做社会主义事业的建设者和接班人。

任务目标

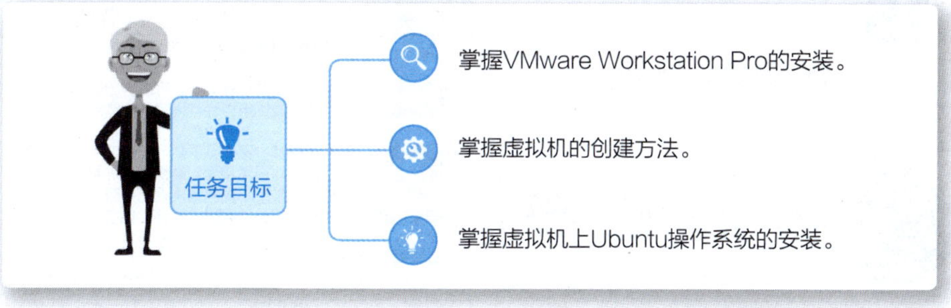

任务分析

安装 VMware Workstation 虚拟机的任务分析如图 4－2 所示。

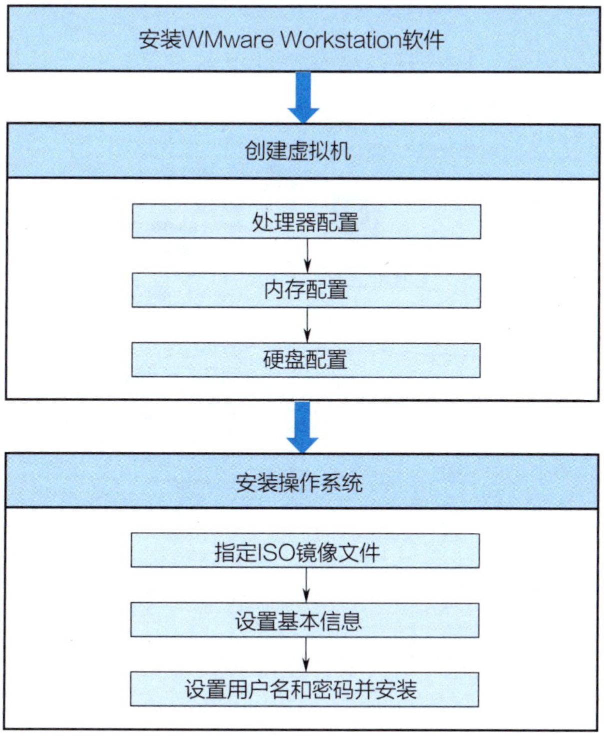

图 4－2　安装 VMware Workstation 虚拟机的任务分析

任务实施

1. 安装 VMware Workstation Pro 虚拟化软件

1）双击 VMware Workstation Pro 安装包进入安装向导欢迎界面，单击“下一步”按钮，如图 4－3 所示。

2）选择“我接受许可协议中的条款”复选框并单击“下一步”按钮，如图 4－4 所示。

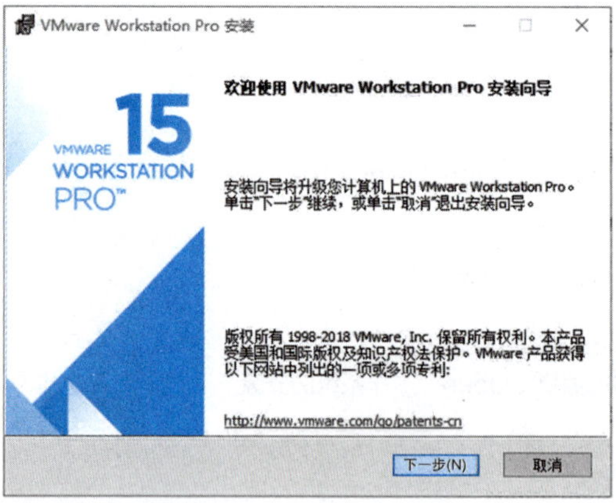

图4－3 VMware Workstation Pro 安装向导欢迎界面

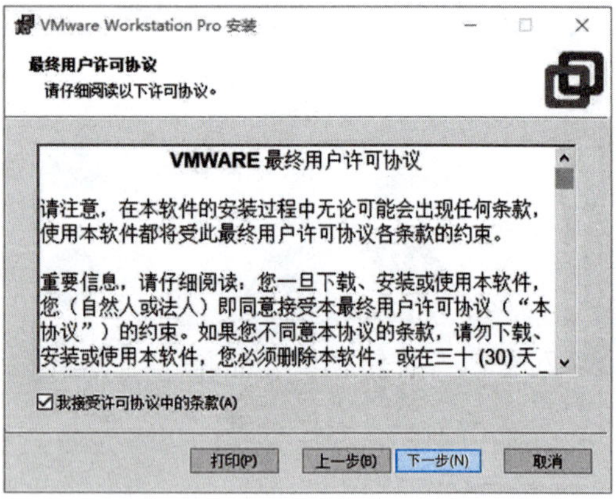

图 4－4 最终用户许可协议界面

3）单击“更改”按钮，自定义软件安装位置，之后单击“下一步”按钮，如图 4－5 所示。

4）在用户体验设置界面，选择是否检查产品更新及是否加入体验提升计划，之后单击“下一步”按钮，如图 4－6 所示。

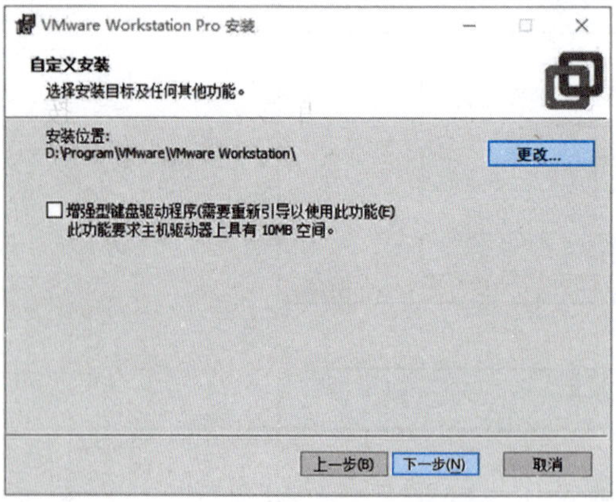

图 4－5 自定义安装界面

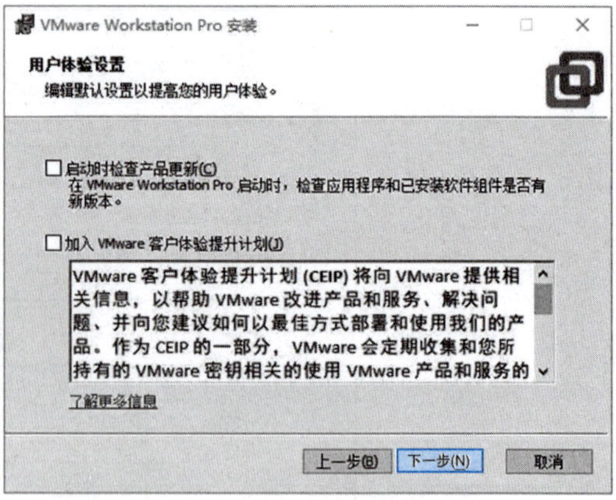

图 4－6 用户体验设置界面

5）选择创建桌面快捷方式并开始安装，等待安装完成即可，如图 4－7 所示。

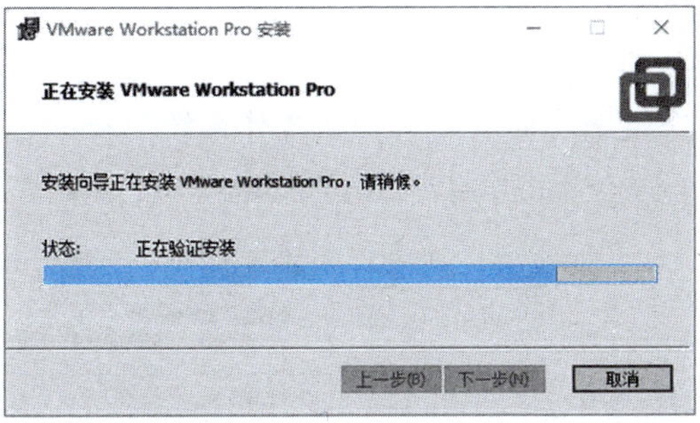

图 4-7　正在安装 VMware Workstation Pro 界面

2. 创建虚拟机

1）打开 VMware Workstation Pro，在打开的界面中单击“创建新的虚拟机”按钮，如图 4-8 所示。

44　创建虚拟机

图 4-8　创建新的虚拟机

2）在新建虚拟机向导欢迎界面中选择“自定义（高级）”单选按钮并单击“下一步”按钮，如图 4-9 所示。

3）在选择虚拟机硬件兼容性界面中，保持默认设置不变，并单击“下一步”按钮继续，如图 4-10 所示。

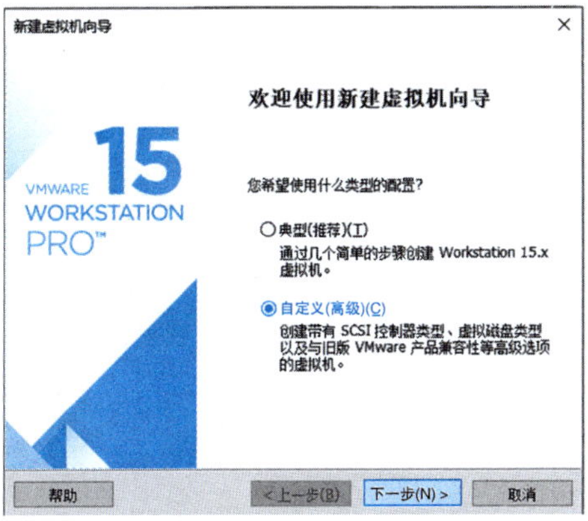

图 4-9　新建虚拟机向导欢迎界面

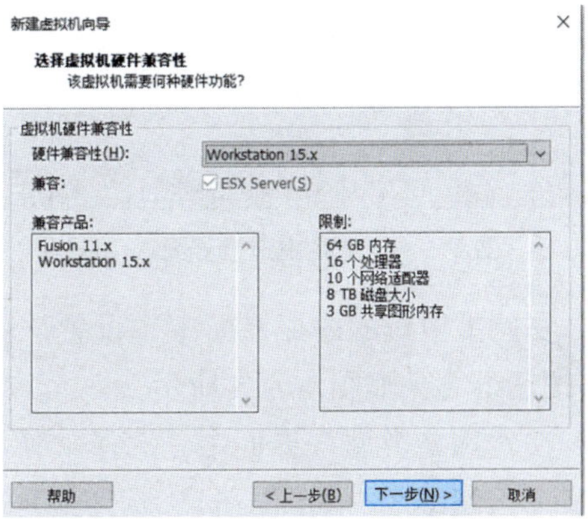

图 4-10　选择虚拟机硬件兼容性界面

4）在安装客户机操作系统界面中，选择“稍后安装操作系统”单选按钮并单击“下一步”按钮继续，如图 4-11 所示。

5）在选择客户机操作系统界面的“客户机操作系统”列表框中，选择“Linux”单选按钮，版本选择“Ubuntu 64 位”，并单击“下一步”按钮，如图 4-12 所示。

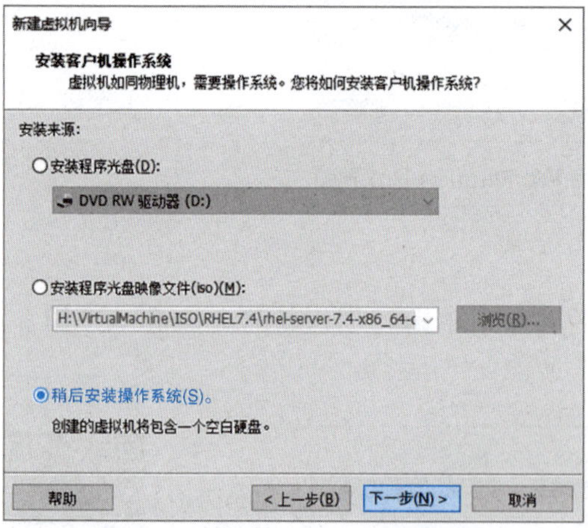

图 4-11　安装客户机操作系统界面

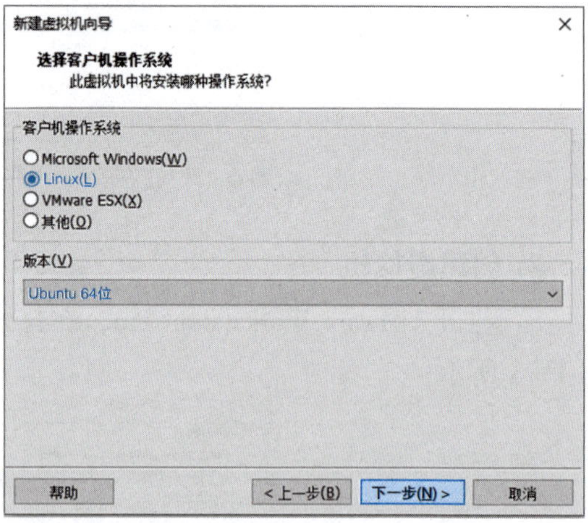

图 4-12　选择客户机操作系统界面

6）在命名虚拟机界面中，输入虚拟机的名称，如“Ubuntu 64 位”，在“位置”编辑框选择虚拟机的存储位置，单击“下一步”按钮继续，如图 4-13 所示。

7）在处理器配置界面中，设置处理器的数量和每个处理器的内核数量，单击“下一步”按钮继续，如图 4-14 所示。

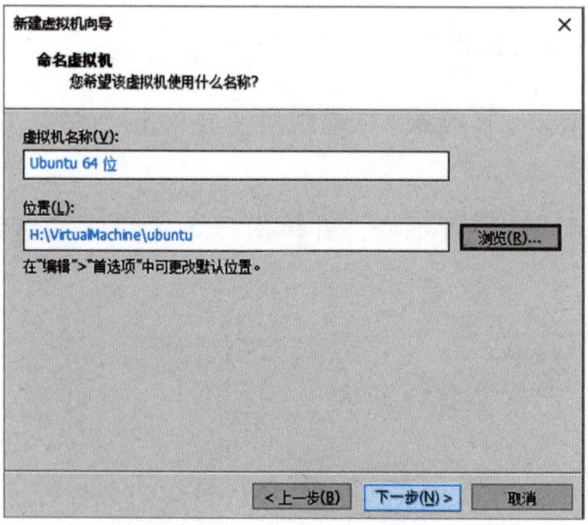

图 4-13　命名虚拟机界面

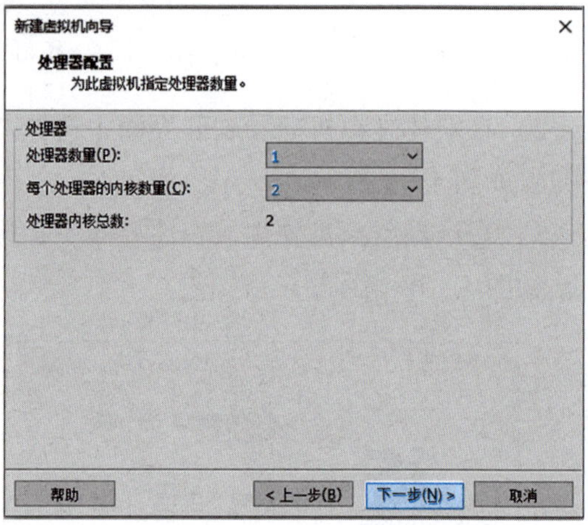

图 4-14　处理器配置界面

8）在此虚拟机的内存界面中，设置该虚拟机的内存大小，单击“下一步”按钮继续，如图 4-15 所示。

9）在“网络类型”界面中，选择“使用桥接网络”单选按钮并单击“下一步”按钮继续，如图 4-16 所示。

45 VMware
三种网络类型

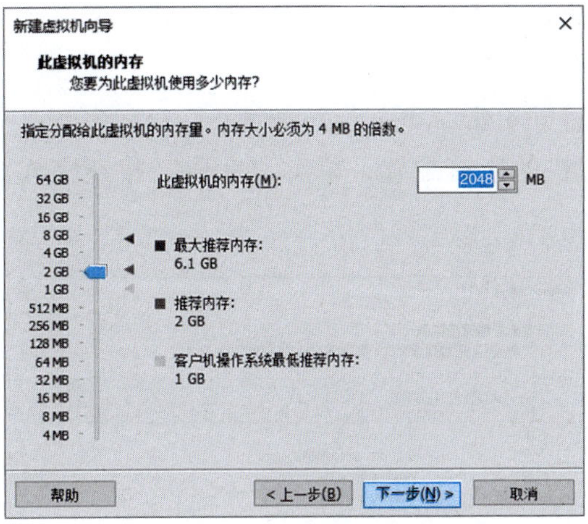

图 4-15　此虚拟机的内存界面

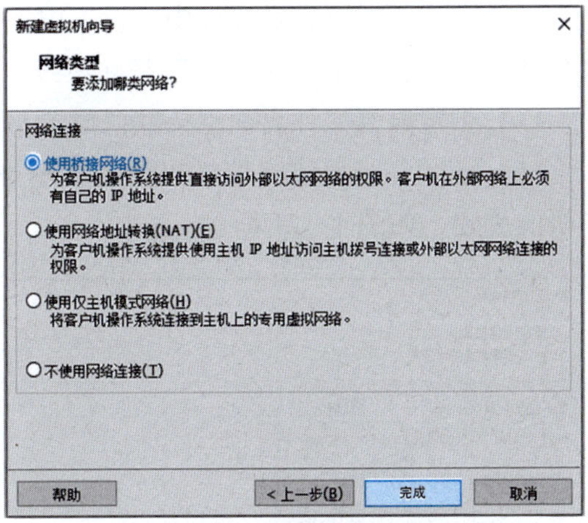

图 4-16　网络类型界面

10）在选择 I/O 控制器类型界面中，设置虚拟机的 I/O 控制器类型为“LSI Logic”，单击“下一步”按钮继续，如图 4-17 所示。

11）在选择磁盘类型界面中，设置虚拟机的磁盘类型为 SCSI，单击“下一步”按钮继续，如图 4-18 所示。

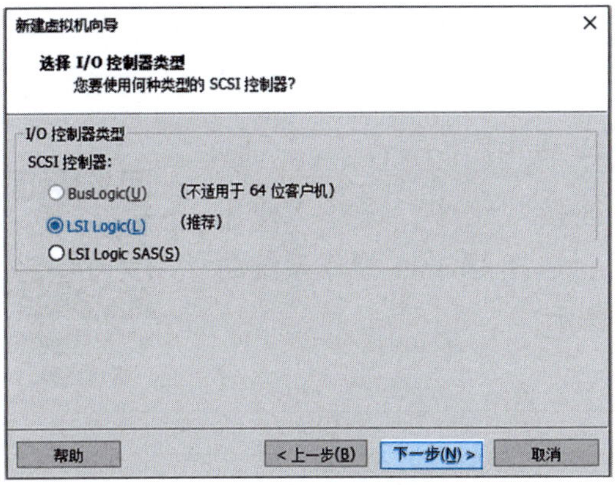

图 4-17　选择 I/O 控制器类型界面

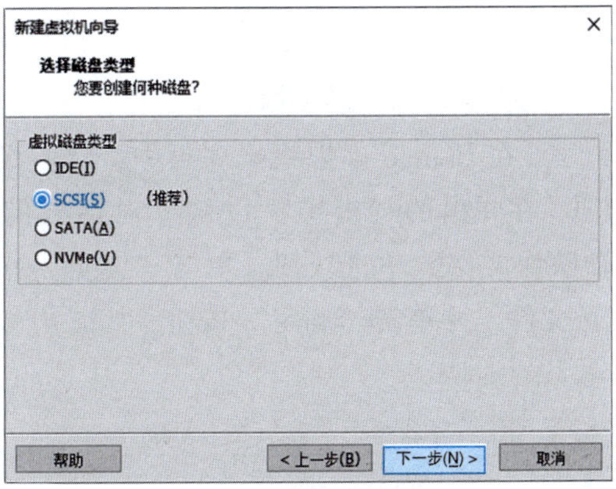

图 4-18　选择磁盘类型界面

12）在选择磁盘界面，选择“创建新虚拟磁盘”单选按钮并单击“下一步”按钮继续，如图 4-19 所示。

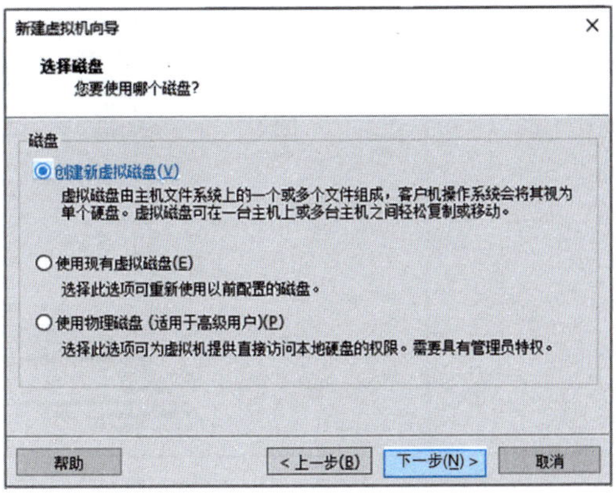

图 4-19　选择磁盘界面

13）在指定磁盘容量界面中，设置虚拟机磁盘大小并选择“将虚拟磁盘拆分成多个文件”单选按钮，单击“下一步”按钮继续，如图 4－20 所示。

14）指定磁盘文件界面保持默认设置不变，并单击“下一步”按钮。

15）已准备好创建虚拟机界面会显示虚拟机的所有配置，单击“完成”按钮完成虚拟机的创建，如图 4－21 所示。

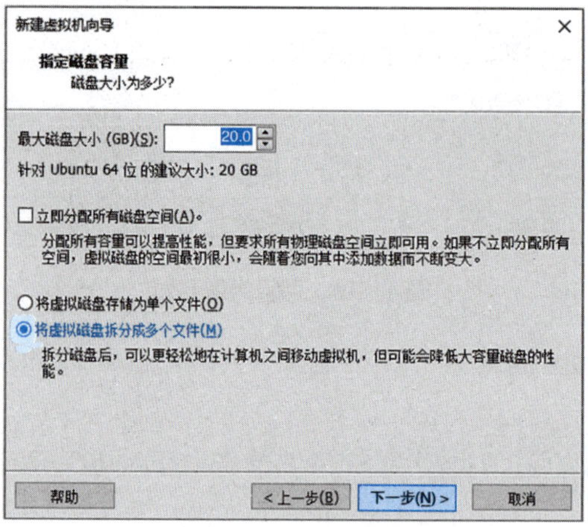

图 4－20　指定磁盘容量界面

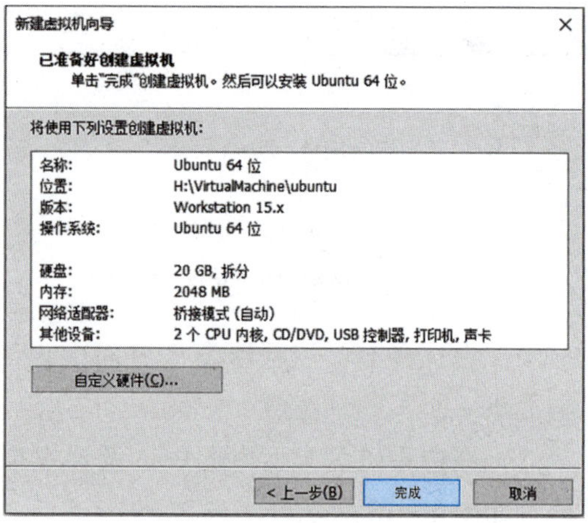

图 4－21　已准备好创建虚拟机界面

3. 为虚拟机安装 Ubuntu

1）在 Ubuntu 虚拟机选项页中，双击设备下的“CD/DVD（SATA）”选项，在弹出的“虚拟机设置”对话框的“连接”组中，选择“使用 ISO 映像文件”单选按钮，单击“浏览”按钮，选择 Ubuntu 操作系统的镜像文件，并单击“确定”按钮，如图 4－22 所示。

46 引导虚拟机操作系统

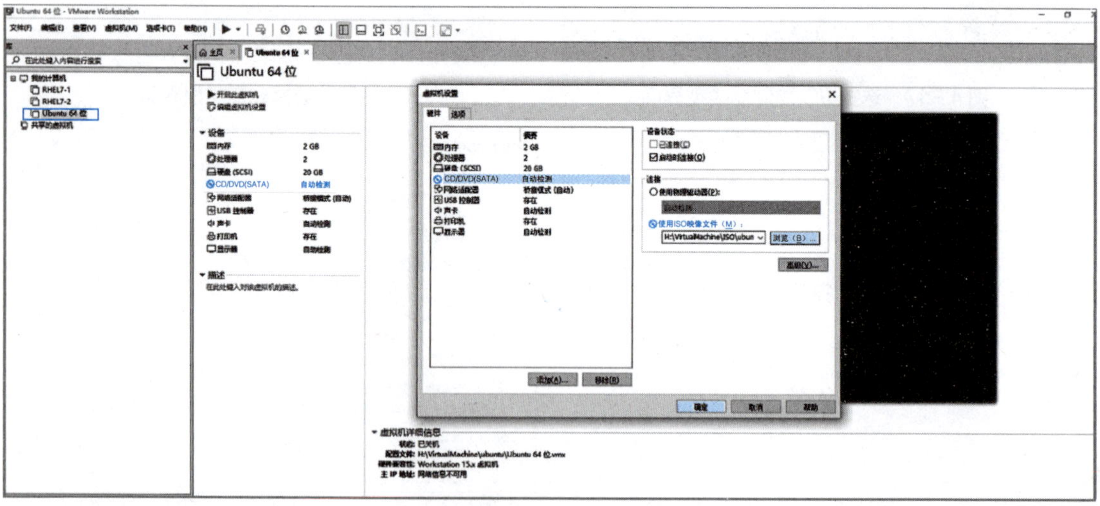

图 4－22　虚拟机设置

2）单击“开启此虚拟机”链接文字，虚拟机将被启动，并自动启动 Ubuntu 操作系统的安装程序，稍等片刻后，在安装窗口中单击“Install Ubuntu”按钮，如图 4－23所示。

3）在 Keyboard layout 界面保持默认设置不变，单击“Continue”按钮，如图 4－24所示。

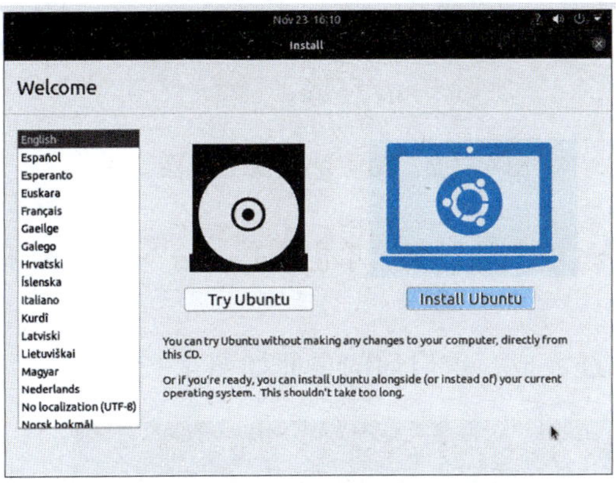

图 4－23　单击“Install Ubuntu”按钮

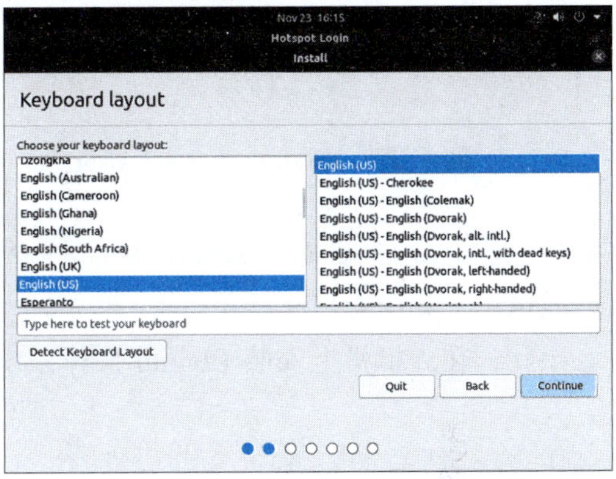

图 4－24　Keyboard layout 界面

4）在 Updates and other software 界面，选择“Normal installation”单选按钮，单击“Continue”按钮，如图 4－25 所示。

5）在 Installation type 界面，选择“Erase disk and install Ubuntu”单选按钮，并单击“Install Now”按钮，进行安装，如图 4－26 所示。

47　Updates and other software

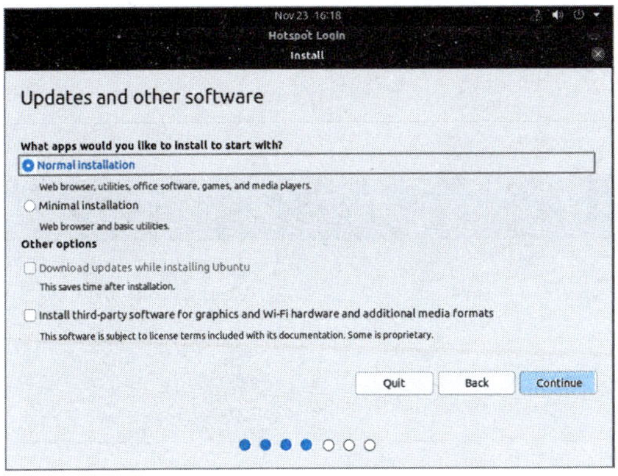

图 4－25　Updates and other software 界面

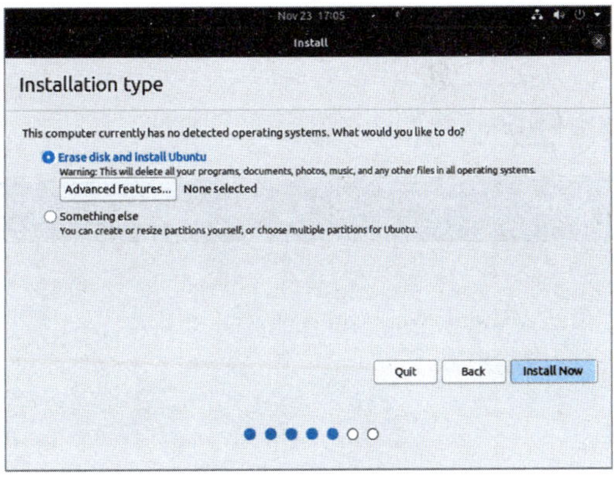

图 4－26　Installation type 界面

6）在 Where are you? 界面中，选择所在时区，单击“Continue”按钮，如图 4－27所示。

7）在 Who are you? 界面中，设置名称、计算机名称、用户名、密码及确认密码，单击“Continue”按钮，开始 Ubuntu 操作系统的安装，如图 4－28 所示。

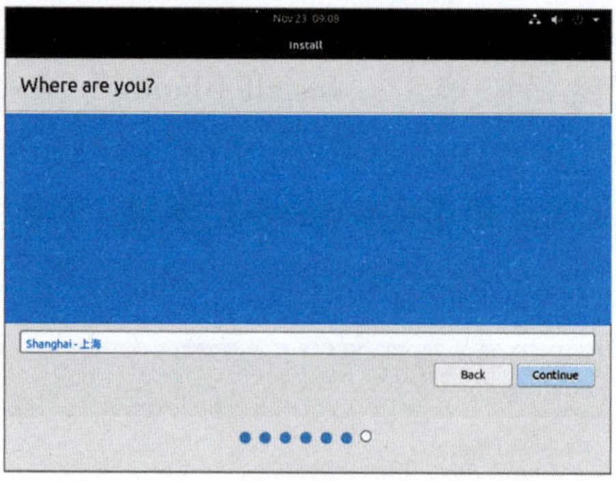

图 4-27 Where are you? 界面

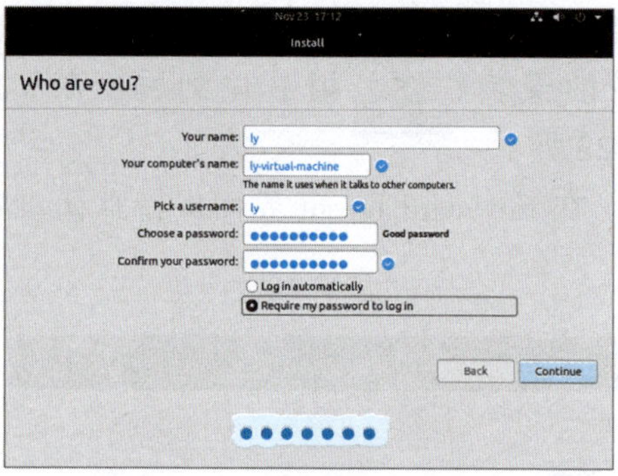

图 4-28 Who are you? 界面

8）安装完成后，系统会弹出 Installation Complete 对话框，单击“Restart Now”按钮，重启虚拟机，如图 4-29 所示。

至此，在虚拟机上安装 Ubuntu 操作系统已经完成，重启后的桌面如图 4-30 所示。

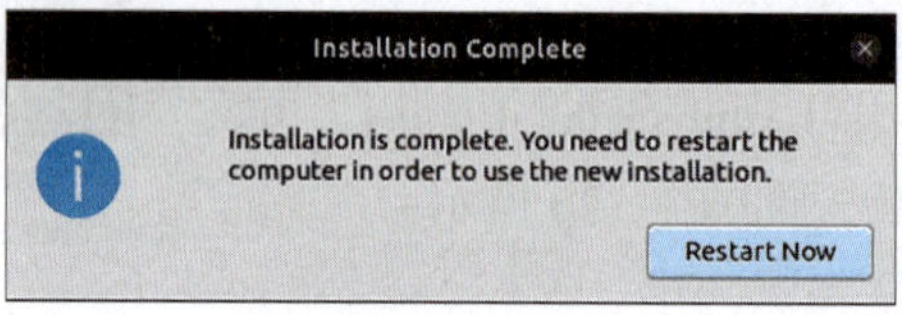

图 4-29 Installation Complete 对话框

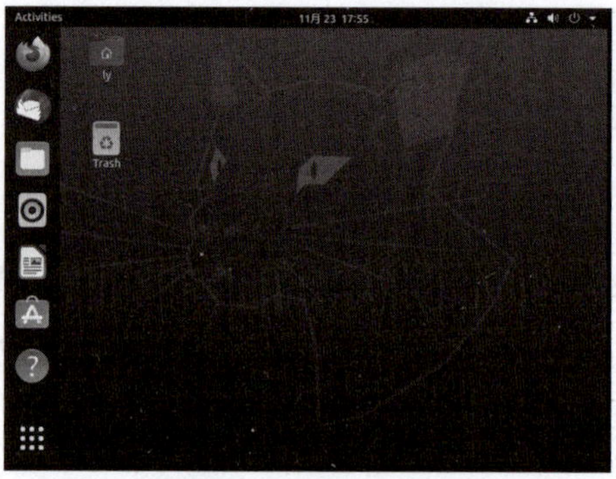

图 4-30 Ubuntu 桌面

任务评价

姓名：	班级：	学号：
简述 VMware Workstation Pro 的安装步骤。		
简述虚拟机的创建步骤。		
简述虚拟机安装 Ubuntu 操作系统的步骤。		

知识拓展

VMware Workstation 是 VMware 公司的商业软件产品之一。该工作站软件包含一个用于英特尔 x86 兼容计算机的虚拟机套装，允许用户同时创建和运行多个 x86 虚拟机。每个虚拟机都可以运行其安装的操作系统，如 Windows、Linux 和 BSD 变生版本等。用简单术语来描述就是，VMware Workstation 允许一台真实的计算机在一个操作系统中同时打开并运行数个操作系统，其他 VMware 产品可帮助用户在多个宿主计算机之间管理或移植 VMware 虚拟机。

Ubuntu 是一个以桌面应用为主的 Linux 操作系统，其名称来自非洲南部祖鲁语或豪萨语的“Ubuntu”一词，意思是“人性”“我的存在是因为大家的存在”，是非洲传统的一种价值观。Ubuntu 提供了一个健壮、功能丰富的计算环境，既适合家庭使用，又适用于商业环境，拥有庞大的社区力量，用户可以方便地从社区获得帮助。Ubuntu 适用于笔记本计算机、桌面计算机和服务器，特别是为桌面用户提供尽善尽美的使用体验，几乎包含了所有常用的应用软件，如文字处理、电子邮件、软件开发和 Web 服务等软件。用户下载、使用、分享 Ubuntu 系统，以及获得技术支持与服务，无须支付任何许可费用。

虚拟化技术是云计算技术框架中的核心技术之一，是将各种计算、存储及网络等资源充分整合和高效利用的关键技术。虚拟化的定义是为某些对象创造虚拟版本，如操作系统、计算机系统、存储设备和网络资源等。通过虚拟化，可以用与访问抽象前的资源一致的方法访问抽象后的资源，可以为一组类似资源提供一个通用的抽象接口集，从而隐藏属性和操作之间的差异，并允许通过一种通用的方式来查看和维护资源。

从虚拟化的实现结构来看，可以分为裸金属型虚拟化和宿主型虚拟化。裸金属型虚拟化指直接在底层硬件上安装 VMM 作为 Hypervisor 接管，Hypervisor 将负责管理所有的资源和虚拟环境支持。该模型中，VMM 可以看作一个为虚拟化而生的完整的操作系统，掌控所有资源（CPU、内存、I/O 设备）。宿主型虚拟化的物理资源由 Host OS（如 Windows、Linux etc.）管理，实际的虚拟化功能由运行在 Host OS 上的 VMM 提供。VMM 通过调用 Host OS 的服务来获得资源，实现 CPU、内存和 I/O 设备的虚拟化。

知识巩固

选择题

Vmware Workstation 是（　　）模型的虚拟化。

A. 裸金属型　　　　B. 宿主型

子任务二　部署 OpenStack

任务导入

小 O 家里有丰富的服务器、电力、网络和磁盘等资源，小 O 虽然不会使用这些资源，但是有着很强的商业思维，小 O 一直在想使用这些资源如何能赚到更多的钱。直接把整机租出去，赚的钱太少，不如让这些服务器提供一些服务，比如，创建很多虚拟机，然后出租给客户，这样就能赚较多的钱了。于是小 O 聘请了小 K 负责用户认证、小 N 负责计算服务、小 I 负责裸机管理……小 O 主要负责对聘请的这些“员工”进行协调管理。这里的小 O 就是 OpenStack。本任务将介绍在 Ubuntu 操作系统中使用 DevStack 快速部署 OpenStack。

素质目标

在利用 OpenStack 搭建云平台时，需要将理论知识与实践相结合，不断提升自己的实践动手能力。不同架构搭建出来的云平台在稳定性和易用性等方面也是不同的，在搭建云平台过程中要不断调优，提升云平台的稳定性和易用性，做到精益求精。

任务目标

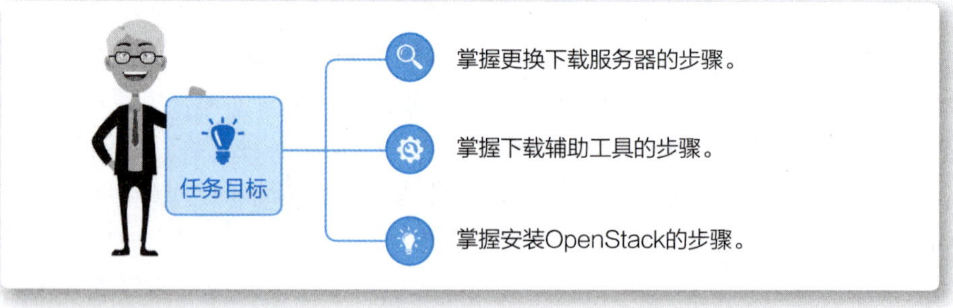

任务分析

部署 OpenStack 的流程图如图 4－31 所示。

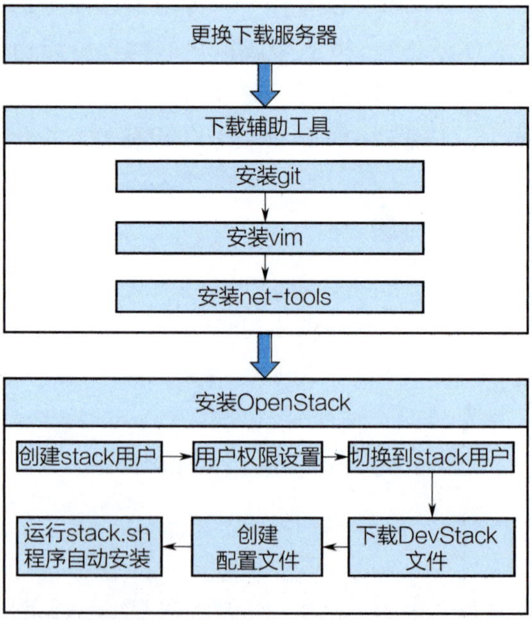

图 4－31　部署 OpenStack 流程图

任务实施

1. 更换下载服务器

48 更换下载服务器

1）在图 4－32 所示的界面中，单击右上角的下拉按钮，选择“Settings”选项，在设置窗口中选择“About”→“Software Updates”选项，如图 4－32 所示。

2）选择下载源为“mirrors. aliyun. com”，如图 4－33 所示。

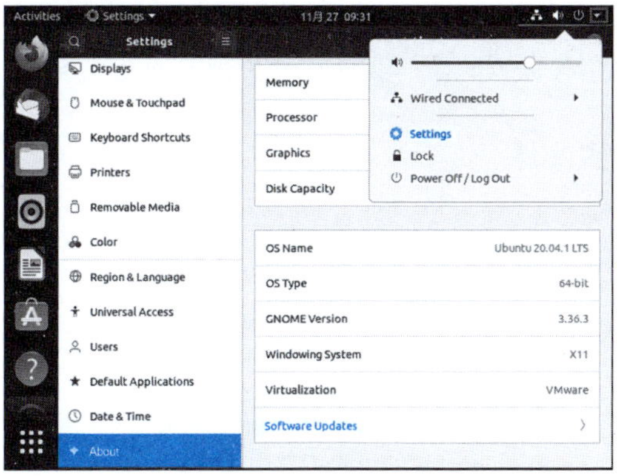

图 4－32 选择更换下载服务器选项

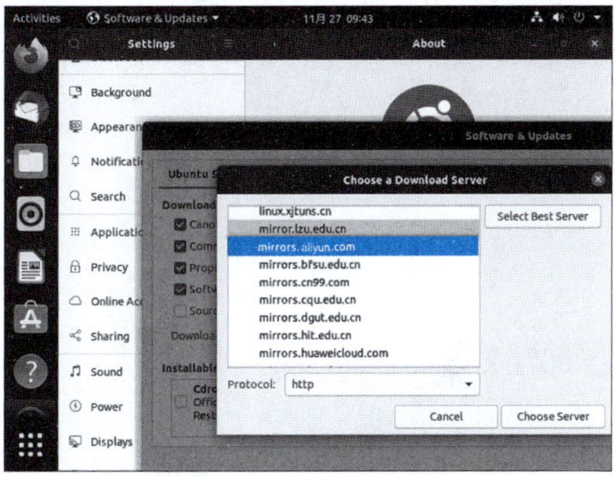

图 4－33 选择下载源

2. 下载辅助工具

1）在“Terminal”窗口中执行以下命令进行系统更新。

```
ly@ly-ubuntu:~$ sudo apt-get update
ly@ly-ubuntu:~$ sudo apt upgrade
```

2）执行以下命令，安装 git 辅助工具。

```
ly@ly-ubuntu:~$ sudo apt-get install git
```

3）执行以下命令，安装 vim 辅助工具。

```
ly@ly-ubuntu:~$ sudo apt-get install vim
```

4）执行以下命令，安装 net－tools 辅助工具，并查看本机 IP 地址。

```
ly@ly-ubuntu:~$ sudo apt-get install net-tools
ly@ly-ubuntu:~$ ifconfig -a
```

3. 安装 OpenStack

1）执行以下命令，创建 stack 用户。

```
ly@ly-ubuntu:~$ sudo useradd -s /bin/bash -d /opt/stack -m stack
```

2）对 stack 用户的权限进行设置，设置密码为空并允许执行 sudo 操作。

```
ly@ly-ubuntu: ~$ echo "stack ALL = (ALL) NOPASSWD: ALL" | sudo tee /etc/
sudoers.d/stack
```

3）从当前默认用户切换到 stack 用户。

```
ly@ly-ubuntu: ~$ sudo su - stack
```

4）从 github 上下载 DevStack 所有文件到用户目录下。

```
stack@ly-ubuntu: ~$ git clone https://github.com/openstack/devstack.git
```

5）在 DevStack 文件夹下创建 local. conf 配置文件。

```
stack@ly-ubuntu: ~$ cd devstack
stack@ly-ubuntu: ~/devstack $ sudo vim local.conf
```

配置文件内容如下。

```
[[local|localrc]]
# use TryStack git mirror
GIT_BASE = http://git.trystack.cn
NOVNC_REPO = http://git.trystack.cn/kanaka/noVNC.git
SPICE_REPO = http://git.trystack.cn/git/spice/spice - html5.git
# Define images to be automatically downloaded during the DevStack built
process.
DOWNLOAD_DEFAULT_IMAGES = False
IMAGE_URLS = "http://download.cirros - cloud.net/0.5.0/cirros - 0.5.0 - x86
_64 - disk.img"
# Credentials
ADMIN_PASSWORD = admin
DATABASE_PASSWORD = admin
RABBIT_PASSWORD = admin
SERVICE_PASSWORD = admin
SERVICE_TOKEN = admin
HOST_IP =10.33.1.49
```

6）运行当前目录下的 stack. sh 程序，进行 OpenStack 的自动安装。

```
stack@ly-ubuntu: ~/devstack $ FORCE = yes ./stack.sh
```

经过一段时间的安装后，OpenStack 就安装完成了。

7）通过 http：//IP/dashboard 访问 OpenStack 界面，如图 4－34 所示。

图 4-34 OpenStack 界面

任务评价

姓名：	班级：	学号：
简述更换下载服务器的步骤。		
简述下载辅助工具的步骤。		
简述安装 OpenStack 的步骤。		

知识拓展

1. OpenStack简介

OpenStack是一个开源的云计算管理平台项目，是一系列软件开源项目的组合。这个项目由几个主要的组件组合起来完成一些具体的工作，旨在为公共云及私有云的建设与管理提供软件。OpenStack的各个服务之间通过统一的REST风格的API调用，实现系统的松耦合。它的内部组件的工作过程是一个有序的整体。计算资源分配、控制调度和网络通信等都通过AMQP实现。OpenStack的上层用户是程序员、一般用户和Horizon界面等模块，这三者都是采用OpenStack各个组件提供的API接口进行交互的，而它们之间则是通过AMQP进行互相调用的，它们共同利用底层的虚拟资源为上层用户和程序提供云计算服务。

2. OpenStack的架构与组成

（1）Keystone：身份认证与授权服务　计算、存储、网络等各种资源以及基于这些资源构建的各类IaaS、PaaS、SaaS层服务在不同的用户间共享，让众多用户安全地访问和使用同一个云计算系统，是一个云操作系统的基本功能。而实现这个功能的基础就是一个安全可靠的身份认证与授权服务。而Keystone就是OpenStack的身份认证与授权服务项目。Keystone负责对用户进行身份认证，并向被认定为合法的用户发放令牌（Token）。用户可以持Keystone发放的令牌访问OpenStack的其他项目，使用其提供的服务。各个组件中内嵌的令牌校验和权限控制机制将与Keystone配合，实现对用户身份的识别和权限级别的控制，确保只有恰当的用户能够对恰当的资源实施恰当的操作，以此确保对不同用户资源的隔离与保护。

（2）Nova：计算服务　向用户按需提供不同规格的虚拟机是任何一个云操作系统最为基础的功能。而Nova就是OpenStack中负责提供此类计算服务的项目。Nova的核心功能是将大量部署了计算虚拟化软件（即Hypervisor）的物理服务器统一纳入管理之下，组成一个具有完整资源视图的逻辑资源池。在此基础上，Nova通过接收不同用户发起的请求，对资源池中的资源进行生命周期管理操作。其中最为核心的就是虚拟机的创建、删除、启动和停止等操作。通过执行客户发起的虚拟机创建操作，Nova将逻辑资源池中的CPU、内存、本地存储和I/O设备等资源组装成不同规格的虚拟机，再安装上不同类型的操作系统，最终提供给用户使用，由此满足用户对计算资源的需求。除了虚拟机资源管理服务功能之外，Nova还通过与Ironic项目配合，共同为用户提供裸机资源管理服务功能。具体而言，Nova可以接收用户发起的裸机资源申请，然后调用Ironic项目的对应功能实现对裸机的自动化选择、分配以及操作系统安装部署，从而使用户可以获得与虚拟机资源使用体验相当的物理机资源使用体验。

49 Nova计算服务

（3）Ironic：裸机管理　Ironic通过与Nova相配合，共同为用户提供裸机服务功能。

在实际工作时，Ironic 直接负责对物理服务器的管理操作。一方面，在物理服务器被纳入资源池之中时，Ironic 负责记录物理服务器的硬件规格信息，并向 Nova 上报；另一方面，在用户发起裸机管理操作时，Ironic 负责根据 Nova 的指令对相应的物理服务器执行具体的管理操作动作。例如，当用户发起一个创建裸机操作时，Ironic 需要根据 Nova 调度的结果对选定的物理服务器执行硬件初始化配置、操作系统安装等一系列具体操作，以完成裸机创建动作。

（4）Glance：镜像服务　通常而言，在虚拟机被创建之后，都需要为其安装一个操作系统，以便用户使用。因此，云计算系统中往往需要预置若干不同种类、不同版本的操作系统镜像，以便用户选用。此外，在一些应用场景下，为进一步方便用户，镜像中还需要预装一些常用的应用软件，这将进一步增加镜像的种类与数量。因此，云操作系统必须具备镜像管理服务功能。Glance 就是 OpenStack 中的镜像服务项目。Glance 主要负责对系统中提供的各类镜像的元数据进行管理，并提供镜像的创建、删除、查询、上传和下载等功能。但在正常的生产环境下，Glance 本身并不直接负责镜像文件的存储，仅负责保管镜像文件的元数据，本质上是一个管理前端。Glance 需要与真正的对象存储后端对接，才能共同提供完整的镜像管理与存储服务功能。

（5）Swift：对象存储服务　对象存储服务是云计算领域中的一种常见的数据存储服务，通常用于存储单文件数据量较大、访问频繁、对数据访问延迟要求不高、对数据存储成本较为敏感的场景。Swift 就是 OpenStack 中用于提供对象存储服务的项目。与 OpenStack 中大部分只实现控制功能并不直接承载用户业务的项目不同，Swift 本身实现了完整的对象存储系统功能，甚至可以独立于 OpenStack，被单独作为一个对象存储系统加以应用。

（6）Horizon：图形界面　Horizon 是一个使用 Django 开发的项目，旨在为 OpenStack 提供一个功能全面的操作面板，包括一个可扩展的框架来构造新的可重用面板。经过社区长期的开发完善，Horizon 界面简洁美观，功能丰富易用，可以满足云计算系统管理员和普通用户的基本需求，适于作为基于 OpenStack 的云计算系统的基本管理界面使用。此外，Horizon 的架构高度插件化，灵活而易于扩展，也便于有定制化需求的系统设计人员针对具体场景进行增量开发。

知识巩固

一、选择题

以下是 OpenStack 组件的是（　　）。

A. Swift　　B. Glance　　C. Daemon　　D. Horizon

二、简答题

OpenStack 的 Nova 服务的作用是什么？

子任务三　部署 Docker 容器

任务导入

多年前，一个风雨交加的夜晚，一个名叫 Docker 的年轻人来到 Linux 帝国拜见 Linux 国王：“Linux 陛下，天下程序员苦于应用部署久矣，我要改变这一现状。”

国王回答：“哦，年轻人，有志向，坐下喝杯茶慢慢说。”

Docker 坐下后侃侃而谈：“放眼当下，应用开发、测试、部署，各种库的依赖纷繁复杂，再加上版本之间的差异，经常出现在开发环境中运行正常，而到测试环境和线上环境中就出问题的现象，程序员饱受此苦，是时候改变这一状况了。”

Docker 看了一眼国王接着说道：“我想做一个虚拟的容器，让应用程序运行其中，将它们需要的依赖环境整体打包，以便在不同机器上移植后仍然能提供一致的运行环境，彻底将程序员解放出来！”

Linux 国王听闻，微微点头：“年轻人想法不错，不过听你的描述好像虚拟机做快照就可以解决这个问题吧？”

Docker 连连摇头说道：“陛下有所不知，虚拟机这家伙笨重如牛，体积又大，动不动就以 GB 为单位，因为它里面要运行一个完整的操作系统，所以跑起来格外费劲，慢就不说了，还非常占资源，一台机器跑不了几台虚拟机就把性能拖垮了！而我想要做一个轻量级的虚拟容器，只提供一个运行环境，不用运行操作系统，所有容器中的系统内核还是与外面的宿主机共用的，这样就可以批量复制很多个容器，轻便又快捷。”

Linux 国王思考片刻之后，忽然拍桌子大声说道：“真是个好想法，这个项目我投了！”

本子任务将介绍 Docker 容器。

素质目标

从 1965 年提出虚拟化到 2006 年的云计算，直至今日云计算行业的“万家灯火”，OpenStack、Docker、k8s 等多种新技术不断涌现。对于新技术、新产物和新业态不断研习的精神，正是新时代 IT 人工匠精神的最佳体现。无论使用何种先进技术，搭建什么级别的云平台，都很难达到无任何问题的完美状态，我们应该正视这种不完美，在实践过程中不断精益求精，无限向完美靠近。

任务目标

任务分析

Docker 容器部署流程图如图 4-35 所示。

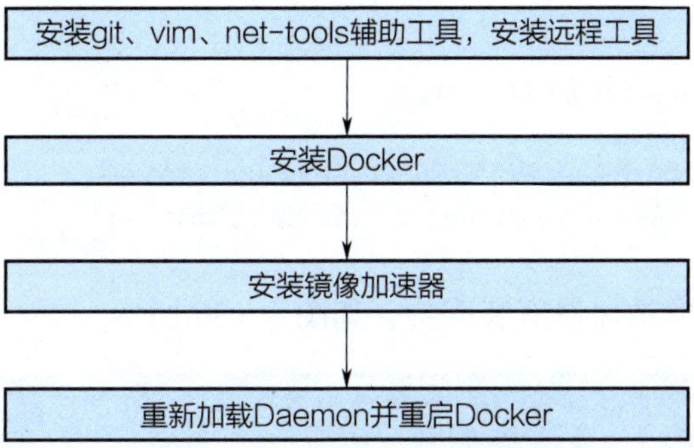

图 4-35 Docker 容器部署流程图

任务实施

1）切换到 root 用户。

```
stack@ly-ubuntu:~$ sudo su -
```

2）安装 git 工具。

```
root@ly-ubuntu:~$ apt-get install git
```

3）安装 vim 辅助工具。

```
root@ly-ubuntu:~$ apt-get install vim
```

4）安装 net-tools 辅助工具。

```
ly@ly-ubuntu:~$ apt-get install net-tools
```

5）安装远程工具。

```
ly@ly-ubuntu:~$ apt-get install openssh-server
```

6）安装 Docker。

```
ly@ly-ubuntu:~$ apt-get install docker.io
```

7）安装镜像加速器。

```
root@ly-ubuntu:~# sudo mkdir -p /etc/docker
root@ly-ubuntu:~# sudo tee /etc/docker/daemon.json <<-'EOF'
```

```
> {
>   "registry-mirrors": ["https://1vtrf9ho.mirror.aliyuncs.com"]
> }
> EOF
```

8）重新加载 Daemon 并重启 Docker。

```
root@ly-ubuntu:~# sudo systemctl daemon-reload
root@ly-ubuntu:~# sudo systemctl restart docker
```

此时，Docker 和镜像加速器安装成功，如图 4 - 36 所示。

图 4 - 36 Docker 和镜像加速器安装成功

任务评价

姓名：	班级：	学号：
简述部署 Docker 的步骤		

知识拓展

容器是一种轻量级、可移植、自包含的软件打包技术，使应用程序可以在任何地方以相同的方式运行。容器的本质就是一种基于操作系统功能的隔离技术，是一组受到资源限制且彼此间相互隔离的进程。运行这些进程需要的所有文件都由另一个镜像提供，也就意味着从开发到测试再到生产的整个过程，容器都具有可移植性和一致性。容器自身没有操作系统，而是直接共享宿主机的内核，所有对于容器进程的限制都是基于操作系统本身的功能进行的。因此，容器最大的优势就是轻量化。

Docker 是一个开源的应用容器引擎，基于 Go 语言并遵从 Apache 2.0 协议开源，可以让开发者打包应用和依赖包到一个轻量级、可移植的容器中，然后发布到任何流行的 Linux 机器上，也可以实现虚拟化。容器完全使用沙箱机制，相互之间不会有任何接口，更重要的是，容器性能开销极低。

1. Docker Client

Docker Client 是 Docker 架构中用户用来与 Docker Daemon 建立通信的客户端，用户使用的可执行文件为 Docker，通过 Docker 命令行工具可以发起众多管理 Container 的请求。

50 Docker Client 和 Daemon

Docker Client 发送容器管理请求后，由 Docker Daemon 接收并处理请求，当 Docker Client 接收到返回的请求响应并简单处理后，Docker Client 一次完整的生命周期就结束了。当需要继续发送容器管理请求时，用户必须再次通过 Docker 可执行文件创建 Docker Client。

2. Docker Daemon

Docker Daemon 是 Docker 架构中一个常驻在后台的系统进程，功能是接收处理 Docker Client 发送的请求。该守护进程在后台启动一个 Server，Server 负责接收 Docker Client 发送的请求。接收请求后，Server 通过路由与分发调度找到相应的 Handler 来执行请求。

Docker Daemon 启动的所使用的可执行文件也为 Docker，与 Docker Client 启动的所使用的可执行文件 Docker 相同。在 Docker 命令执行时，通过传入的参数来判别 Docker Daemon 与 Docker Client。

3. Docker Server

Docker Server 在 Docker 架构中是专门服务于 Docker Client 的 Server。该 Server 的功能是接收并调度分发 Docker Client 发送的请求。在 Docker 的启动过程中，通过包 Gorilla/Mux（Golang 的类库解析），创建了一个 mux. Router，提供请求的路由功能。在 Golang 中，Gorilla/Mux 是一个强大的 URL 路由器以及调度分发器。该 mux. Router 中添加了众多的路由项，每一个路由项都由 HTTP 请求方法（PUT、POST、GET 或 DELETE）、URL、Handler 这 3 部分组成。

4. Engine

Engine 是 Docker 架构中的运行引擎，同时也是 Docker 运行的核心模块。它扮演 Docker Container 存储仓库的角色，并且通过执行 job 的方式来操纵管理这些容器。

在 Engine 数据结构的设计与实现过程中，有一个 Handler 对象。该 Handler 对象存储的是关于众多特定 job 的 Handler 处理访问。

5. job

一个 job 可以认为是 Docker 架构中 Engine 内部最基本的工作执行单元。Docker 可以做的每一项工作都可以抽象为一个 job。例如：在容器内部运行一个进程，这是一个 job；创建一个新的容器，这是一个 job；从 Internet 上下载一个文档，这是一个 job；创建 Server 服务于 HTTP 的 API，这也是一个 job。

6. Docker Registry

Docker Registry 是一个存储容器镜像的仓库。而容器镜像是在容器被创建时被用于初始化容器的文件架构与目录。

在 Docker 的运行过程中，Docker Daemon 会与 Docker Registry 通信，并实现搜索镜像、下载镜像及上传镜像 3 个功能。这 3 个功能对应的 job 名称分别为“search”“pull”和“push”。

其中，在 Docker 架构中，Docker 可以使用公有的 Docker Registry，即大家熟知的 Docker Hub。如此一来，Docker 获取容器镜像文件时，必须通过互联网访问 Docker Hub。同时，Docker 也允许用户构建本地私有的 Docker Registry，以保证容器镜像的获取在内网完成。

7. Graph

Graph 在 Docker 架构中是已下载容器镜像的保管者，也是已下载容器镜像之间关系的记录者。一方面，Graph 存储着本地具有版本信息的文件系统镜像，另一方面也通过 GraphDB 记录着所有文件系统镜像彼此之间的关系。

8. Driver

Driver 是 Docker 架构中的驱动模块。通过 Driver 驱动，Docker 可以实现对 Docker 容器执行环境的定制。在 Docker 运行的生命周期中，并非用户所有的操作都是针对 Docker 容器进行的管理、针对 Docker 运行信息的获取以及 Graph 的存储与记录等，因此，为了将 Docker 容器的管理从 Docker Daemon 内部业务逻辑中区分开来，设计了 Driver 层驱动来接管所有这部分请求。

9. Docker Container

Docker Container（Docker 容器）是 Docker 架构中服务交付的最终体现形式。

Docker 按照用户的需求与指令，定制相应的 Docker 容器。用户通过指定容器镜像使 Docker 容器可以自定义 rootfs 等文件系统，通过指定计算资源的配额使 Docker 容器使用指定的计算资源，通过配置网络及其安全策略使 Docker 容器拥有独立且安全的网络环境，通过指定运行的命令使 Docker 容器执行指定的工作。

知识巩固

简答题

什么是容器？

任务三　体验云计算产品

任务导入

李老师的计算机里有一份重要文件，他害怕这份重要文件因为计算机出故障而丢失，需要在 U 盘或其他设备里备份一份，在其他计算机中使用时提前复制过去即可，但 U 盘空间有限，文件稍大一些就无法复制了。李老师做梦都想拥有一个无限大的“U 盘”，而且不需要携带，只要能联网随时随地就能获取“U 盘”里的内容。终于有一天，百度网盘出现了。当使用百度网盘时，值得注意的是，存储的内容是需要符合网络安全要求的。本任务将注册百度网盘账号，登录并使用百度网盘，体验云计算产品。

素质目标

网络空间不是“法外之地”，为了保证网络存储的安全性，各厂商网盘都会对存储内容进行检查，过滤掉病毒以及不合规的内容。使用网盘时，要提高网络安全意识，树立正确的网络安全观，依法上网，让互联网在法治轨道上健康运行。

任务目标

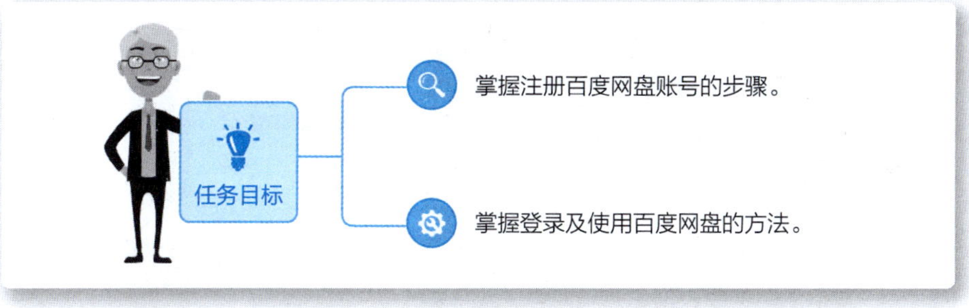

任务分析

云计算产品——百度网盘应用流程图如图 4－37 所示。

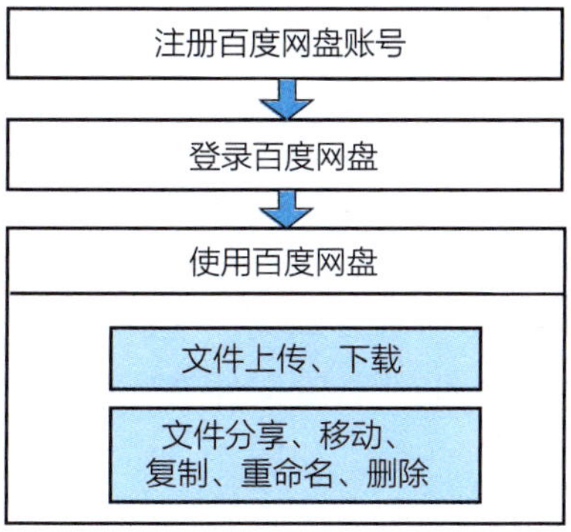

图 4－37　百度网盘应用流程图

任务实施

1. 注册百度网盘账号

1）在浏览器地址栏中输入“https：//pan. baidu. com”，进入百度网盘主页面，如图 4－38 所示。

51 注册百度网盘账号并登录

图 4－38 百度网盘主页面

2）单击“立即注册”进入注册页面，在该页面中填写“用户名”“手机号”“密码”及“验证码”，勾选“阅读并接受《百度用户协议》及《百度隐私权保护声明》”复选框，如图 4－39 所示。

图 4－39 百度网盘注册页面

2. 登录百度网盘

在登录界面可以通过用户名及密码登录，也可以通过短信快捷登录，还可以通过手机 APP 扫码登录，选择任一方式登录即可。

3. 使用百度网盘

1）在百度网盘账号内，将鼠标指针移动到“上传”按钮上，系统会弹出下拉菜单，包括“上传文件”和“上传文件夹”选项。选择“上传文件”后，系统会弹出“打开”对话框，如图 4－40 所示。在该对话框中可选择文件上传至网盘指定的文件夹中，并显示“有一个文件上传成功”的提示信息。

52 使用百度网盘

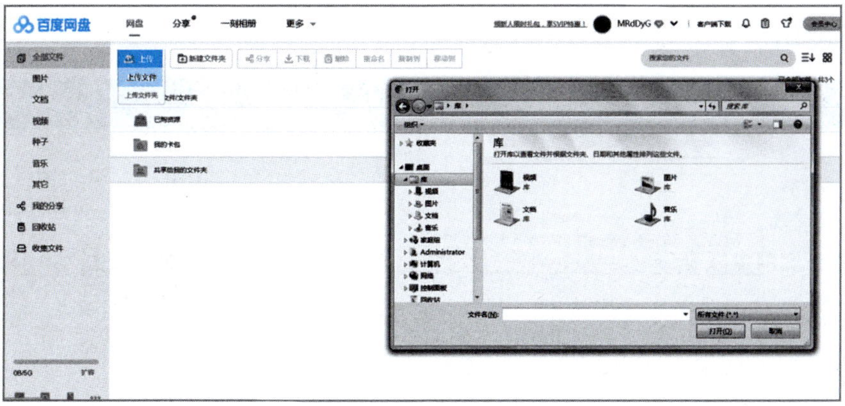

图 4－40　上传文件

2）在百度网盘中，勾选要下载的文件或文件夹，单击工具栏中的“下载”按钮，即可下载相应的文件及文件夹，如图 4－41 所示。

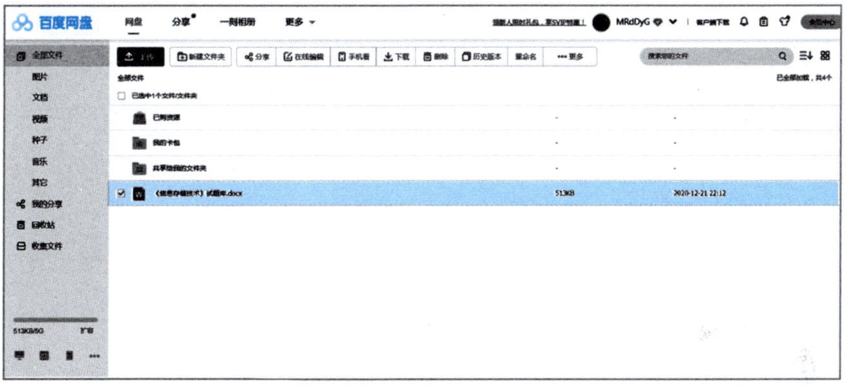

图 4－41　下载文件

3）还可以对文件或文件夹进行分享、移动、复制、重命名及删除等操作，如图 4－42 所示。

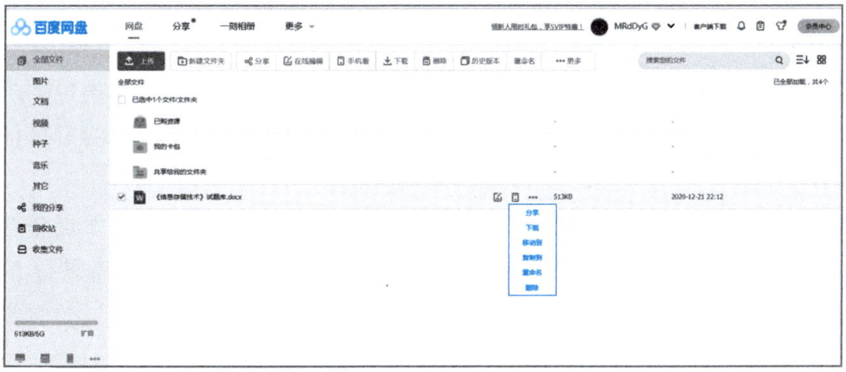

图 4－42　其他操作

任务评价

姓名：	班级：	学号：
简述注册百度网盘账号的步骤。		
简述登录百度网盘的方法。		
简述使用百度网盘的步骤。		

知识拓展

1. 云交通

随着科技的发展、智能化的推进，交通信息化也在国家布局之中。通过初步搭建起来的云资源，统一指挥，高效调度平台里的资源，使处理交通堵塞、应对突发事件等的效率显著提升。

云交通可在云计算之中整合现有资源，并能够针对未来的交通行业发展整合所需的各种硬件、软件和数据，动态满足 ITS 中各应用系统，针对交通行业的需求（包括基础建设、交通信息发布、交通企业增值服务及交通指挥）提供决策支持及交通仿真模拟等。交通云要能够全面提供开发系统资源需求，能够快速满足突发系统需求。

云交通的贡献是：借鉴全球先进的交通管理经验，打造立体交通，彻底解决城市发展中的交通问题，包括地下新型窄幅多轨地铁系统、电动步道系统，地面新型窄幅轨道交通，半空天桥人行交通、悬挂轨道交通及空中短程太阳能飞行器交通等。云交通中心将全面负责各种交通工具的管制，并利用云计算中心向个体的云终端提供全面的交通指引和指示标识等服务。

2. 云通信

从现在各大企业的云平台以及人们身边接触最多的例子来说，用得最多的就是各种文件备份。配置信息备份、聊天记录备份、照片等的云存储及分享，可方便人们重置或者更换手机的时候一键同步、一键还原，省去了不少麻烦。但事实上，处于信息技术快速变革时代中，人们接触到的通信云远不止这些。

云通信是云计算（Cloud Computing）概念的一个分支，指用户利用 SaaS 形式的瘦客户端（Thin Client）或智能客户端（Smart Client），通过现有局域网或互联网线路进行通信交流，而无须经由传统 PSTN 线路的一种新型通信方式。在 ADSL 宽带、光纤、4G、5G 等高速数据网络日新月异的年代，云通信给传统电信运营商带来了新的发展契机。

3. 云医疗

如今，云计算在医疗领域的贡献让广大医院和医生赞不绝口。从挂号到病例管理，从传统的询问病情到借助云系统会诊，这一切的创新技术改变了传统医疗上的很多漏洞，同时也方便了患者和医生。

在云计算等 IT 技术不断完善的今天，一般的 IT 环境可能已经不适合许多医疗应用，医疗行业必须更进一步，建立专门满足医疗行业安全性和可用性要求的医疗环境——“云医疗”（Cloud Medical Treatment，CMT）应运而生。它是 IT 信息技术不断发展的必然产物，也是今后医疗技术发展的必然方向。

医疗云主要包括医疗健康信息平台、云医疗远程诊断与会诊系统、云医疗远程监护系统以及云医疗教育系统等。

4. 云教育

由于我国疆域辽阔，教育资源分配不均，很多中小城市的教育资源长期处于一种较为尴尬的状态。面对这种状况，国家已采用了相应的信息技术，以促进教育变革。目前，我国正在利用云计算进行教育模式改革，促进教育资源均衡化发展。

云计算在教育领域中的迁移称为“教育云”，是未来教育信息化的基础架构，包括了教育信息化所必需的一切硬件计算资源。这些资源经虚拟化之后向教育机构、教育从业人员和学员提供一个良好的平台，该平台的作用就是为教育领域提供云服务。教育云包括成绩系统、综合素质评价系统、选修课系统及数字图书馆系统等。

知识巩固

简答题

你遇到过哪些云计算产品？请选择一种简单描述。

项目总结

本项目主要从什么是云计算、云计算技术和云计算应用3个方面展开介绍，具体内容如下：

1）云计算主要包括云计算的基本概念、云计算的5个基本特征、云计算的3种服务模式和4种部署模式。

2）云计算技术主要包括虚拟化技术、OpenStack技术和Docker容器技术。通过VMware创建Ubuntu虚拟机、在Ubuntu系统上搭建OpenStack和Docker，加强对3种云计算关键技术的理解。

3）云计算应用以百度云网盘为例，包括百度网盘的注册、登录和使用，体验云产品的使用，并从云交通、云通信、云医疗和云教育4个方面介绍云计算的应用领域。

项目五
解密区块链

任务一　掌握比特币的基本概念

任务导入

某日，辽宁沈阳一小区大门上，66 把锁头接连挂起，被誉为“最便宜的门禁系统”。原来，该小区之前总有外来车辆进出，业主们便自发做了这个“门禁系统”，如图 5－1 所示。每把锁都有标号，小区车主只需拿钥匙打开对应锁头，就能打开大门。居民表示，这种方式省钱省力，特别好用。通过这个生活中的小例子可以发现，区块链技术可以被实体化，同时具备以下的特点：去中心化（不需要统一管理）、可追溯（谁没锁找谁）以及不可篡改（一人一锁一钥匙）。这个来源于生活的实例就是区块链技术的模型。

53 区块链的任务导入

作为区块链技术的第一个应用，比特币技术势必要经历技术试验阶段、主流认知阶段以及产业实现阶段，这个过程需要经过技术的考验，同时也要经过复杂的市场环境的考察。比特币的发明人中本聪也多次成为 2018 年美国《时代》周刊年度人物的有力竞争者。2008—2009 年期间，比特币（图 5－2）进入技术试验阶段；2009 年 1 月 3 日，比特币系统开始运行。2010—2012 年期间，诞生了第一个比特币交易所，有人用 10000 个比特币购买了两个比萨。

图 5－1　区块链技术模型

图 5－2　比特币

2010年7月17日，著名比特币交易所Mt. Gox成立，从此比特币正式进入市场。正是由于这个伟大壮举，痴迷于比特币的人们在Bitcointalk. org论坛上讨论比特币技术，在个人计算机上通过挖矿的形式获得比特币。随着世界经济形式的发展，比特币经历了十余年的发展，比特币的造富效应以及比特币网络拥堵造成的交易溢出带动了其他虚拟货币及各种区块链应用的井喷式增长，出现众多百倍、千倍甚至万倍增值的区块链资产，引发人们的疯狂追捧，比特币和区块链彻底进入全球视野中。

国内外各大金融机构争相对比特币底层技术——区块链进行研究，同时寻求区块链技术的实际应用。从本质上讲，区块链更类似于TCP/IP这样的底层技术框架。比特币是区块链的一种应用，区块链是比特币的底层技术，二者之间相辅相成。

素质目标

人民论坛曾刊文《区块链技术如何助力思想政治教育》，其中提到，区块链技术以特有的分布式账本技术、集体维护的技术机制、新型信任机制为其介入思想政治教育提供了可能，区块链技术将在人类的教育发展历史中留下浓重的一笔，不但是对教育方式的突破和革新，也将在人们的学习效率方面具有巨大的优化作用。作为一名新时代IT类专业的大学生，掌握区块链技术，也势必会对适应未来的新IT革命奠定基础。

任务目标

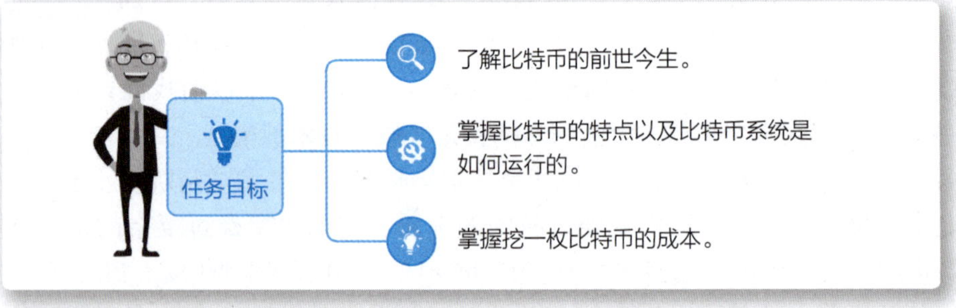

任务分析

比特币作为区块链技术的最佳应用已经风靡全球，无论是极客们、IT从业者、商业巨鳄，还是普通民众，都对比特币充满了热情，有的人想通过挖掘比特币一夜暴富，有的人期望通过挖掘比特币证明自己的技术实力，有的人则想通过挖掘比特币实现自己对于区块链技术的贡献。那么在了解区块链技术之前，比特币这个最佳应用究竟是什么样子的呢？

任务实施

1. 什么是比特币

比特币（Bitcoin，BTC）是一种网络世界里的电子货币、虚拟货币，被人们称为“数字黄金”或“电子黄金”。电子货币跟纸币的区别就是：它没有实体，只是计算机世界里的一串数字。如图5-3所示，比特币与

54 什么是比特币

纸币的关系值得人们反思，有人会反问：没拿到手里的钱还是钱吗？有人会觉得电子货币是根本不能用来买东西的。但是否也可以反过来想：为什么不能呢？就因为它是计算机世界里的一串数字，就不能用来买东西了？这很可能是每个人的直观感受：一串计算机里存储的数字，它没有任何价值，我为什么要接受它，并把我的有价值的商品给对方？可是同样反过来想想手里的钞票，它也是一张普普通通的纸而已，那人们为什么就相信这张纸呢？

图5-3　比特币与纸币是否可以画等号

如今，比特币已经成长为一个货币系统，全球有数百万用户、数万商家接受付款，市值最高达百亿美元，比特币相关企业也吸引了近10亿美元的风险股权投资，其中不乏传统的金融巨头。比特币进一步打破了基于国家界限的金融和价值传播障碍，对全球产生了深刻的影响。

2. 比特币的前世今生

2009年1月4日凌晨，白皮书的作者中本聪在位于芬兰赫尔辛基的一个小型服务器上亲手创建了第一个区块，即比特币的创世区块（Genesis Block），并获得了系统自动产生的第一笔50枚比特币的奖励，比特币就此问世。因为只有新区块的生成才会产生比特币，而每个新区块都要在前一个区块的基础上来生成，因此第一个区块肯定就非常特殊了，于是中本聪把第一个区块定义为创世区块。当时正处于金融危机，为纪念比特币的诞生，中本聪将当天的《泰晤士报》头版标题——“The Times 03/Jan/2009/, Chancellor onbrink of second bailout for banks”刻在了第一个区块上。中本聪的这一举动清晰地展示了比特币的诞生，如图5-4所示。中本聪创建比特币9天之后，就向密码学家哈尔芬尼转账了10枚比特币，那个时候，比特币分文不值，但是却在密码学和物理学的领域里留下了浓重的一笔，这也是人类历史上第一次摆脱第三方金融信托机构而完成的“点对点”交易，这笔交易打破了常规金融体系的限制，加密货币的流通和发展前景让比特币瞬间跃居世界热点话题的榜首。

很多人会问：比特币究竟是做什么的？简单来说，比特币系统是一种去中心化的电子现金系统，解决了在没有中心化机构的情况下总量恒定数字资产的发行和流通问题。通过这个系统，人们在上面的每一笔转账信息都是公开透明的，全网记账，几乎无法作假。

从2009年中本聪挖出首个比特币开始，随后的几年，在全世界无数爱好者的支持下，比特币网络运行起来了，这种去中心化的虚拟数字资产引起了人们的极大追捧和热议，越来越多的人和资本参与其中。

图5-4　第一枚比特币的诞生

2017 年，比特币迎来了爆发式的增长，从年初的 1000 美元，最高涨到了 2 万美元，全世界都为之震动。事实就是比特币已经并将继续改变世界。

3. 比特币的特点

比特币在一开始就被设计成允许匿名使用和拥有，它既可以通过文件的形式（wallet. dat）存储在个人计算机中，也可以上传至第三方托管服务平台上。但不管以何种形式保存，比特币都可以通过一串地址发送给互联网上的任意一个人。P2P 的分布式特性和不设中心服务器的设计结构确保了任何机构都不可能操控比特币，也不可能人为制造通货膨胀。因此，数字化货币的发展势必成为一种趋势，也将重新定义人类世界对于货币的认知和理解，如图 5－5 所示。

图 5－5　数字化货币的大势所趋

比特币主要包含以下几个特点：

1）去中心化。比特币是第一种分布式的虚拟货币，整个网络由用户构成，没有中央银行。去中心化是比特币安全与自由的保证。

2）全世界流通。比特币可以在任意一台接入互联网的计算机上管理。不管身处何方，任何人都可以挖掘、购买、出售或收取比特币。

3）专属所有权。操控比特币需要私钥，它可以被隔离保存在任何存储介质中。除了用户自己之外，无人可以获取。

4）低交易费用。人们可以汇出比特币，但会对每笔交易收取约 1 比特分的交易费，以确保交易更快执行。

5）无隐藏成本。作为由 A 到 B 的支付手段，比特币没有烦琐的额度与手续限制。知道对方比特币地址就可以进行支付。

6）跨平台挖掘。用户可以在众多平台上发掘不同硬件的计算能力。

比特币的这些特点完全超出了传统货币的限制，因此遭到了很多质疑，接下来具体分析比特币的主要特点。比特币是一种无中心无抵押的数字货币。很多号称货币专家的人一看到这些特点，就直接否定了它的价值。其实对于货币的本质有很多讨论，但基本都突破不了抵押物、发行机构。美元和人民币一旦超额发放，就会引起贬值。没有发行机构和抵押物，是一般人不敢想象的。而比特币是没有发行机构也没有抵押物的。

比特币的产生依据一个加密算法按规定被挖掘出来的（挖掘工作本质上就是交易运算，相当于中央银行的运算系统，只不过比特币是分布式的），表面看起来就是很多矿工（从最初的计算机挖矿，到现在的显卡挖矿，再到接下来的矿机挖矿）通过电费的消耗挖出来的。整个系统本身就是分布式的，没有一个核心。

货币匿名且流向不可追踪，天然具有良好的匿名特性。举例来说，比如我有个钱包，我可以生成很多地址来操作这个货币，而每个货币地址都是匿名的，没有将钱包地址和具体的人相对应。匿名性能形成了很多认可、需求以及风险。

比特币总量恒定且按规则被开采出来，算法决定最终的总量为 2100 万个。比特币总量的恒定至少不会造成货币贬值。同时，由于每个比特币都可以细分到小数点后八位，故也不会存在总量限定而影响流通的情况。开发的规则已经在算法中被明确，为了保证开采的稳定性，形成了很多规模不一的矿池，矿工们集合在一起挖矿。

总而言之，比特币发展至今，它的优势和不足也渐渐地展现在公众视野。

1）去中心化。就优势而言，完全去中心化的结构设计没有发行机构，也就不可能操纵发行数量。其发行与流通是通过开源的 P2P 算法实现的。

2）匿名、免税、免监管。具有极强的健壮性。比特币完全依赖 P2P 网络，无发行中心，所以外部无法关闭。比特币的价格可能波动、崩盘，多国政府可能宣布它非法，但比特币和比特币庞大的 P2P 网络不会消失。

3）无国界、跨境。跨国汇款会经过层层外汇管制机构，而且交易记录会被多方记录在案。但如果用比特币交易，直接输入数字地址，按一下鼠标按键，等待 P2P 网络确认交易后，大量资金就过去了。不经过任何管控机构，也不会留下任何跨境交易记录。

4）山寨者难于生存。由于比特币算法是完全开源的，谁都可以下载源码，修改一些参数，重新编译下，就能创造一种新的 P2P 货币。但这些山寨货币很脆弱，极易遭到 51% 攻击。任何个人或组织只要控制一种 P2P 货币网络 51% 的运算能力，就可以随意操纵交易、币值，这会对 P2P 货币构成毁灭性打击。很多山寨币，就失败在了这一环节上。而比特币网络已经足够健壮，想要控制比特币网络 51% 的运算力，所需要的 CPU/GPU 数量将是一个天文数字。

凡事都具有两面性，比特币的不足和风险控制也显示在了人们的交易体验和可信度评价上。

1）比特币交易平台的脆弱性。比特币网络很健壮，但比特币交易平台很脆弱。交易平台通常是一个网站，而网站会遭到黑客攻击，或者遭到主管部门的关闭。

2）交易确认时间长。比特币钱包初次安装时，会消耗大量时间下载历史交易数据块。使用比特币交易时，为了确认数据准确性，会消耗一些时间与 P2P 网络进行交互，得到全网确认后，交易才算完成。

3）价格波动极大。由于大量炒家介入，导致比特币兑换现金的价格如过山车一般起伏，使比特币更适合投机，而不是匿名交易。其实比特币面临的最大挑战就是大众对原理不理解以及传统金融从业人员的抵制。活跃网民了解 P2P 网络的原理，知道比特币无法人为操纵和控制。但大众并不理解，很多人甚至无法分清比特币和 Q 币的区别。“没有发行者”是比特币的优点，但在传统金融从业人员看来，“没有发行者”的货币毫无价值。

4. 比特币系统是如何运行的

随着时代的发展，越来越多的人开始接受看不见的货币了。拿到钱后存到银行是非常普遍的做法，而且存折在很多银行已经开始退出历史舞台。通过转款等非现金交易的方式在大额交易中已经非常普遍，现如今，用手机微信零钱包里的一串数字作为零钱进行支付的方式，大家也已经习以为常了。所以在银行的系统里，通常会有一个存储了所有储户账户余额

55 比特币系统是如何运行的

的表单，称为 Ledger，即账本，如图 5 - 6 所示。

Ledger		
编号	姓名	金额
1	张三	1000
2	李四	500
3	王五	600
4	赵六	5000
5	郑七	10000
6	刘八	20000
7	孙九	300000
8	齐十	80

图 5 - 6 银行账本明细

从图 5 - 6 所示的 Ledger 中可以看出，张三有 1000 元，李四有 500 元，王五有 600 元等，银行会投入大量的精力和物力去保证系统中这张表的准确性。银行建立自己的机房、搭建独立的网络环境、购买最先进的服务器、聘请最资深的专家，以确保每个人对应的金额不能随意地增减。也正是如此，人们才相信银行能够保证 Ledger 的准确性。

后来，就像相信银行存储的 Ledger 一样，人们还同样相信存储的每个人的社保信息，相信支付宝里的余额信息，相信微信里的零钱信息。渐渐的，人们的“身价”真的全部变成了这些机构服务器上存储的一个文件、一串数据。这些机构也在想尽办法让自己的数据更加安全、系统更加健壮，比如采用各种数据备份机制、采用分布式存储技术，但即便如此，也偶有灾难事件发生。

与传统的存储方案不同，比特币采用了一种特殊的去中心化的账本存储方案。简单地说，就是在所有加入比特币网络的计算机中都会存储一份如图 5 - 7 所示的账本。

由于账本存储在网络的各个节点上，其中一个节点出现问题，可以从网络上的其他节点获取正确的数据。

由于具有去中心化存储账本的特点，在某一个节点更新账本数据的时候，就要通知其他节点一起修改账本记录。例如，如果张三给李四转了一个比特币，那么最初进行这笔转账处理的节点就要把这个处理的情况传播给临近的其他节点，然后其他节点再传播给临近的节点，直到网络上所有的节点账本都被更新，如图 5 - 8 所示。

图 5 - 7 分布式计算机存储账本信息

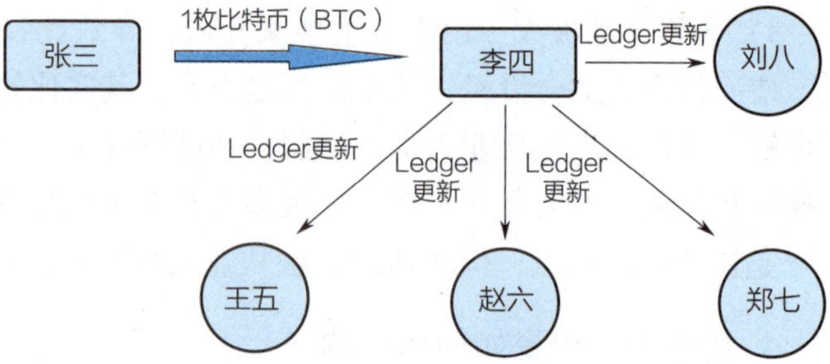

图 5 - 8 Ledger 信息更新

（1）比特币交易——如何实现“只有我的授权才能支付” 在这种去中心化的环境下，没有银行这种机构的统一管理，不需要建立服务器集群或聘请庞大的维护团队，所有比特币的交易业务都基于预先设定好的程序或算法，在互联网上自发生长。对于“只有我的授权才能支付”这一点，比特币是用“私钥”和“公钥”来实现的。

“公钥”“私钥”是现代密码学非对称性加密里面的概念，而非对称性加密又与对称性加密相对应。对称性加密中只有一个密钥，既用来加密又用来解密。比如，战争年代常用一本密码字典（什么字对应哪本书中的第几页第几个字）把一句话加密为密文，这本密码字典就是密钥。可以看出密钥十分关键，如果密钥泄露，那么拿到密钥的人就可以进行解密。这种加密方式的缺点显而易见，要让对方解密密文，就要把这个密钥给对方，极大地增加了密钥泄露的概率。

直到非对称加密出现后，这一情况才得到改善。在非对称加密中，每个人都有两个密钥，一个“公钥”，一个“私钥”。“公钥”是公开的，而私钥只有自己手里才有。“公钥”“私钥”的特点可以简单地理解为：用一个人的“公钥”加密，只能用这个人的“私钥”解密；而用一个人的“私钥”加密，只能用这个人的“公钥”解密。这就解决了传递“密钥”过程中泄露的问题。比特币系统就是采用了这一加密方式。但人们可能会好奇，比特币系统里的“私钥”“公钥”机制是如何实现的？简单来说，比特币系统让每个参与交易的人都先随机产生一个字符串，作为自己唯一的“私钥”，然后会通过“私钥”生成对应的唯一“公钥”。生成后，“公钥”在比特币网络上公开给每个人，而“私钥”需要自己保存好，不能让别人知道。由于“私钥”生成“公钥”的过程是不可逆的，因此别人即便拿到了你的“公钥”，也不可能知道你的“私钥”是什么。这样，人们很容易就能实现下面的功能：当别人用你的“公钥”锁定一个数据时，只有拥有“私钥”的人（也就是你）才可能解锁这个数据。

理解了比特币系统中的“公钥”和“私钥”原理后，后面的内容理解起来就会容易很多：把参与转账的人设置得多一些，假设有 3 个人，张三先给李四转了一个 BTC，然后李四又把这一个 BTC 转给了王五。站在李四的位置进行分析，李四为何能给王五转这一个 BTC 呢？因为李四能够用自己的“私钥”解锁这一个 BTC。而这一个 BTC 是如何锁定的呢？有些读者可能想到了，张三给李四转账时用李四的“公钥”锁住了这一个 BTC。而李四给王五转账时，又用王五的“公钥”把这一个 BTC 锁定了。只有当王五用这一个 BTC 时，才能用自己的“私钥”解锁，其他人因为没有王五的“私钥”，是不能动用这一个 BTC 的。所以，比特币系统里很智慧的一点就是：把一个人的“公钥”当作这个人的收款账号（或收款地址）。给别人转账时，输入别人的收款账号，即别人的“公钥”，比特币系统会自动把这笔款用那个人的“公钥”锁定，那么这笔钱就属于他了，将来他必须用自己的“私钥”解锁，才能使用这笔钱，实现了“只有我的授权才能支付”这一点。

（2）比特币账本——如何实现“我手中（收到）的货币数量不可被更改” 保证“我手中（收到）的货币数量不可被更改”，也意味着保证账本中我的账户余额不能被随意篡改。这是如何实现的呢？在比特币系统中，Ledger 中没有每个人的余额，有的只是那几千万条交易，如图 5-9 所示。

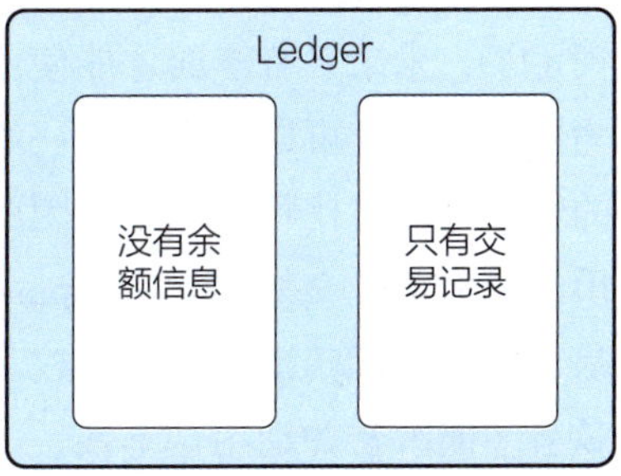

图 5-9 Ledger 的基本信息

那么每个人的余额是怎么来的呢？比特币系统按照每个人的收款地址（相当于每个人的“公钥”），将这个收款地址下所有的转入、转出额度加总，即可得到这个收款地址的余额。在这样的账本下，余额是无法篡改的，或者说，如果要篡改余额，那么就必须伪造交易。但是从前面的内容可知，交易与交易之间的关系非常紧密，伪造一笔交易是十分困难的。

（3）区块链上的交易为何无法伪造或篡改

1）伪造最近的一笔交易。伪造最近的一笔交易几乎是不可能的。因为每一笔比特币交易都能够追溯到它的上一笔交易。在全网千万笔交易的环境下进行这个检查会很耗时，因此比特币系统会生成一个未被支付交易的索引，随着每次新交易的产生，这个索引会不断更新：去掉被支付的交易，加入新的未被支付的交易，并随着新交易信息传递给网络上的每一个节点。

2）篡改历史交易。每一笔交易都与它的前一笔交易紧密相关，因此新发生的交易等于被旧交易牵制着，也就不能随意篡改、伪造。那么是否可以通过伪造或篡改历史交易，将整个交易链条上的交易全部篡改，从而改变交易行为以及账户余额？答案是：不可能。要了解为什么不可能，需要先学习一个小知识——哈希（Hash）函数与哈希值。哈希函数的作用是将一大段文字内容按照一定的规则输出为一个定长的摘要信息，这个摘要信息即哈希值。这个哈希值只与原来的文字有关，即一模一样的文字的哈希值是一样的，但只要文字稍做修改，哈希值就会变化。由文字生成哈希值的过程是不可逆的，也就是说，只能从文字得到哈希值，但是从哈希值反推不出文字。比特币系统在进行交易数据存储的时候，会将交易分组打包以进行存储（目前一个包的大小为1MB，而一笔交易数据至少250B，基本上每个包都可以容纳近千条交易），这个包就是人们常说的区块（Block）。区块与区块之间会通过每个区块的特征参数连接起来，即每个区块都记录了前一个区块的特征参数，形成了一种链式的存储结构，“区块链”这个风靡全球的名词与此不无关系。

总而言之，比特币系统的运行机制可以总结为以下几点：

1）每个比特币的用户都会通过比特币客户端生成一个私钥，并通过私钥生成公钥（公钥与收款地址的相关性极强，可以简单地理解为收款地址就是公钥），这相当于这个用户的户头，别人向这个人转账必须输入这个收款地址。

2）用户张三向李四转账时，输入了李四的收款地址，即用李四的公钥将这笔比特币锁定了，未来只有李四才能使用这笔比特币。而用户张三为什么能使用这笔比特币呢？因为比特币系统可以追溯到上一笔王五给张三转账的交易，在那笔交易里，用户王五用张三的转账地址将比特币锁定，因此只有张三使用其私钥解锁，才能够使用这笔钱。所以比特币的绝大部分交易都是由inputs（输入）、outputs（输出）组成。inputs用来追溯上一笔交易，以便明确转出者是否有权动用这笔钱，outputs用来进行一次新的加密，加密后只有收款者才能解密并动用这笔钱。

3）交易发生后，将广播全网。在很短的时间内，全网所有的节点都会接到这笔交易。

接到这笔交易后，每个节点都会先把交易放入内存，然后对交易进行合法性检验，检验通过后，这笔交易进入有效交易池，等待被装入区块。

4）与此同时，网络上面所有的矿工节点都正在疯狂地计算着“谜题”。“谜题”的解题方式就是将有效交易池里的近千笔交易、上一个区块的哈希值和 Nonce 参数组合成一个文本，然后计算这个文本的哈希值。通过 Nonce 的不断变化，计算出的哈希值也会不断变化。直到当某一个节点成功计算出小于目标值的哈希值，这个节点就解答出了“谜题”，并有权将计算哈希值所使用的信息组装成一个新区块，记录在自己的硬盘上，并发起一次全网记账。周围的节点在收到广播的消息后，也都记录下这个新区块。

5）由于矿工节点每次都会使用含有上一个区块哈希值的文本来计算当前区块的哈希值，因此，每一个区块都有上一区块的“基因”，将区块串成了一个牢不可破的链条。如果篡改某一区块中的某一交易，那么其后所有的区块数据都无法匹配了，也就形成了区块链不可篡改的特点。

6）比特币系统就这样周而复始地更新着自己的区块链条，不断地进行全网记账，不断地运行下去。

5. 挖一枚比特币需要多少成本

2017 年 12 月，一轮接管全球的比特币热潮之后，许多人对加密货币挖矿作为潜在的收入来源表示出兴趣。然而，残酷的事实是，比特币挖矿的算力竞赛现在已经白热化，因此绝大多数新手感觉已经错过了这条船。2011 年，当时极低的难度允许人们每天使用普通 PC 挖掘一个比特币，但现在必须使用专门设计的 ASIC 挖掘芯片。那么挖掘一个比特币区块需要多长时间？要想得到问题的答案，了解比特币的哈希值是很重要的。哈希值是矿工必须解决的加密数学难题。哈希值可测量特定机器运行的速度，并可解决数学问题。随着大型挖矿场的垄断，比特币的累积哈希值几乎每天都在增加。挖掘难度增长曲线如图 5－10所示，从 2014—2018 年 4 年内产生的数据可以直观地看出挖矿的难度日益增长。

56 挖一枚比特币需要多少成本

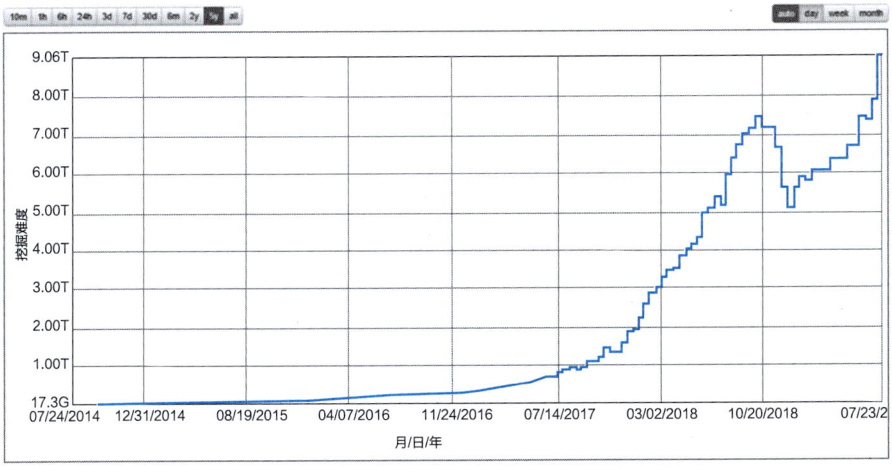

图 5－10 比特币挖掘难度增长曲线

2018 年 6 月，比特币的挖矿难度在两周内飙升了 5 次。值得注意的是，整个网络花了 8 年多的时间才达到了类似的程度。挖矿难度的突然飙升一方面意味着许多矿工成群结队地加入了这个行业并创造了更大的竞争，另一方面表明 ASIC 芯片变得更先进。在从 CPU 挖掘到 GPU 挖掘的过渡期间也发生了同样的情况。因此，ASIC 制造商（特别是比特大陆）有效地建立了垄断地位。比特大陆是非常受欢迎的 ASIC 硬件生产商。

如图 5-11 所示，比特币挖矿的速度明显下降。

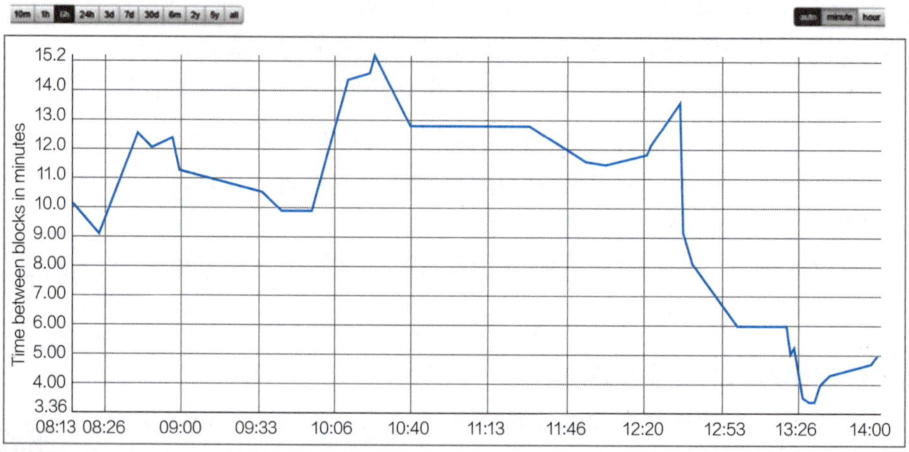

图 5-11　比特币挖矿速度

新比特币几乎每 10min 就开采一次，但矿工必须通过向网络提供解决数学问题所必需的哈希能力来获得部分区块奖励。

如果想有效地挖矿，那么必须加入选择的矿池。在采矿池中，矿工需要贡献约 4% 的累积计算处理能力，这是挖掘区块所需的，以便获得一个比特币。在矿池中挖掘比特币需要多长时间？这个问题没有明确的答案，因为确切的时间取决于选择的矿池类型和使用的设备。

当然，矿工也可以进行单独挖矿，但是需要具有一流的挖矿硬件设备。例如，Antminer S9（蚂蚁矿机 S9）的矿机成本大概在 800 美元。

作为经典挖矿的替代方案，现在有云挖矿云算力。其实质在于购买各自公司数据中心的计算能力。也就是说，要开始挖掘比特币，不需要购买昂贵的 ASIC 设备，不需要连接到池并保持系统正常工作。只需选择所需的容量，购买合同并开始使用比特币算力服务即可。通常，在购买合同时，会提示每天的潜在利润以及维护设备的成本。

事实上，由于电费不同，比特币挖矿成本价格会因国家而异。

举个例子：Antminer S9 的购买成本约为 800 美元，该矿机的算力为 13TH/s，在不间断运行的情况下挖比特币，一个月可以获得 0.02 比特币，挖一个比特币则需要 50 个月。简单计算一下主要的电费成本，按照比特币矿机功率为 1350W 算，矿机每运行 1h 的耗电量大约为 1kW · h，一天就需要 24kW · h，若电费为 0.8 元/kW · h，则矿机不间断运行一个月（按 30 天算）的电费成本为 576 元，挖一枚比特币的电费成本约为 28800 元。

任务评价

姓名：	班级：　　　　学号：
比特币和区块链之间的关系是什么？	
比特币的特点有哪些？	
比特币系统是如何运行的？	
比特币目前的发展现状怎样？	

知识拓展

虚拟货币多元化，除了比特币以外还有哪些虚拟货币现在十分流行？

虚拟货币是指非真实的货币。2013 年流行的数字货币有比特币、莱特币、无限币、夸克币、泽塔币、烧烤币、便士币（外网）、隐形金条、红币和质数币。目前，全世界发行了上百种数字货币。

目前市场上的虚拟货币主要有如下 4 类：

1）由游戏运营商开发，供玩家在网络游戏中作为交易媒介而使用的游戏币；

2）由门户网站或者即时通信工具发行，在本运营网络空间内使用的专用虚拟货币；

3）既可以在虚拟货币发行主体内使用，又可以向非发行主体购买商品和服务的交互式虚拟货币；

4）基于密码学和现代网络 P2P 技术，通过复杂的数学算法产生的特殊的、电子化的、数字化的网络密码币。

知识巩固

一、选择题

1. 比特币是（　　）被发明的。

A. 2008　　B. 2001　　C. 2005　　D. 2010

2. 区块链是（　　）。

A. 去中心化数据库　　B. 中心化数据库

C. 计算机程序　　D. 一个街区

3. 比特币的记账方式被称为（　　）。

A. 挖矿　　B. 挖煤　　C. 种树　　D. 钓鱼

4. 区块链的第一个成功应用是（　　）。

A. BTC　　B. ETH　　C. EOS　　D. TRX

5. 在比特币中，区块链是（　　）。

A. 记录所有比特币交易的时间戳账本

B. 承载比特币的软件

C. 拥有比特币的公司的合称

D. 用比特币打造的金项链

二、简答题

1. 比特币的特点有哪些？

2. 比特币的运行机制是什么？

任务二　解析区块链的关键技术

任务导入

在金融圈曾发生了一笔具有划时代意义的交易，这笔交易使区块链技术在人们的生活中以案例的方式展露出了它的魅力。

一位房主想要把房子卖给一对年轻夫妇，房主和年轻夫妇双方都同意了价格和日期。此时，一位公证人说，该交易无法通过中介完成。这对年轻夫妇以及房主都十分相信中介公司的交易能力以及协助能力，同时，公证人本身也是一位值得信赖的人，如果符合条件，他会批准交易，并安排所有需要在幕后进行的监管和法律文件。但在此案例中，公证人认为在这个交易过程中可能会出现错误，尽管很少发生。根据公证协会的说法，即使是最小的错误也会带来“可怕的后果”。因为此时在中介操作这笔交易的过程中可能会发生过时的流程，甚至可能伴随一些不具备当下最新法律效力约束的合约细节以及管理规定。相反，数字世界中存在一种全新的流程，它可以取代过时的流程，这种全新的流程称为区块链。

简单来说，区块链是指包含交易细节的数字分类账。交易记录保存在称为“区块”的

“容器”中。这些区块被连接在一起，能让所有人看到并使用加密技术进行保护。

区块链的主要特点是数据只能添加。不管任何原因，它永远都不能被更改。之所以这样做，是因为每个人都有一个分类账的副本，所以很容易识别出与其他公共记录不一致的信息。

从科技层面来看，区块链涉及数学、密码学、互联网和计算机编程等很多科学技术。从应用视角来看，简单地说，区块链是一个分布式的共享账本和数据库，具有去中心化、不可篡改、全程留痕、可以追溯、集体维护及公开透明等特点。这些特点保证了区块链的“诚实”与“透明”，为区块链创造信任奠定了基础。而区块链丰富的应用场景基本上都基于区块链能够解决信息不对称的问题，实现多个主体之间的协作信任与一致行动。

区块链是分布式数据存储、点对点传输、共识机制和加密算法等计算机技术的新型应用模式。区块链（Blockchain）是比特币的一个重要概念，它本质上是一个去中心化的数据库，同时作为比特币的底层技术，是一串使用密码学方法产生的数据块，每一个数据块中都包含了一批比特币网络交易的信息，用于验证其信息的有效性（防伪）和生成下一个区块。

英文原版的比特币白皮书中并未出现“Blockchain ”一词，而是使用“Chain of Blocks”。最早的比特币白皮书中文翻译版将 Chain of Blocks 翻译成了“区块链”。

素质目标

长江商学院教授曹辉宁曾说：区块链对人类社会的影响超过互联网，互联网让我们能够交流信息，分布式记账法让我们能够建立信任，签订数字的契约。区块链技术会与人类建立起来的一些传统金融体制产生巨大的冲突，这不但是对于每一个人的影响，也时刻考验着维护区块链技术生态的工程师的专业度和能力，这也预示着更多学习 IT 专业的学生在未来的就业行业和领域里将面临巨大的挑战。从现在开始，IT 专业的大学生就应该时刻保持学习的先进意识、创新精神，不断实现自我技术上的突破，准备好迎接区块链技术和革命的到来。学生应培养自己的创新意识和为了目标执着追求的精神，在实践操作过程中培养自己精益求精的工匠精神，树立学生正确的世界观、价值观和人生观。

任务目标

任务分析

【任务导入】中提到，区块链是一个分布式的共享账本和数据库，具有去中心化、不可篡改、全程留痕、可以追溯、集体维护及公开透明等特点。任何一个技术的发展都是要经过若干个版本的迭代产生的，在每一个版本进行优化的过程中，也注定伴随着很多新技术理念和技术框架的产生。本任务将围绕区块链技术的不同发展阶段和核心技术等方面展开分析。

任务实施

1. 区块链的前世今生

区块链技术作为比特币的底层技术，2017 年成为全球经济热点，它的发展可以大致分为 5 个阶段。

（1）技术试验阶段（2008—2009 年） 比特币的创始人中本聪在 2008 年 11 月 1 日发表了一篇名为《比特币：一种点对点的电子现金系统》的论文。论文中提到了支撑比特币体系的主要技术，主要包含哈希函数、区块链、分布式账本、非对称加密和工作量证明等相关技术理论。这也是区块链的最初版本。

（2）极客小众阶段（2010—2012 年） 2010 年 2 月 6 日诞生了第一个比特币的交易所，同时也有人用 10000 个比特币购买了两个披萨。2010 年 7 月 17 日，比特币交易所 Mt. Gox 的成立标志着比特币进入市场。互联网技术的极客们在论坛上讨论比特币技术，通过挖矿的形式获得了大量的比特币，通过比特币交易所进行交易。

（3）市场酝酿阶段（2013—2015 年） 2013 年，1 比特币的价格折合 13 美元。同期，金融危机导致比特币的价格在 4 月份达到新高 266 美元。同年 10—11 月，中国百度宣布开通比特币支付，美国参议院听证会通过了比特币的合法性，比特币的单价达到了 1242 美元的新高。当时的价格已经超过了预期。不幸的是，在 2015 年，比特币的单价一度跌至 200 美元以下，很多企业纷纷宣布倒闭。

（4）进入主流阶段（2016—2018 年） 由于这 3 年期间世界经济形势的动荡和不稳定性，与主流经济呈现替代关系的比特币开始复苏，市场需求和交易规模开始迅速扩张，比特币单价由 2016 年的 400 美元一度飙升到 20000 美元，整整翻了 50 倍。比特币的造富效应和网络拥堵造成交易溢出，这不但带动了其他虚拟货币的发展，也引发了全球区块链的热潮。

（5）产业落地阶段（2019—2021 年） 在残酷的市场竞争机制下，区块链市场也慢慢走向平稳，有些项目落地生根，大部分企业在这场厮杀中被历史所淹没。2018 年之后，虚拟货币和区块链市场在监管、认知等方面慢慢回归理性，区块链真正的发展领域慢慢地开始稳定前行。

2. 区块链的 5 个基本特征

虽然不同报告中对区块链介绍的措辞不尽相同，但去中心化、开放性、自治性、信息不可篡改和匿名性这 5 个基本特征得到了共识，如图 5 - 12 所示。

57 区块链的 5 个基本特征

图 5 - 12 区块链的特征分析

（1）去中心化 去中心化是指由于区块链使用分布式核算和存储，不存在中心化的硬件或管理机构，任意节点的权利和义务都是均等的，系统中的数据块由整个系统中具有维护功能的节点来共同维护。

（2）开放性 开放性是指区块链系统是开放的，除了对交易各方的私有信息进行加密外，区块链数据对所有人公开，任何人都能通过公开的接口对区块链数据进行查询，并能开发相关的应用，整个系统的信息高度透明。

（3）自治性 区块链的自治性特征建立在规范和协议的基础上。区块链采用协商一致的规范和协议（如公开透明的算法），使系统中的所有节点都能在信任的环境中自由安全地交换数据，使对人的信任变成对机器的信任，任何人为的干预都无法发挥作用。

（4）信息不可篡改 一旦信息经过验证并添加到区块链，就会被永久地存储起来，除非同时控制系统中超过 51% 的节点，否则单个节点上对数据库的修改是无效的。因此，区块链数据的稳定性和可靠性都非常高，区块链技术从根本上改变了中心化的信用创建方式，通过数学原理而非中心化信用机构来低成本地建立信用，出生证、房产证及婚姻证等都可以在区块链上进行公证，拥有全球性的中心节点。

（5）匿名性 匿名性是指节点之间的交换遵循固定算法，其数据交互是无须信任的，交易对手不用通过公开身份的方式让对方对自己产生信任，有利于信用的累积。

3. 区块链的技术原理

区块链系统由数据层、网络层、共识层、激励层、合约层和应用层组成。其中，数据层封装了底层数据区块以及相关的数据加密和时间戳等基础数据或基本算法；网络层包括分布式组网机制、数据传播机制和数据验证机制等；共识层主要封装网络节点的各类共识算法；激励层将经济因素

58 区块链的技术原理

集成到区块链技术体系中来，主要包括经济激励的发行机制和分配机制等；合约层主要封装各类脚本、算法和智能合约，是区块链可编程特性的基础；应用层封装了区块链的各种应用场景和案例。该模型中，基于时间戳的链式区块结构、分布式节点的共识机制、基于共识算力的经济激励和灵活可编程的智能合约是区块链技术最具代表性的创新点。

（1）分布式存储　分布式存储指交易记账由分布在不同地方的多个节点共同完成，而且每一个节点都记录的是完整的账目，因此它们都可以参与监督交易合法性，同时也可以共同为其作证。跟传统的分布式存储有所不同，区块链分布式存储的独特性主要体现在两个方面：一是区块链的每个节点都按照块链式结构存储完整的数据，传统分布式存储一般是将数据按照一定的规则分成多份进行存储；二是区块链的每个节点存储都是独立的、地位等同的，依靠共识机制保证存储的一致性，而传统分布式存储一般是通过中心节点往其他备份节点同步数据。在区块链分布式存储中，没有任何一个节点可以单独记录账本数据，从而避免了单一记账人被控制或者被贿赂而记假账的可能性。另外，由于记账节点足够多，理论上讲，除非所有的节点被破坏，否则账目就不会丢失，保证了账目数据的安全性。

（2）非对称加密和授权技术　存储在区块链上的交易信息是公开的，但是账户身份信息是高度加密的，只有在数据拥有者授权的情况下才能访问到，从而保证了数据的安全和个人的隐私。

（3）共识机制　共识机制解决所有记账节点之间如何达成共识，以及如何去认定一个记录的有效性，这既是认定的手段，也是防止篡改的手段。区块链提出了 4 种不同的共识机制，适用于不同的应用场景，在效率和安全性之间取得平衡。区块链的共识机制具备“少数服从多数”以及“人人平等”的特点。其中，“少数服从多数”并不完全指节点个数，也可以是计算能力、股权数或者其他计算机可以比较的特征量。比特币采用的是工作量证明，只有在控制了全网超过 51% 的记账节点的情况下，才有可能伪造出一条不存在的记录，当加入区块链的节点足够多时，这基本上不可能，从而杜绝了造假的可能。

（4）智能合约　智能合约基于可信的不可篡改的数据，可以自动执行一些预先定义好的规则和条款。以保险为例，如果每个人的信息（包括医疗信息和风险发生的信息）都是真实可信的，那么就能很容易地在一些标准化的保险产品中进行自动理赔。简单地说，区块链技术就是一个分布式账本，用记账的方式记录人们的网络活动并分布在网络上。这个账本可以用来记录很多种事情，这里用发送和接收金钱作为例子。当小明想向小红汇款时，会创建一个新的订单项来详细说明该交易。然后，此订单项会被发送至拥有该记录副本的数百台其他计算机。这些计算机确认此次交易是经过授权的，并且最终同意（或不同意）该交易的所有内容都是合法的，批准该项目。就像小明和小红有几百个朋友站在他们周围一样，看着小明递给小红这笔钱，并且这几百个朋友都同意“小明把钱交给了小红”，如图 5－13 所示。

这份共同记录本的天才之处在于它不需要银行，也不需要中央集权的公司，而且不需要信任任何金融机构，不需要任何中间商，它是去中心化的。这份共享记录本并不属于任

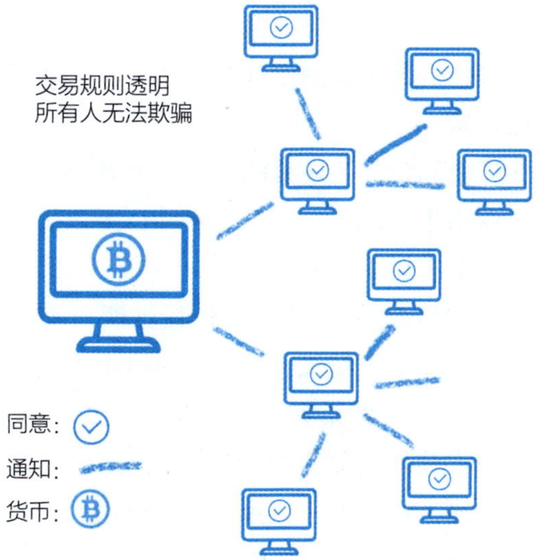

图 5-13 交易规则

何一个个人或组织。它由拥有记录本的每个人拥有，但这并不意味着任何拥有记录本的人都可以控制。另外，这本记录本就是人们所说的“不可变的”，它是不可逆转的。只要互联网存在，每一行就会永久存在。如果小红想要退还小明的钱，这将是一个新的项目，而不是进行原来的交易，如图 5-14 所示。

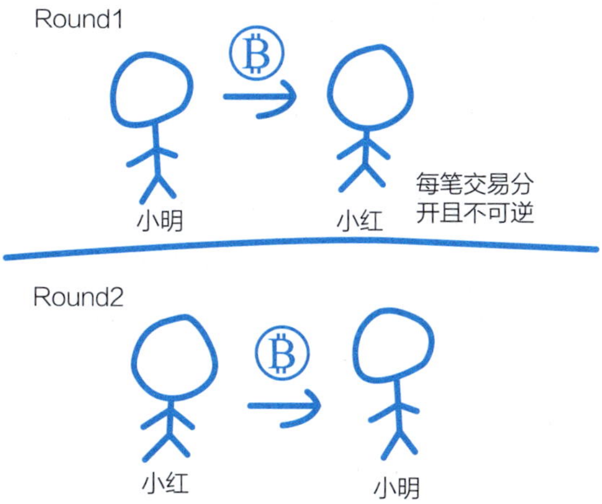

图 5-14 交易分开且不可逆

这些技术的设计决定了在此共享记录本中对项目进行欺骗是不可能的。如果在计算机中拥有一个或多个记录本的人试图不诚实地更改它，那么这些更改将被验证过程中使用的许多计算机拒绝。

4. 区块链的共识机制分类

59 区块链的共识机制

共识机制可以简单理解为，不同群体所寻求的共同的认识、价值和想法等，在某一方面达成的一致意见。共识机制就是确定达成某种共识和维护共识的方式。在区块链系统中没有像银行一样的中心化机构，所以在进行传输信息、价值转移时，共识机制可解决并保证每一笔交易在所有记账节点上的一致性和正确性问题。区块链的这种新的共识机制使其在不依靠中心化组织的情况下，依然能大规模、高效地协作，以完成运转。

除了密码学技术外，共识机制也是区块链的必要元素及核心部分，是保障区块链系统不断运行的关键。在区块链网络中，由于应用场景不同，所以采用了不同的共识算法。

目前区块链的共识机制主要有以下 3 类。

（1）工作量证明（Proof of Work，POW） 工作量证明可简单理解为一份证明，证明某人做过一定量的工作。通过查看工作结果，就能知道这个人完成了指定量的工作。区块链共识算法用得最多的就是 POW。比特币和以太坊都是基于 POW 的共识机制。

比特币在区块的生成过程中使用的就是 POW 机制，简单地理解就是大家共同争夺记账权，谁先抢到并正确完成记账工作，谁就得到系统的奖励，奖励为比特币，也就是所谓的“挖矿”。矿工（参与挖矿的人）通过计算机的算力去完成这个记账工作，这个拥有计算能力的专业计算机就是所谓的“矿机”。

1）优点：

①完全去中心化，节点自由进出，避免了建立和维护中心化信用机构的成本。

②只要网络破坏者的算力不超过全网总算力的 50%，网络的交易状态就能达成一致，并不可篡改历史记录。

③投入越多算力，获得记账权的概率就越大，就越有可能产生新的区块奖励。

2）缺点：

①目前比特币挖矿造成大量的算力和能源浪费。

②挖矿的激励机制造成挖矿算力的高度集中。

③结算周期长，每秒最多结算 7 笔交易，不适合商业应用。

（2）权益证明（Proof of Stake，POS） 权益证明指通过持有 Token（代币）的数量和时长来决定获得记账的概率，类似于股票的分红制度：持有股权越多，能够获得的分红越多。Token 相当于区块链系统的权益。目前有很多数字资产用 POS 发行新币。

1）优点：

①降低了 POW 机制的资源浪费。

②加快了运算速度，也可以理解为工作量证明的升级版。

2）缺点：拥有币龄越长的节点，获得记账权的概率越大，容易导致马太效应，即富者会越来越富，权益会越来越集中，从而失去公正性。

（3）委托权益证明（Delegated Proof of Stake，DPOS） 委托权益证明是基于 POS 衍生出的更专业的解决方案，类似于董事会投票，指拥有 Token 的人投票给固定的节点，选举若干代理人，由代理人负责验证和记账。不同于 POW 和 POS 的全网都可以参与记账竞争，DPOS 的记账节点在一定时间段内是确定的。

为了激励更多人参与竞选，系统会生成少量代币作为奖励。比特股就采用该方式。

1）优点：相较 POW，DPOS 大幅提高了区块链处理数据的能力，甚至可以实现秒到账，同时也大幅降低了维护区块链网络安全的费用。

2）缺点：DPOS 的去中心程度较弱，节点代理是人为选出的，公平性相比 POS 较低，依赖于代币的增发来维持代理节点的稳定性。

5. 哈希算法

哈希是密码学的基础，理解哈希是理解数字签名和加密通信等技术的必要前提。哈希的意思就是引入随机数量的输入数据，将其加密，然后得出一个固定的输出数据。“哈希”的英文是 Hash，本来的意思是“切碎并搅拌”。有一种食物称为 Hash，是把食材切碎并搅拌做成的。哈希函数的运算结果就是哈希值，简称哈希。哈希函数有时候也翻译为散列函数，如图 5－15 所示。

60 哈希算法是什么

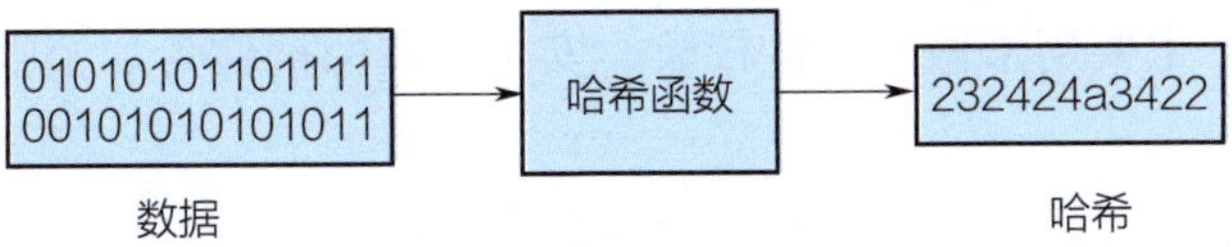

图 5－15 哈希函数的工作原理

哈希函数要做的事情是为一个任意大小的数据生成一个固定长度的数据，作为它的映射。所谓映射，就是一一对应。一个可靠的哈希算法要满足 3 点：第一是安全，给定数据 M 容易算出哈希值 X，而给定 X 不能算出 M，或者说哈希算法是一个单向算法；第二是独一无二，两个不同的数据要拥有不相同的哈希值；第三是长度固定，给定一种哈希算法，不管输入是多大的数据，输出长度都是固定的。

输出的长度是固定的，也就是取值范围是有限的，而输入数据的取值范围是无限的，所以总会找到两个不同的输入拥有相同的哈希值。所以，哈希函数的安全性肯定是相对概念。如果出现了两个不同输入有相同输出的情况，就称为碰撞（Collision）。不同的哈希算法，哈希位数越多，基本意味着安全级别越高，或者说它的“抗碰撞性”越好。

哈希具有独一无二性，如果数据在存储或者传输过程中有丝毫损坏，那么它的哈希就会变。哈希函数最常见的作用就是进行完整性校验（Integrity Check），“完整”的意思是数据无损坏。哈希有很多不同的称呼，有时称为 Digest（摘要），有时称为 Checksum（校验值），有时称为 Fingerprint（指纹），其实意思差不多，也就是说哈希可以用来代表数据本身。

例如，A 给 B 传递一份数据，传完之后，A 有一份，B 也有一份，如果两份数据的哈希值是一样的，那么这两份数据的内容就是一样的。或者说，可以认为传递过程中数据没有损坏，B 手里的数据是完整的。

所以说，哈希函数的基本作用就是给大数据算出一个摘要性的、长度固定的字符串，也就是所谓的哈希。

哈希算法有 MD5、SHA－256 等。例如，CRC－32 的输出是 32bit，也就是 32 位的二进制数，表示成十六进制就是 8 位。MD5 算法的哈希是 32 位十六进制数，比较常见。SHA－256 是 256bit，十六进制表示就是 64 位。这些算法可以分成普通哈希算法和加密哈希算法，两种算法之间没有特别明显的区别。例如，本来 MD5 是被设计出来做加密哈希的，但是后来由于计算机的发展，MD5 出现碰撞的可能性非常大，所以目前 MD5 只能当普通哈希用，用来进行数据校验。加密哈希跟普通哈希的区别就是安全性，一般原则是只要一种哈希算法出现过碰撞，那么就不会被推荐成为加密哈希了，只有安全度高的哈希算法才能用作加密哈希。

同时，加密哈希也可当普通哈希来用，Git 版本控制工具就是用 SHA－1 这个加密哈希算法来做完整性校验的。一般来讲，越安全的哈希算法，处理速度越慢，所以并不是所有的场合都适合用加密哈希来替代普通哈希。首先，哈希算法的输出长度是固定的，而加密算法的输出长度是跟数据本身的长度直接相关的；其次，哈希是不可以逆向运算出数据的，而加密算法的输出是要能够逆向运算出数据的。

总之，哈希算法有很多种，长度越长的算法被认为越安全。安全度低的哈希算法被认为是普通哈希算法，主要用来做完整性校验。安全度高的被称为加密哈希算法，会被用在加密算法中。

6. 零知识证明

零知识证明是指证明者能够在不向验证者提供信息本身内容的情况下，使验证者相信某个论断是真实可信的一种技术。也就是说，它既能充分证明自己是某种权益的合法拥有者，又不把有关的信息泄露出去，即给外界的“知识”为“零”。

61 零知识证明是什么

在有必要证明一个命题是否正确，又不需要提示与这个命题相关的任何信息时，零知识证明系统是不可或缺的。零知识证明实质上是一种涉及两方或更多方的协议，即两方或更多方完成一项任务所需采取的一系列步骤。证明者向验证者证明并使其相信自己知道或拥有某一消息，但证明过程中不能向验证者泄露任何关于被证明消息的信息。

为了更好地理解零知识证明的原理，这里举例说明。如图 5－16、图 5－17 所示，春节到来，Bob 和 Alice 分别领取到了一定数量的糖果。但是他们很想知道是否收到了相同数量的糖果，但是又不想让对方知道自己收到了几个糖果。

现在假设，他们袋子里可能装有 10、20、30 或 40 个糖果。

图 5－16　Bob 和 Alice 分到的糖果彼此不透明

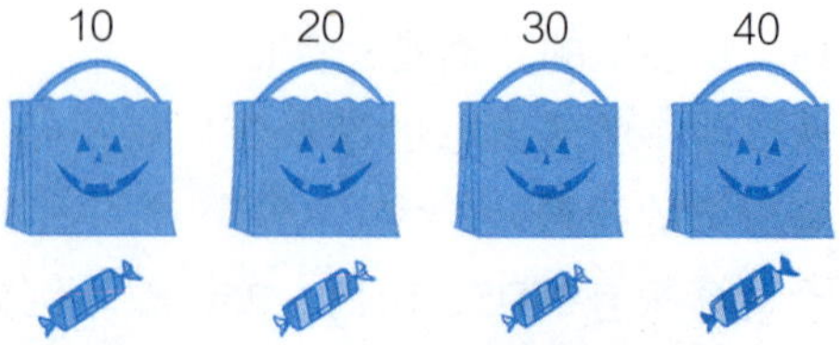

图 5－17　盒子中的糖果数量分配

这时 Bob 想了一个办法，为了比较他们拥有的糖果数量，Bob 找到 4 把钥匙和 4 个盒子，盒子上分别写上 10、20、30、40，分别对应糖果的数量。Bob 最后只保留了自己糖果数量跟盒子数字一样的钥匙，丢掉其他 3 把钥匙（假设 Bob 只保留了写着 20 的盒子的钥匙），如图 5-18 和图 5-19 所示。

图 5-18　Bob 找到的箱子和钥匙

图 5-19　Bob 只保留了自己糖果数量跟盒子数字一样的钥匙

这个时候，如图 5-20 所示，Alice 在 4 张纸的其中一张写上“+”，另外 3 张写上“-”。然后，把写有“+”的纸张放到与自己糖果数量是相同数字的盒子里，其余纸张放到其他盒子里（假设 Alice 把“+”放到写着 30 的盒子）。Bob 用手上的钥匙打开写着 20 的盒子，看里面放的纸张写的是“+”还是“-”。

图 5-20　记录糖果信息

如果纸张上写着“+”，说明两个人的糖果数量一致；如果纸张上写着“-”，说明两个人的糖果数量不一致，但是不知道对方的具体糖果数量。

这里，Bob 看到纸张上写着“-”，意味着两人的糖果数量不一样，但是 Bob 无法知道 Alice 的糖果数量。这时候，Alice 看到 Bob 手上拿着一张写着“-”的纸，也知道两人的糖果数量不一样，但是也无法知道对方拥有糖果的数量。

上述过程就是一个零知识证明。

（1）零知识证明的一般过程

1）证明方向验证方发送满足一定条件的随机值，这个随机值称为“承诺”。

2）验证方向证明方发送满足一定条件的随机值，这个随机值称为“挑战”。

3）证明方执行一个秘密的计算，并将结果发送给验证方，这个结果称为“响应”。

4）验证方对响应进行验证，如果验证失败，则表明证明方不具有所谓的“知识”，退出此过程；否则继续从 1）开始，重复执行这个过程 t 次。

如果每一次验证方都验证成功，则验证方就相信证明方拥有某种知识。而且在此过程中，验证方没有得到关于这个知识的任何一点信息。

（2）零知识证明的特点　根据零知识证明的定义和有关例子可以得出零知识证明具有以下 3 个特点：

1）完备性。如果证明方和验证方都是诚实的，并遵循证明过程的每一步进行正确的计算，那么这个证明一定是成功的，验证方一定能够接受证明方。

2）合理性。没有人能够假冒证明方并使这个证明成功。

3）零知识性。证明过程执行完之后，验证方只获得了“证明方拥有这个知识”这条信息，而没有获得关于这个知识本身的任何一点信息。

（3）零知识证明分类　零知识证明可以分为两类：一类证明慢、验证快、证明体积小；另一类证明快、验证快、证明体积小大。

第一类由于具有验证快、不占用空间的特点，因此很快得到区块链开发者的青睐。同时，随着 ZCash 的迅速传播，其使用的 zk－SNARKs 协议也越来越受到关注。

第二类由于具有证明快的特点，使其在移动设备、嵌入式设备的部署成为可能，而隔离见证等技术有望缓解其“证明体积大”的问题，在区块链领域也是前途无量的。

7. 非对称加密算法

非对称加密算法是一种密钥的保密方法。非对称加密算法需要两个密钥：公开密钥（Publickey，简称公钥）和私有密钥（Privatekey，简称私钥）。公钥与私钥是一对，如果用公钥对数据进行加密，那么只有用对应的私钥才能解密。因为加密和解密使用的是两个不同的密钥，所以这种算法叫作非对称加密算法。

62 非对称加密算法是什么

非对称加密算法实现机密信息交换的基本过程是：甲方生成一对密钥并将公钥公开，需要向甲方发送信息的其他角色（乙方）使用该密钥（甲方的公钥）对机密信息进行加密后发送给甲方，甲方再用自己私钥对加密后的信息进行解密。甲方想要回复乙方时正好相反，使用乙方的公钥对数据进行加密，同理，乙方使用自己的私钥来进行解密。另一方面，甲方可以使用自己的私钥对机密信息进行签名后发送给乙方，乙方用甲方的公钥对甲方发送回来的数据进行验签。甲方只能用其私钥解密由其公钥加密后的任何信息。

非对称加密算法的保密性比较好，它消除了最终用户交换密钥的需要。非对称密码体制的特点是：算法强度复杂，安全性依赖于算法与密钥；但是由于其算法复杂，使加密/解密速度没有对称加密/解密的速度快。对称密码体制中只有一种密钥，并且是非公开的，如果要解密，就得让对方知道密钥，所以保证其安全就是保证密钥的安全。而非对称密钥体制有两种密钥，其中一种是公开的，不需要像对称密码那样传输对方的密钥，安全性提高了很多。

对称加密算法是指在加密和解密时使用同一个密钥。与对称加密算法不同，非对称加密算法需要公钥和私钥。

非对称加密与对称加密相比，其安全性更好。对称加密的通信双方使用相同的密钥，如果一方的密钥遭泄露，那么整个通信就会被破解。

而非对称加密使用一对密钥，一个用来加密，一个用来解密，而且公钥是公开的，私钥是自己保存的，在通信前不需要先同步私钥，避免了在同步私钥过程中被黑客盗取信息的风险，如图 5-21 所示。

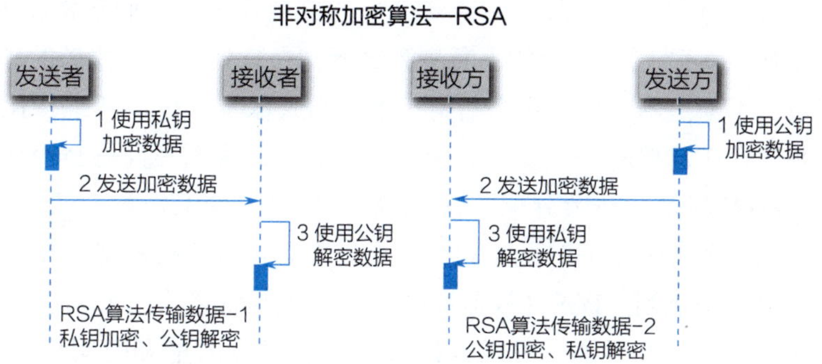

图 5-21　非对称加密算法的工作原理分析

任务评价

姓名：	班级：　　　　学号：
区块链技术的 5 个基本特征是什么？	
区块链中的哈希算法是如何工作的？	
区块链技术中的非对称加密算法是如何工作的？	
区块链技术中的零知识证明是怎样的？	
区块链技术的发展现状是怎样的？	

知识拓展

1. 什么是 POW、POS、DPOS

目前的共识机制主要有 3 种，即 POW、POS 和 DPOS。

（1）POW　在 POW 共识机制里，获得多少货币取决于挖矿贡献的工作量。拥有的算力越多，获得的币也就越多，可谓“多劳多得”的典型代表。人们常常将 POW 共识机制形象地称为“挖矿”。正是在 POW 的不断刺激之下，参与到比特币挖矿的矿工们不断通过竞争生成新区块，不断更新着比特币公有链上的分布式账本，也不断维持比特币系统的运行。但无奈的是，挖矿却要耗费现实世界中大量的电能，这也一直是 POW 广受诟病之处。

简单来说，POW 就是“按劳分配”，一个矿工付出多少工作量，就能获得多少报酬，这是人类千百年以来最为公平的分配方式。可是，面对日益严峻的能源枯竭，人们也不得不尝试着开发新的共识机制。POS（权益证明）共识机制就趁着这个风口应运而生。

（2）POS　POS 共识机制是一种根据持有人持有货币的量和时间进行利息分配的制度。POS 机制最核心的逻辑就是谁持有币，谁就有网络的控制权；谁持有币的时间越长，谁挖到币的概率越大。

这种运行模式的目的在于让链上所谓的“权益持有者”来代替 POW 里的矿工，以“权益所有”代替“挖矿”。没有了挖矿过程，也就意味着解决了 POW 能源消耗的问题。创世区块明确写下股权分配比例，再通过转让、交易等方式，逐步分散到用户手里，以“利息”制度实现对节点的奖励。但 POS 机制的全节点使区块确认的效率提不起来，且时间越长，马太效应越明显，即持有币越多的人会获得更多的币奖励，从而加大贫富差距，最终产生超过 50% 的中心化节点，被动演化为非预期的中心化结果。

（3）DPOS　DPOS 共识机制是在 POW 及 POS 的基础上出现的一种基于投票选举的共识算法。在 DPOS 共识制度下，持币人根据手中持有的代币投票选出一定数量的代表，来负责生产区块和运营网络。如果生产者不称职，就随时有可能被投票出局；而持币者也可以随时通过投票更换这些代表，以维持链上系统的“长久纯洁性”。

DPOS 的优势在于能将维持网络运行的能源消耗降到最低，以一种低成本的方式来管理整个链上的运行，这在很大程度上解决了 POW 的能源耗损问题。同时，更加“去中心化”的管理方式将区块链网络运行的决定权分散到全网的各个节点中，这在很大程度上避免了 POS 容易出现的被庄家操纵的“控股”现象。DPOS 共识机制将通过实施区块链上的“民主”来对抗“中心化”所产生的负面效应，用被公选的“弱中心化”的方式来提高全网运维的效率。

2. 3 种共识机制的特点

1）POW（工作量证明）：安全、去中心化，去信任化；但速度低，共识时间长，耗能大。

2）POS（权益证明）：共识时间短，耗能小；但效率低下，易产生马太效应，可带来中心化。

3）DPOS（委托权益证明）：出块时间很短，效率相对更高。

通过3种共识机制的对比，人们发现，DPOS似乎更符合区块链技术时代发展的需求。然而，存在即合理，人们不能标榜每一种共识算法的未来发展价值，因为它们都具备各自不可替代的时代意义。无论在技术上，还是在业务上，人们都应该更客观、理性地进行全面分析，而这一切都还需时间。

知识巩固

一、选择题

1. 以下（　　）不是区块链的应用特征。
   A. 融合性　　B. 去中心化　　C. 开放性　　D. 匿名性
2. 以下（　　）不是区块链的核心技术。
   A. 人工智能　　B. 分布式账本　　C. 共识机制　　D. 智能合约
3. 根据比特币创始人的白皮书所述，比特币是由（　　）构成的。
   A. 数字签名　　B. 区块链　　C. 互联网　　D. 像素
4. （　　）是区块链最核心的内容。
   A. 合约层　　B. 应用层　　C. 共识层　　D. 网络层
5. 区块链在资产证券化发行方面的应用属于（　　）。
   A. 数字资产类　　B. 网络身份服务　　C. 电子存证类　　D. 业务协同类

二、简答题

1. 区块链的5个基本特征是什么？
2. 非对称加密算法的技术原理是什么？
3. 区块链的3种共识机制是什么？

任务三　融通区块链与人工智能

任务导入

Malinda是一名从事对外汉语教育的国际教师，她的工作职责就是负责给来华留学的外国留学生教授汉语课程。每天她都安排得井然有序，其中有一半的任务可以依赖人工智能机器人“小爱同学”帮她进行部署。Malinda要完成备课任务，并且通过“小爱同学”定制好第二天的起床时间以及工作计划。

Malinda：小爱同学！

小爱同学：哎！

Malinda：明天早上6：30叫我起床。

小爱同学：好的，明天上午6：30我会叫醒你。

Malinda：明天下午13：25提醒我开教学研讨会。

小爱同学：好的，明天下午13：25我会喊你开会。

Malinda：明天我要邀请新入学的学生一起聚餐，请帮我选一家最近的中餐馆。

小爱同学：为你推荐的是距离你最近的“东北农家菜”，特色是酸菜炖粉条、排骨炖豆角、东北一锅出……

Malinda：帮我检查一下这句话有没有语法错误？Professor Malinda has already sent the email to you!

小爱同学：正确的。

如今，越来越多的人对与计算机展开对话产生了浓厚的兴趣，因此，聊天机器人正处于上升阶段。现在，它们是由区块链技术驱动的。那么，区块链是如何与 AI 聊天机器人合作的呢？首先要从确保数据的完整性开始。

一家机器人创业公司开发了一个基于区块链的聊天机器人，用于文本和多媒体分析。有了它，用户不需要通读整篇文章，只读重点内容就可以。这对于时间紧迫的高管或者学生来说，无疑是重磅消息。这个机器人可以分析文档、网页链接或者多媒体文件，从中提取主要内容，并将其放置到一个简短的摘要里。使用区块链技术可以帮助人们收集更准确的数据，通过区块链协议来验证数据标签的质量，从而使收集精确的数据变为可能。

区块链的应用已延伸到数字金融、智能制造、互联网和数字资产交易等多个领域。创业者和资本不断涌入，企业数量快速增加，互联网巨头也在区块链领域积极布局，从而推动区块链产业的发展。调查发现，我国区块链产业链条已经形成，从上游的硬件制造、平台服务和安全服务，到下游的产业技术应用服务，再到保障产业发展的行业投融资、媒体和人才服务，各领域的公司已经基本完备，它们协同有序，共同推动产业不断前行。区块链的应用和领域发展将会引发新一轮的技术创新和产业变革，如图 5-22 所示。区块链的

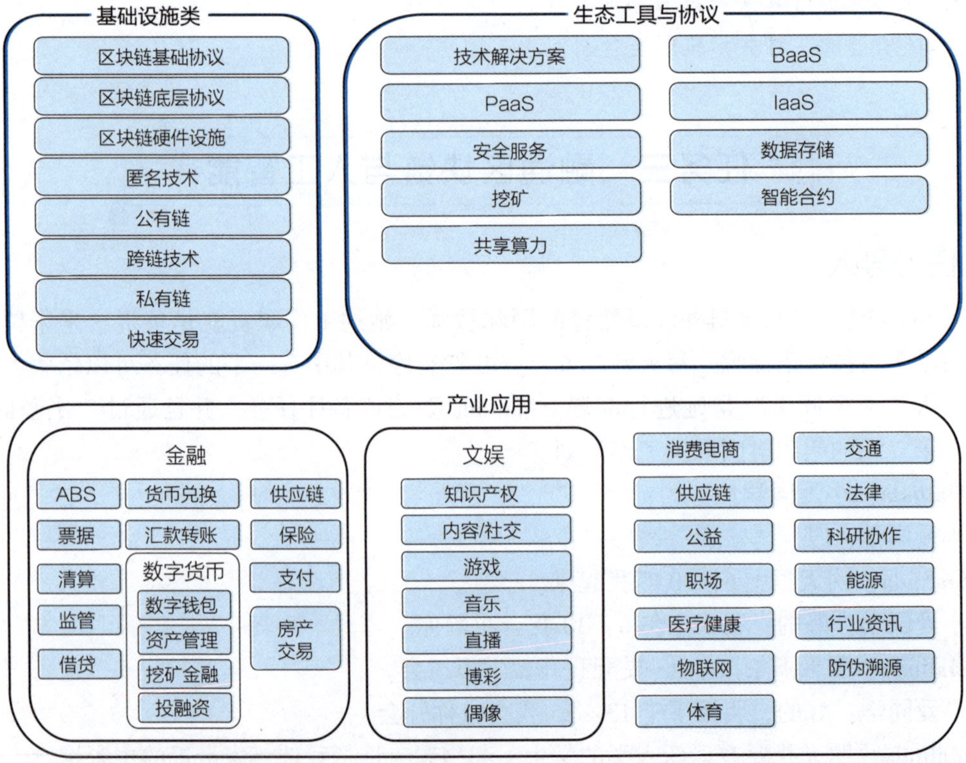

图 5-22 区块链结合产业发展前景展望

应用场景是极其广阔的，可以深入生活中的方方面面，未来的应用趋势是各种技术＋区块链的方式，如区块链与人工智能、大数据、物联网和云计算等新技术的结合。

素质目标

人工智能目前已经逐渐渗透到人们的生活中，如指纹识别、人脸识别、视网膜识别、虹膜识别、专家系统、智能搜索、定理证明和扫地机器人等，可以说人工智能活跃在各个领域，帮助人类高效地处理繁杂枯燥、技术含量较低的重复性工作。“人工智能”的概念正在逐步走入现实，以前所未有的态势改变着人们对它的认知。关于区块链对普通人有什么影响，大家的感受可能不像对人工智能的体会一样那么深，甚至不是很清楚区块链到底能给普通人带来什么影响。区块链和人工智能是技术领域的两个极为重要的角色，各自为人们的生产及生活带来方便。如果人们能够找到一种智能的方法来使它们一起工作，那么它们之间交互后产生的影响是不可想象的。这两种技术结合后，未来的应用场景都是革命性的并且激动人心。在新的生态建构中，数据存储、共享机制、平台问题和安全性问题等都可以利用彼此的技术实现攻坚克难。IT专业的大学生不仅要将区块链技术作为学习的重点，也要学会将不同的技术热点融会贯通，找到不同技术的优势，取长补短。另外，要勤于实践，吃苦耐劳，勇于创新，提高自己的动手能力和创新能力，创造出更多有价值的技术产物或者应用，最终达到服务社会、造福人类的目标。

任务目标

任务分析

区块链技术中最典型的应用就是比特币。以比特币为例，每一笔交易发生后，并不算完成，交易数据必须写入数据库，才算成立，对方才能真正收到钱。首先，所有的交易数据都会传送到矿工那里。矿工负责把这些交易写入区块链。计算哈希的过程称为挖矿，计算哈希的机器称为矿机，操作矿机的人称为矿工。这个完整的挖矿链条揭示了区块链技术的复杂性，通过剖析区块链挖矿过程中面对的技术难点和成本，可以逐渐研究并发现区块链技术的全貌，结合人工智能技术，实现两者之间相辅相成的开发思路，共同引导对这个全新未知领域的研究浪潮。

任务实施

1. 上游技术——挖矿

挖矿是将一段时间内比特币系统中发生的交易进行确认，并记录在区块链上形成新区块的过程，如图 5-23 所示。简单来说，挖矿就是记账的过程，矿工是记账员，区块链就是账本。比特币系统的记账权是去中心化的（即每个矿工都有记账的权利），成功抢到记账权的矿工会获得比特币奖励。因此，挖矿就是生产比特币的过程。中本聪最初设计比特币时规定每生产 210000 个区块，比特币奖励减半一次，直至比特币不能再被细分，因为比特币和黄金一样，总量有限，所以比特币被称为数字黄金。比特币生产也俗称挖矿。

63 上游——挖矿

图 5-23 上游技术——挖矿

自比特币诞生以来，比特币挖矿经历了以下 4 个阶段：

1）CPU 挖矿。

2）GPU 挖矿。

3）专业矿机挖矿。

4）矿池挖矿。

随着大家对比特币的认可，挖矿的人越来越多，全网算力不断上升，挖矿难度也逐渐上升。2010 年 9 月 18 日，第一个显卡挖矿软件发布，一个显卡相当于几十个 CPU，挖矿能力明显提升。之后又有人发明了基于挖矿芯片的专业挖矿设备，即矿机。目前，行业领先的蚂蚁矿机装有将近 200 个 BM1387 芯片，相当于 3 万多个 GPU 的算力。随着更多矿机加入挖矿，单独的矿机也很难挖到比特币了。于是，矿工将自己的矿机集中起来，便形成了矿场和矿池。

（1）挖矿需要具备的基本条件

1）购买矿机（一般分新矿机或者二手矿机，可根据需要选择品牌）。

2）电力供应。一台矿机通常在 1500W 左右，如果按照 10 台计算就是 15kW，家庭用电一般用额定电流为 40A 的家用电表，则其额定功率为 40A × 220V = 8800W，即 8.8kW，故最多运行 5 台矿机。

3）环境问题。

①噪音。一台矿机会产生 80 ~ 100 分贝的噪音，所以不太适合居住环境。

②散热，机房设在有足够电力供应的低温环境下，如较深的地下室或者山洞。

（2）区块链上挖矿的具体步骤

1）用户进入钱包，执行一个交易操作，将一个加密货币或者一个代币发送给另一个用户。

2）这个交易被钱包广播，等待区块链上的矿工们来拾取它。在被拾取前，它会一直在未确认交易池中等待。所有等待被处理的交易都会在未确认交易池中。未确认交易池不是网络上的一个巨大的池，而是很多小的分散的本地池。

3）区块链网络上的矿工（有时称为节点）从未确认交易池中选择交易并打包成数据块。除了一些额外的元数据外，数据块基本上就是交易数据（此时仍然是未确认交易）。每个矿工都打包它们拾取的交易数据块，多个矿工可以选择同样的交易数据打包。例如，有两个矿工，矿工 A 和矿工 B 都决定打包交易 X。每个区块链对数据块都有最大限制。在比特币区块链上，这个最大值是 1 兆字节（MB）。在打包交易前，矿工需要先根据区块链的历史数据检查这个交易是否有资格被打包。根据区块链历史数据记录，如果支付者的钱包里有足够的余额，那么这笔交易被认为是有效的，并且可以被打包上链。假如一个比特币持有者想要加速他的交易进度，那么他可以选择支付更高的挖矿奖励。矿工通常会优先打包这些支付更高挖矿奖励的交易。

4）矿工的工作就是选择交易数据并打包成块。要把这些块添加到区块链上（这意味着让区块链上的所有节点都接收这个块的数据），这个数据块首先需要签名（也称为“工作证明”）。这个签名是在解决了一个非常复杂的数学问题后得到的，是独一无二的。每个区块需要解决的数学问题难度是一样的。为了解决这个数学问题，需要耗费相当多的算力（所以，要消耗相当多的电力）。这个过程称为挖矿。挖矿即哈希（工作量证明），矿工在打包数据块时需要解决的数学问题实际上就是找到一个以一定量的零开头的哈希函数输出结果（就是签名）。矿工要打包的交易数据就是一个字符串，将它进行哈希计算，就会得到一个 32 位的输出值。比特币区块链有一个规则：要求打包的数据块签名必须以一定数量的零开头。然而哈希计算的输出值对它的每个输入值都是随机的，这就是为什么矿工需要不断地去改变块里面一个称为 nonce 的值。每改变一次 nonce 的值，就会改变块的数据，哈希运算后得到的签名也会不一样，也就是说，每改变一次 nonce 的值，就会得到一个全新的签名。矿工无限次重复改变 nonce 的值，直到得到一个符合要求的签名。这就是矿工为什么需要为打包的数据块找到一个合格的签名，也是需要那么多算力来解决这个数学问题的原因。此外，当更多的矿工加入区块链，哈希运算的难度也将增加，并且会导致更高的电费支出。

5）矿工找到了一个合格的签名，就可以向其他所有矿工广播其数据块和签名。

6）其他矿工要确认通过广播收到的数据块签名的合法性，它们要对这个数据块进行哈希运算，检查是否输出一个以这么多零开头的签名。如果可以，其他矿工就会认为这个数据块有效，并且同意将其添加到区块链上（矿工达成了共识，即所有矿工都同意彼此，所以术语称为共识算法）。这也是“工作量证明”的来源。签名就是矿工工作的证明（已花费的算力）。现在，数据块可以加到区块链上并分发到网络上的所有其他节点。只要这个数据块中的所有交易数据都跟区块链上的历史数据符合，其他节点就接收这个数据块并将其保存。

7）当一个数据块被添加到区块链上后，这条区块链上的所有块都认为它是正确的。例如，交易包含在第 502 号块中，并且这条区块链现在最大是第 507 号块，它的意思就是交易数据被确认过 5 次（502～507）。它被认为是正确的，因为每次有其他块上链的时候，区块链都会就所有交易记录达成共识。交易被确认的次数越多（即嵌入区块链越深），攻击者就越难更改它。每当有新的块加入区块链，所有矿工都需要从第3）步重新开始，打包一个新的交易数据块。

2. 中游技术——交易和存储

产业链中游包括智能合约、BaaS平台、信息安全、数据服务和解决方案等方面。通用应用和技术扩展层主要利用区块链的分布式技术、密码学技术、共识算法技术和智能合约技术等，为区块链产品提供更加明确的研究方向。中游主要是面向开发者提供基于区块链技术的应用，是在底层技术的基础上提供智能合约、信息安全和数据服务等产品化服务，提高开发者在平台层开发应用的便捷性和可拓展性。

相对于点对点交易、挖矿等，在交易平台购买是目前获得区块链资产最主流的方式，即场内交易。区块链资产的场内交易与股票类似，由平台撮合，人们不知道也不需要知道跟自己成交的对方是谁（成交的对方有可能是一个人，也有可能是很多人）。无论是买入还是卖出，交易平台都会记录所有人的挂单价格，买卖双方通过实时买卖盘可以获取最新成交价格。同时，交易平台会将历史成交价格及成交量汇总成K线图，方便投资者用于分析行情走势。

（1）交易——量化交易　量化交易也称为自动化交易，是指以先进的科学模型替代人为的主观判断，极大地减少了投资者情绪波动的影响，避免在市场极度狂热或悲观的情况下做出非理性的投资决策。量化交易是成熟交易市场的标志。

量化交易包括跨平台搬砖、趋势交易和对冲。

1）跨平台搬砖是指当不同目标平台价差达到一定金额时，在价高的平台卖出，在价低的平台买入。

2）趋势交易（较复杂一些）：根据趋势的指标来发出卖出和买入的信号。

3）对冲是指同时进行两笔与行情相关、方向相反、数量相当、盈亏相抵的交易，以达到对冲风险的效果。

（2）交易——区块链资产场外交易　场外交易也称为OTC交易。进行场外交易时，自己寻找，无须撮合成交。比特币刚诞生时，无交易平台，场外交易是最原始的交易平台。

（3）交易——去中心化交易平台　2013年至今诞生了很多去中心化交易平台。与中心化交易平台不同，去中心化交易平台不需要注册账户，使用个人数字资产账户即可参与交易。每笔交易都通过区块链进行，需要等待区块链的确认才算交易成功，不负责保管用户的资产和私钥等信息。

（4）交易——币币交易　币币交易因投资者需求增加而产生，是指用一种区块链资产定价另一种区块链资产。比如，用比特币定价以太坊会产生ETH/BTC交易对，该交易的价格表示需要用多少比特币可以买到一个以太坊。通过币币交易，可以直接用一种区块链资产换取另一种区块链资产，中间不涉及法定货币的中转或者结算。现在，全球比特币的交易量将近一半来自币币交易。

（5）存储——比特币钱包　比特币是一种点对点的电子现金系统，没有实物形态，可以存储在比特币钱包里。比特币钱包里存储着比特币信息，如比特币地址（类似于银行卡账号）、私钥（类似于银行卡密码）。就像实物钱包里可以存放多张银行卡一样，比特币钱包里也可以存储多个比特币地址以及对应的独立的私钥。比特币钱包的核心功能就是保护私钥（如果钱包丢失，将永远失去这笔比特币）。比特币钱包的形态如下：

1）PC 钱包客户端。

2）手机钱包客户端。

3）在线网页钱包。

4）记录比特币私钥信息的笔记本纸钱包。

5）大脑钱包。

（6）存储——冷钱包、热钱包　比特币钱包按照私钥的存储方式可分为冷钱包和热钱包两种。

1）冷钱包。冷钱包是指网络不能访问到个人私钥的钱包，往往依靠冷设备（如不联网的计算机、手机、写着私钥地址的小本本等）确保比特币的安全。冷钱包避免了被黑客盗取私钥的风险，但是可能面临物理安全风险，如计算机丢失或损坏等。

2）热钱包。热钱包是指互联网能访问个人私钥的钱包，往往是在线钱包的形式，最好在不同平台设置不同的密码且开启二次认证，以确保资产安全。无论是冷钱包还是热钱包，只要他人知道了某人的比特币私钥，就可以转走他的比特币。

（7）存储——全节点钱包、轻钱包、中心化钱包　钱包有多种形态，是私钥、地址和区块链数据的管理工具。根据区块链数据的维护方式和钱包的去中心化程度，可把钱包分为以下几种：

1）全节点钱包。

2）轻钱包。

3）中心化钱包。

全节点钱包的代表是 Bitcoin-core 钱包，需要同步所有区块链数据，占用很大的内存，但是可以完全实现去中心化。轻钱包依赖于比特币网络上的其他全节点，仅同步与自己相关的数据，基本可以实现去中心化。中心化钱包不依赖于比特币网络，所有的数据均从自己的中心化服务器中获得，但是交易效率很高，可以实时到账。

3. 下游技术——支付

比特币支付作为一种数字资产，在部分国家可以使用。大部分商家通过第三方支付机构间接接收比特币，即买方购物支付比特币，第三方机构收到比特币后立即兑换成法定货币，商家收到的是法定货币而不是比特币。商家这种把交易限定在第三方平台内的做法，使交易时不用真的转账比特币，只是双方资产数字的变化，让比特币秒到账成为现实。

用比特币支付的操作很简单，一般是打开手机上的比特币钱包，扫描二维码或者单击比特币地址跳转到 PC 客户端进行支付。与微信、支付宝等在线支付不同，使用比特币支付时，扫码之后会先展示比特币钱包的实时汇率，买卖双方进行确认之后才支付。

4. 区块链和人工智能之间的发展关系

人类社会正在进入所谓的“第四次工业革命”。人工智能和区块链可能成为第四次工业革命的领导者。大规模的区块链技术解锁了其在人工智能应用上的潜力。区块链的优势为人工智能实践者带来了以下机会。

64 区块链+人工智能，引领变革

（1）去中心化/共享控制激励了数据共享

1）带来更多的数据，因此可以训练出更好的模型。

2）带来新的定性数据。

3）允许共享控制人工智能的训练数据和模型。

（2）不变性/审计跟踪　这为训练/测试数据和模型提供了保证，提高数据和模型的可信度。数据也需要声誉。

（3）本地资产/交换

1）使训练/测试数据和模型成为知识产权（Intellectual Property，IP）资产，这可以带来去中心化的数据和模型交换，能更好地控制数据的上游使用。

2）人工智能与区块链结合，可以解锁人工智能去中心化自治组织（Decentralized Autonomous Organizations，DAO）。这些人工智能可以积累财富。在很大程度上，它们就是软件即服务（Software-as-a-Service）。

区块链还可以以更多的方式帮助人工智能。反过来，人工智能可以有许多方法帮助区块链，如挖掘区块链数据。人工智能热衷数据，数据越多，模型越好。然而，数据往往是孤立的，尤其是在当前世界里，数据可能是难以逾越的鸿沟。但是如果有足够的正面效益，则区块链鼓励传统独立体间的数据共享。区块链的去中心化本质是鼓励数据共享：如果没有单一的实体控制存储数据的基础设施，共享就会有更少的冲突。数据共享可能发生在一个企业中（如在区域办公室）、一个生态系统内（如一个“财团”数据库）或整个地球范围内（如共享行星数据库，即公开区块链）。下面给出对应的例子。

1）企业内。使用区块链技术可合并来自不同区域办公室的数据，因为它能降低企业审核自己数据的成本，并与审计员共享数据。随着新的数据到位，企业可以建立人工智能模型，例如，相比以前只建立区域办公室水平的模型，新模型能更好地预测客户流失的模型。

2）生态系统内。竞争对手（如银行或唱片公司）过去永远不会分享他们的数据，但现在可能会坦率地展示。结合几个银行的数据，可以做更好的模型，以预防信用卡欺诈。另外，供应链机构通过区块链共享数据，对供应链中更早的数据使用人工智能，可以更好地确定供应链中出现问题的根本原因。

3）在整个地球范围内（公共区块链数据库）。考虑不同生态系统之间的数据共享（如能源使用数据、汽车零部件供应链数据），或个人参与者在一个行星尺度的生态系统（如网络）。

人工智能发展至今，正在从个人智能阶段迈向群体智能阶段，相应地，人类社会也在经历一场新的革命——智能社会产业革命。在这场剧烈、持久和影响深远的变革中，区块链将作为基础设施存在，在信息共享、安全机制、信任机制和协作机制等方面提供全方位支撑，为“万事互联”的未来创造条件。

任务评价

姓名：	班级：　　　　　学号：
区块链技术中的上游技术是什么？	
区块链技术中的中游技术是什么？	
区块链技术中的下游技术是什么？	
区块链和人工智能技术之间的结合点是什么？	
目前区块链技术和人工智能技术的成熟应用有哪些？	

知识拓展

1. 人工智能推动区块链发展

人工智能有助于解决区块链传统智能合约存在的问题。人工智能将传统智能合约改造为智慧合约（Intelligent Contract），能有效解决智能合约存在的安全性、易用性及可靠性问题。在合约验证上，采用基于AI辅助的形式验证以及动态约束检查的方法解决相关安全问题。在智慧合约中，由AI使用人类的语言及思维方式编写智能合约程序，自动生成可用的智能合约，降低了智能合约的使用门槛。AI通过不断地深度学习大量的智能合约样本来有效处理复杂的合约条件。

2. 人工智能有助于提高区块链的可扩展性

区块链可扩展性的核心是解决交易的吞吐量和交易速度两方面的问题。因为具有去中心化和全网广播的特点，区块链上的每一个节点都会记录全网产生的交易，使效率降低。AI可以引入诸如“联合学习”等新的去中心化的学习系统，或引入数据分片（Data Sharding）技术，为区块链扩展性问题提出新的解决方案，提高系统效率。

3. 人工智能为区块链的进一步应用提供了安全保障

区块链应用所面临的安全风险主要包括攻击威胁、软件漏洞、密码对抗和隐私保护等（如The DAO、Mt. Gox、Bitfinex、Beauty Chain等安全事件）。AI技术可实现漏洞挖掘、利用和修复过程自动化，并利用灵活的规则语言、丰富的场景积累和全系列设备的支持，实现智能安全运维，保障区块链安全的应用部署。

知识巩固

一、判断题

1. 区块链上的数据默认是加密的。（ ）
2. 区块链上的记录都是真实的。（ ）
3. 区块链记录的所有事件是不可篡改的。（ ）
4. 区块链没有拒绝服务攻击（DDOS）的问题。（ ）
5. 加密数字货币使用的都是区块链技术。（ ）

二、简答题

1. 区块链技术中的挖矿工作需要具有哪些条件？
2. 简述区块链技术中热钱包和冷钱包的含义。
3. 简述区块链技术中量化交易的含义。

项目总结

本项目介绍了比特币和区块链技术相辅相成的技术关系和发展轨迹。“比特币是区块链技术的一种应用，区块链技术是比特币的底层技术”这一技术理念的融入，从根本上解释了比特币和区块链之间的联系。关于比特币和区块链技术的主要内容如下：

1）比特币的前世今生。

2）比特币的特点。

3）比特币系统的运行机制。

4）挖比特币需要付出的成本。

5）区块链技术的前世今生。

6）区块链技术的5个基本特征：去中心化、开放性、自治性、信息不可篡改及匿名性。

7）区块链技术的共识机制：工作量证明（Proof of Work，POW）、权益证明（Proof of Stake，POS）以及委托权益证明（Delegated Proof of Stake，DPOS）。

8）区块链技术中的哈希算法。

9）区块链技术中的零知识证明技术。

10）区块链技术中的非对称加密算法。

11）区块链技术的产业链：上游技术（挖矿）、中游技术（交易和存储）和下游技术（支付）。

12）区块链和人工智能之间的发展关系。

项目六
学习 Python 基础

任务一　绘制多彩多角星

任务导入

Python 是当前非常火的编程语言，位于 TIOBE 编程语言排行榜的前三位，被广泛地应用在人工智能领域。如何使用 Python 绘制图 6 - 1 所示的多彩多角星呢？

图 6 - 1　多彩多角星

65　绘制多彩多角星任务导入

这里以绘制国旗上的五角星为例，首先要计算五角星的旋转角度，设置画笔的颜色和宽度；其次用画笔绘制一条直线，按照旋转角度继续绘制五角星的剩余 4 条直线；最后给五角星内部填充颜色，完成绘制。

素质目标

通过绘制国旗上的五角星，激发学生的爱国主义热情。爱国主义是指个人或集体对祖国的一种积极和支持态度，是对祖国的归属感、认同感、尊严感和荣誉感，是一种非常深厚的感情。同时，绘制国旗上的五角星也给学生一种学以致用、联系实际的直观感受，帮助学生提升学习热情，使学生更好地掌握 Python 编程语言的基础知识和操作技能，提升专业素养的同时也提升思想品德。

任务目标

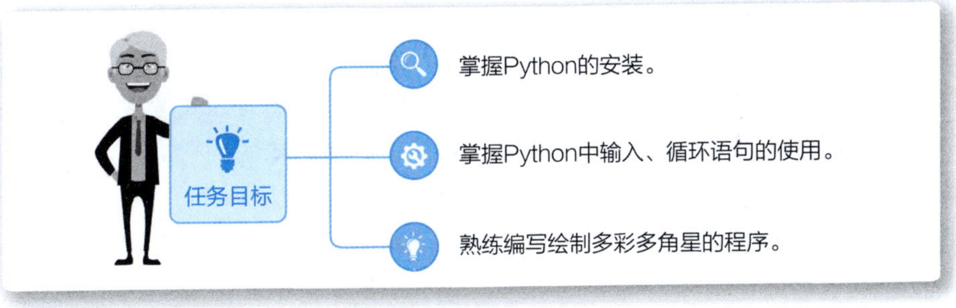

任务分析

绘制多彩多角星的任务分析如图 6－2 所示。

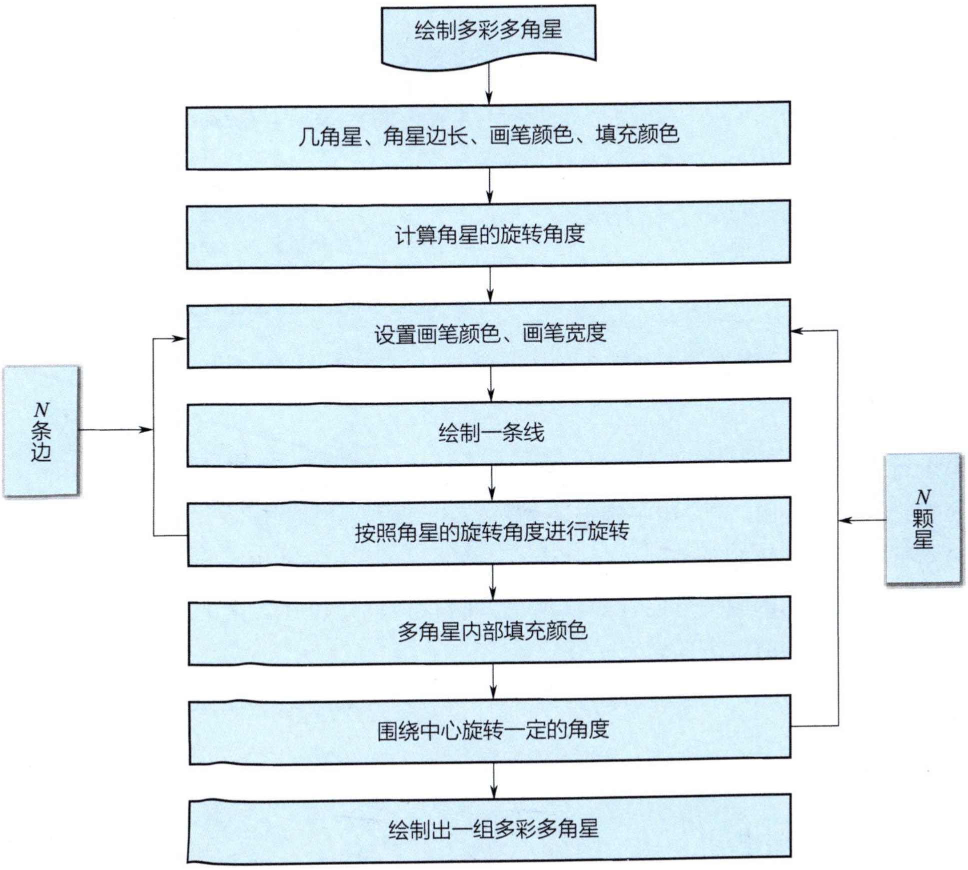

图 6－2　绘制多彩多角星的任务分析

任务实施

1. 绘制一个等边三角形

66 绘制一个等边三角形

任务目标：绘制一个指定大小和颜色的等边三角形。

任务分析：一开始，画笔从窗口的正中心向右绘制一条长为 300 像素的红色线段。顺时针旋转 120°后，再绘制第二条红色线段。采用同样的方法，再绘制第三条线段，从而构成等边三角形。

新建 exp6_1_1. py 文件，按任务目标和任务分析编写绘制等边三角形的源代码，效果如图 6 - 3 所示。

源代码如图 6 - 4 所示。

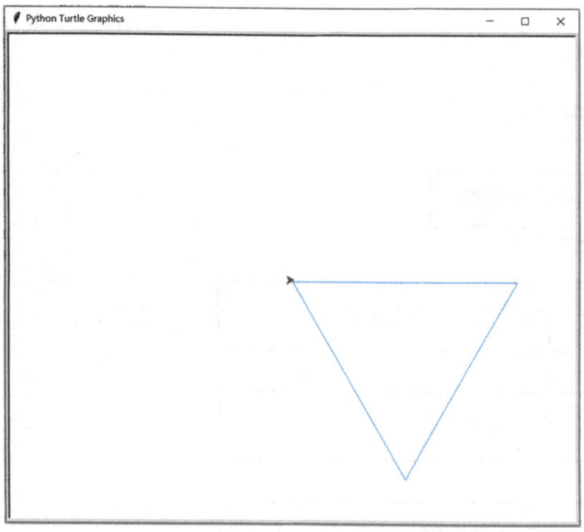

图 6 - 3　等边三角形效果图

exp6_1_1.py

```
1  #绘制一个三角形
2  import turtle
3
4  turtle.color("red")
5  turtle.forward(300)
6  turtle.right(120)
7  turtle.forward(300)
8  turtle.right(120)
9  turtle.forward(300)
10 turtle.right(120)
11 turtle.done()
```

图 6 - 4　等边三角形源代码

代码分析如下。

第 1 行：注释行，用来说明程序实现的功能。

第 2 行：导入 turtle 库，用于图形绘制。

第 4 行：设置画笔颜色为红色。其中，turtle. color 表示使用 turtle 库中的 color 指令。

第 5 行：向当前的画笔方向（默认情况下向右）移动 300 像素的长度。

第 6 行：画笔顺时针方向转动 120°

第 7 ~ 10 行：将第 5 行和第 6 行代码（绘制一条边线）重复执行两次，构成三角形。

第 11 行：结束图形绘制。

2. 绘制一个五角星

67 绘制一个五角星

任务目标：绘制一个五角星，能灵活地设置五角星的边长和角度，为绘制太阳花做准备。

任务分析：本任务是在绘制一个等边三角形的基础上加以改进完成

的，为边长和角度赋值后，一次绘制 5 条等长的线段。每条线段绘制完成后，画笔都会顺时针转向 144°，从而构成五角星。

新建 exp6_1_2. py 文件，按任务目标和任务分析编写绘制五角星的源代码，效果如图 6－5所示。

源代码如图 6－6 所示。

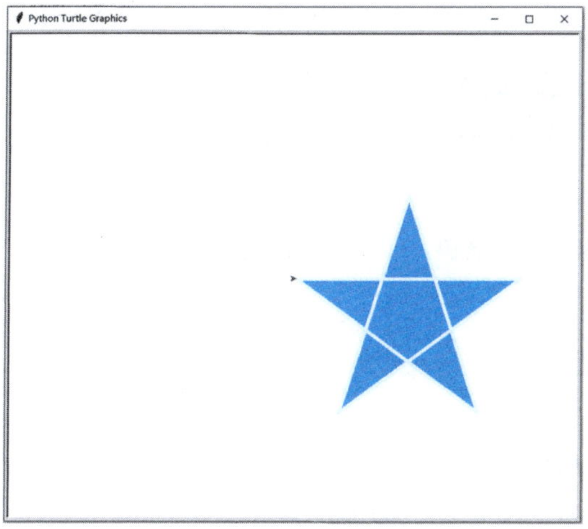

图6－5　五角星效果图

exp6_1_2.py

```
1  #绘制一个五角星
2  import turtle
3
4  turtle.color("yellow","red")
5  turtle.pensize(5)
6  turtle.begin_fill()
7  turtle.forward(300)
8  turtle.right(144)
9  turtle.forward(300)
10 turtle.right(144)
11 turtle.forward(300)
12 turtle.right(144)
13 turtle.forward(300)
14 turtle.right(144)
15 turtle.forward(300)
16 turtle.right(144)
17 turtle.end_fill()
18 turtle.done()
```

图6－6　五角星源代码

代码分析如下。

第 1 行：注释行，用来说明程序实现的功能。

第 2 行：导入 turtle 库，用于图形绘制。

第 4 行：同时设置画笔颜色和填充颜色。其中，第一个参数 yellow 表示画笔颜色，第二个参数 red 表示填充颜色。

第 5 行：设置画笔的宽度。

第 6 行：准备开始填充图形。

第 7 行：向当前的画笔方向（默认情况下向右）移动 300 像素的长度。

第 8 行：画笔顺时针方向转动 144°。

第 9～16 行：将第 7 行和第 8 行代码（绘制一条边线）重复执行 4 次，构成五角星。

第 17 行：填充完成。

第 18 行：结束图形绘制。

思考： 画三角形时，画笔顺时针方向转动 120°；画五角星时，画笔顺时针方向转动 144°。能否将这两个度数使用数学公式“180－180/边数”来表示？

68 改进绘制一个五角星

修改 exp6_1_2. py 文件，可以将图 6－6 所示的五角星源代码修改成图 6－7 所示的五角星源代码，用于实现相同的功能。

```
exp6_1_2.py
1  #绘制一个五角星
2  import turtle
3
4  side_length=300
5  side_angle=180-180/5
6  turtle.color("yellow","red")
7  turtle.pensize(5)
8  turtle.begin_fill()
9  for i in range(5):
10     turtle.forward(side_length)
11     turtle.right(side_angle)
12 turtle.end_fill()
13 turtle.done()
```

图6-7　修改后的五角星源代码

代码分析如下。

第1行：注释行，用来说明程序实现的功能。

第2行：导入turtle库，用于图形绘制。

第4行：定义side_length变量，并赋值300像素。

第5行：定义side_angle变量，并赋值“180-180/5”，即144°。

第6行：同时设置画笔颜色和填充颜色。其中，第一个参数yellow表示画笔颜色，第二个参数red表示填充颜色。

第7行：设置画笔的宽度。

第8行：准备开始填充图形。

第9~11行：使用for循环绘制5条边线。range(5)会产生一个0~4范围内的整数序列，即[0, 1, 2, 3, 4]。i是遍历这个序列的变量，也就是说i的取值依次为0、1、2、3、4，即当i=0时，绘制一条边线；i=1时，绘制一条边线，以此类推，绘制5条边线，构成五角星。

第12行：填充完成。

第13行：结束图形绘制。

3. 绘制一个太阳花

任务目标：绘制一个太阳花，为灵活设置角星做准备。

任务分析：本任务是在绘制一个五角星的基础上加以改进完成的，绘制一个有50条等长线段的太阳花。

69 绘制一个太阳花

新建exp6_1_3.py文件，按任务目标和任务分析编写绘制太阳花的源代码，效果如图6-8所示。

源代码如图6-9所示。

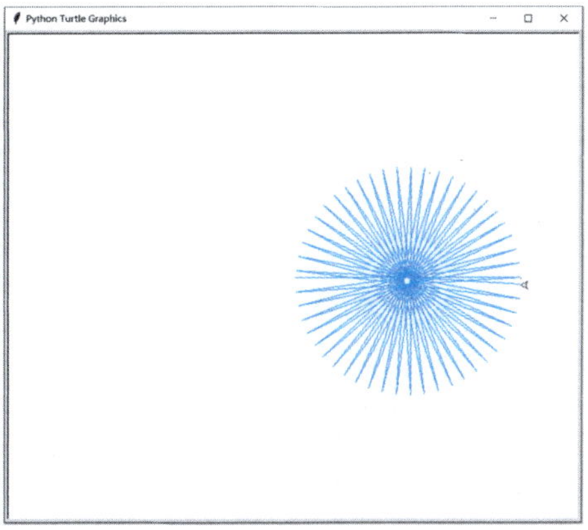

图 6-8 太阳花效果图

```
1  #绘制一个太阳花
2  import turtle
3
4  side_length=300
5  side_angle=180-180/50
6  turtle.color("red","yellow")
7  turtle.begin_fill()
8  for i in range(50):
9      turtle.forward(side_length)
10     turtle.right(side_angle)
11 turtle.end_fill()
12 turtle.done()
```

图 6-9 太阳花源代码

代码分析如下。

第 1 行：注释行，用来说明程序实现的功能。

第 2 行：导入 turtle 库，用于图形绘制。

第 4 行：定义 side_length 变量，并赋值 300 像素。

第 5 行：定义 side_angle 变量，并赋值 “180 - 180/50”。

第 6 行：同时设置画笔颜色和填充颜色。其中，第一个参数 red 表示画笔颜色，第二个参数 yellow 表示填充颜色。

第 7 行：准备开始填充图形。

第 8 ~ 10 行：使用 for 循环绘制 50 条边线。

第 11 行：填充完成。

第 12 行：结束图形绘制。

4. 灵活设置角星

70 灵活设置角星

任务目标：当前绘制的角星边长、角数和颜色都是在代码中直接赋值的，欠缺灵活性，这里要灵活设置角星，画出想要的图形。

任务分析：本任务是在绘制太阳花的基础上加以改进完成的，灵活设置角星边长、角数和颜色。

新建 exp6_1_4. py 文件，按任务目标和任务分析编写灵活设置角星的源代码，exp6_1_4. py 文件和效果分别如图 6-10 和图 6-11 所示。

```
Run: exp6_1_4
C:\Users\86136\anaconda3\python.exe
角星边长：300
几角星：19
角星颜色：red
填充颜色：yellow
```

图 6-10 exp6_1_4. py 文件

源代码如图 6 – 12 所示。

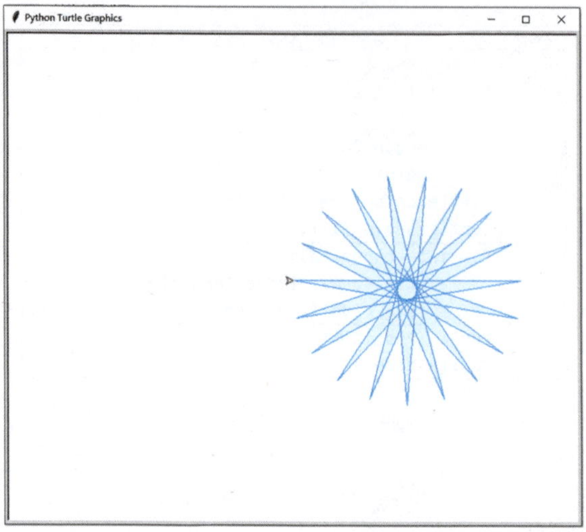

图6－11　灵活设置角星效果图

```
1  #自行设置角星
2  import turtle
3
4  side_length=int(input("角星边长："))
5  side_num=int(input("几角星："))
6  side_angle=180-180/side_num
7  side_color=input("角星颜色：")
8  fill_color=input("填充颜色：")
9  turtle.color(side_color,fill_color)
10 turtle.speed("fastest")
11 turtle.begin_fill()
12 for i in range(side_num):
13     turtle.forward(side_length)
14     turtle.right(side_angle)
15 turtle.end_fill()
16 turtle.done()
```

图6－12　灵活设置角星源代码

代码分析如下。

第 1 行：注释行，用来说明程序实现的功能。

第 2 行：导入 turtle 库，用于图形绘制。

第 4 行：定义 side_length 变量来表示角星的边长，通过 input 函数为其赋值，实现用户通过键盘灵活地输入角星的边长。

第 5 行：定义 side_num 变量来表示几角星，通过 input 函数为其赋值，实现用户通过键盘灵活输入几角星。

第 6 行：定义 side_angle 变量来表示角星的角度。

第 7 行：设置 side_color 变量来表示画笔颜色，通过 input 函数为其赋值，实现用户通过键盘灵活设置画笔颜色。

第 8 行：设置 fill_color 变量来表示填充颜色，通过 input 函数为其赋值，实现用户通过键盘灵活设置图形填充颜色。

第 9 行：同时设置画笔颜色和填充颜色。其中，第一个参数表示画笔颜色，第二个参数表示填充颜色。

第 10 行：设置画笔的绘制速度，fastest 表示以最快的速度绘制图形。

第 11 行：准备开始填充图形。

第 12 ~ 14 行：使用 for 循环绘制角星边线。

第 15 行：填充完成。

第 16 行：结束图形绘制。

任务评价

姓名：	班级：　　　　学号：
如何绘制一个等边三角形？	
如何绘制一个五角星？	
如何绘制一个太阳花？	
如何灵活设置角星？	

知识拓展

1. Python 简介

71 Python 简介

Python 的创始人为荷兰的 Guido van Rossum。1989 年，Guido 为了打发圣诞节的无趣，决心开发一个新的脚本解释程序，作为 ABC 语言的一种继承。之所以将 Python 作为该编程语言的名字，是因为他非常喜欢 Monty Python 的喜剧团体。

1991 年，Python 的第一个公开发行版本发行，它是一种面向对象的解释型计算机程序设计语言。在 2020 年 TIOBE 发布的编程语言排行榜中，Python 位居前 3 名。近年来，Python 语言非常火爆，被广泛应用在人工智能、机器学习和数据分析等领域，具有如下几个显著特点：

（1）简单易学　Python 的设计哲学是优雅、明确、简单，它编写的程序简单易懂，能够一目了然。此外，使用 Python 还可以编写伪代码，这使用户在开发程序时只需要专注解决问题即可，而不用搞明白语言本身的语法。

（2）免费、开源　Python 的开发环境和丰富的库都是免费、开源的。简单地说，用户可以自由地发布软件副本、阅读和修改源代码、抽取部分功能用于其他软件中等。

（3）可移植性　Python 程序能够被移植到许多平台上，它无须修改便可以在众多平台上运行，这些平台包括 Linux、Windows、FreeBSD、Macintosh、Solaris、OS/2、Amiga、AROS、AS/400、BeOS、OS/390、z/OS、Palm OS、QNX、VMS、Psion、AcomRISC OS、VxWorks、PlayStation、Sharp Zaurus、Windows CE、PocketPC、Symbian 以及 Google 基于 Linux 开发的 Android 平台。

（4）丰富的库　Python 提供了庞大的标准库，它可以帮助用户处理各种工作，包括正则表达式、线程、数据库、网页浏览器、单元测试、FTP、电子邮件、XML、HTML 和 GUI（图形用户界面）等。除了标准库，Python 还提供了大量丰富的第三方库，包括 wxPython、Twisted 和 Python 图像库等。用户在使用 Python 进行程序开发时，许多功能的程序都不用自己编写，而是可以直接使用现成的标准库和第三方库，在此基础上加以利用即可。

PyPI（Python Package Index）是 Python 官方的第三方库的仓库，截至 2020 年，其中包含的第三方库多达 26 万多个，如图 6－13 所示。

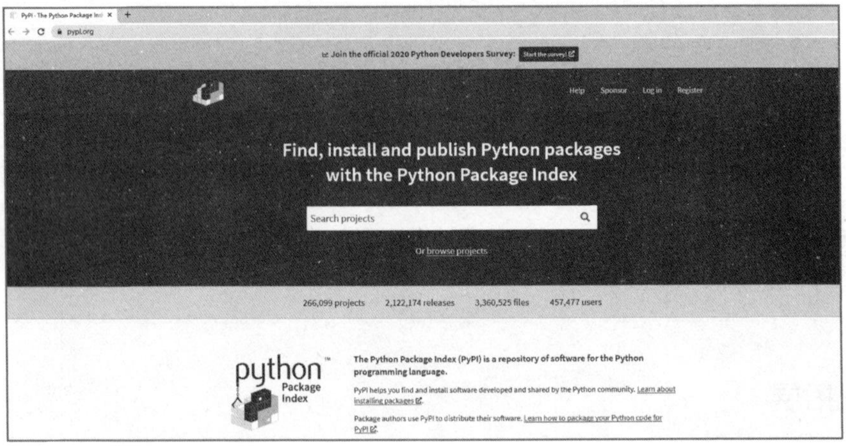

图 6－13　Python 官方第三方库的仓库

（5）Python 3. x 不向下兼容　Python 发展到现在，经历了多个版本，可以在官方网站查看，网址是 http：//www. python. org/downloads/，如图 6－14 所示。目前，主流的 Python 版本是 Python 3. x。Python 3. x 在设计时没有考虑向下兼容，所以 Python 3 和 Python 2 是不兼容的，语法差异很大。对于当前学习 Python 而言，可选择 Python 3. x。

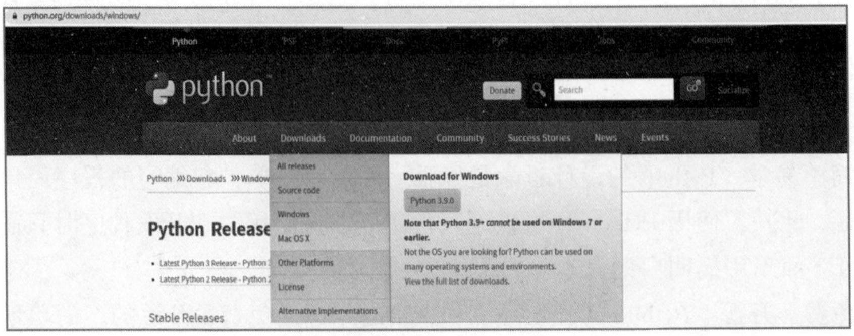

图 6－14　Python 官方网站

2. Python 安装

在本书中，Python 开发环境采用的是 Anaconda + PyCharm。

（1）安装 Anaconda　Anaconda 是一个开源的 Python 发行版本，包括 Conda、Python 及大量安装好的工具包，如 Numpy、Pandas 等。Conda 是一个开源的软件包、环境管理器，用于在同一台计算机上安装不同版本的软件包及其依赖程序，并能够在不同的环境之间切换。

Anaconda 官方网站下载地址是 https：//www. anaconda. com/download/。

用户可以下载 Anaconda 最新的安装程序，无论是 Windows、Linux 还是 Mac OS 操作系统，都可以找到对应的安装软件。运行下载的安装包，安装的主要操作步骤如下：

1）在安装 Anaconda 时，必须选择 Advanced Options 中的两项，即 Add Anaconda 3 to my PATH environment variable 和 Register Anaconda 3 as my default Python 3. 8 复选框，从而将 Anaconda 路径添加到 PATH 环境变量中，并安装自带的 Python 3. 8，如图 6－15 所示。

2）单击 Finish 按钮，安装完成，如图 6－16 所示。

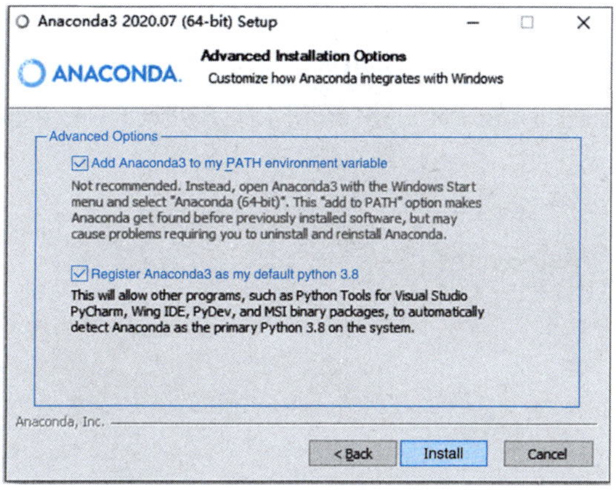

图6－15　添加 Anaconda 所在路径并安装 Python 3. 8

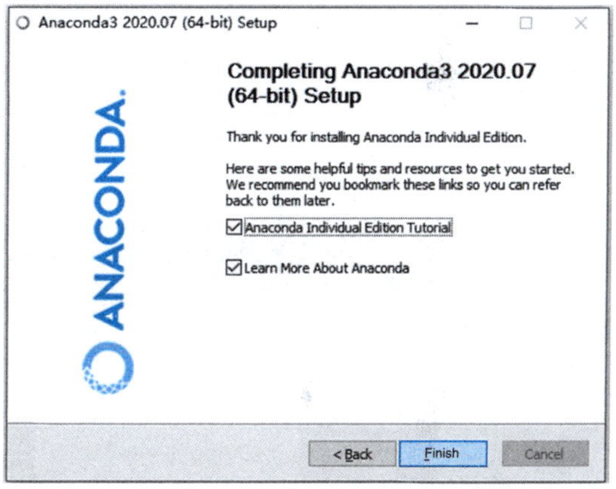

图6－16　安装完成

（2）安装 PyCharm　PyCharm 是一种 Python IDE，带有一整套可以帮助用户在使用 Python 语言开发时提高其效率的工具，如调试、语法高亮、Project 管理、代码跳转、智能提示、自动完成、单元测试及版本控制等。对于初学者来说，使用 PyCharm 编写 Python 程序非常方便。

72 安装 PyCharm

PyCharm 官方网站下载地址是 https：//www. jetbrains. com/pycharm/download/#section = windows。

用户可以下载 PyCharm 社区版最新的安装程序，无论是 Windows、Linux，还是 Mac OS 操作系统，都可以找到对应的安装软件。运行下载的安装包，在安装 PyCharm 时，必须选择 Create Desktop Shortcut 中的 64 – bit launcher 和 Create Associations 中的 . py 复选框，如图 6－17 所示。

（3）配置 PyCharm　安装完成 PyCharm 后，首次使用需要进行配置，主要操作步骤如下：

1）单击桌面上的 PyCharm 图标，在弹出的 Import PyCharm Settings 对话框中选择 Do

not import settings 单选按钮，单击 OK 按钮，如图 6－18 所示。

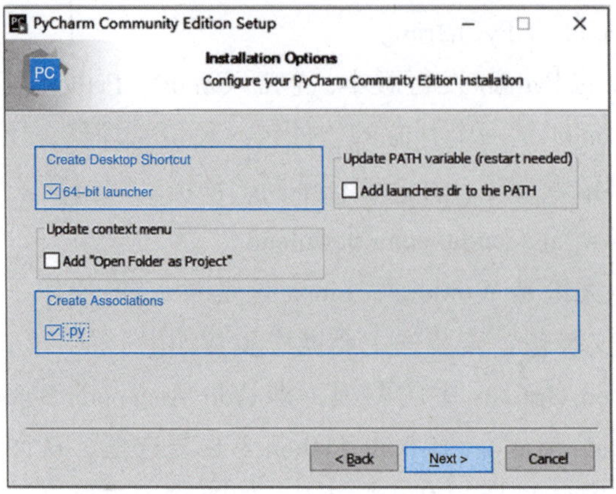

图 6－17 安装 PyCharm

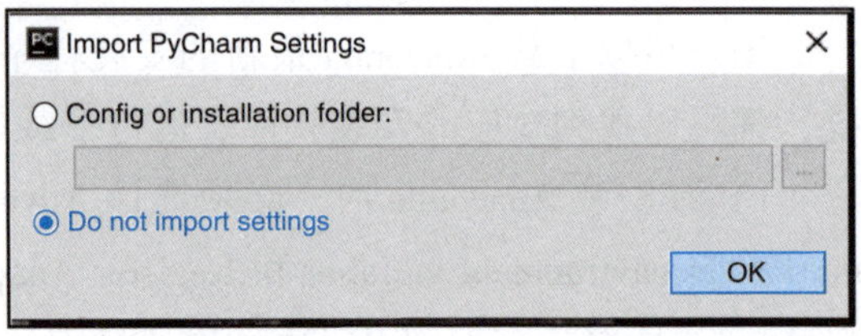

图 6－18 选择 Do not import settings 单选按钮

2）在 Set UI theme 界面中可以选择编程风格，默认是 Darcula（黑色），也可以选择 Light（白色），单击 Next：Featured plugins 按钮，如图 6－19 所示。

3）进入 Customize Pycharm 对话框，单击 Start using PyCharm 按钮，启动 PyCharm，如图 6－20 所示。

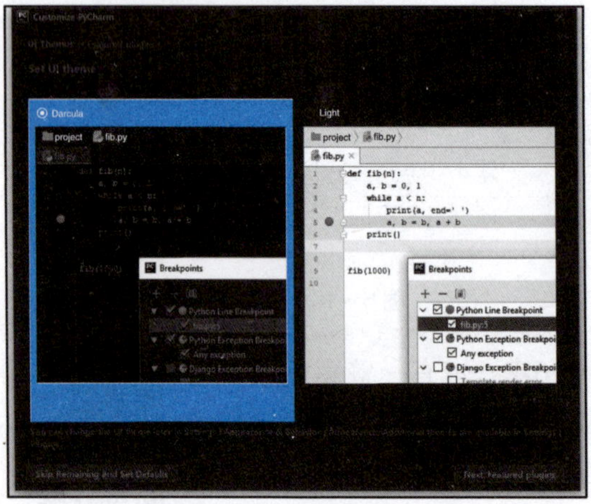

图 6－19 选择编程风格

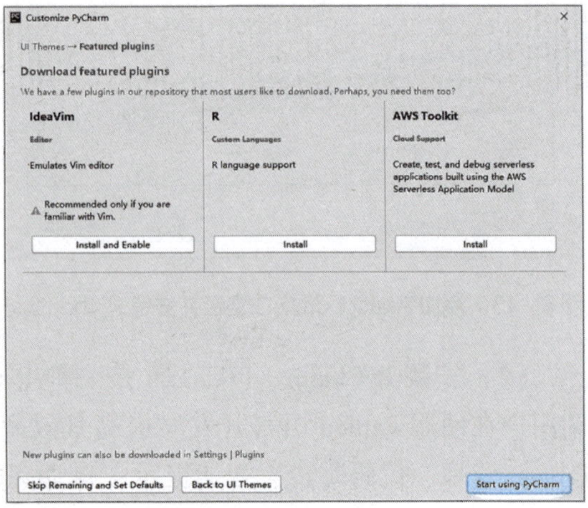

图 6－20 启动 PyCharm

4）在 Welcome to PyCharm 对话框中，单击 New Project 选项，创建一个 Python 项目，如图 6－21 所示。

5）在 New Project 对话框中，输入新建项目的文件路径（如 E：\ Chapter06），如图 6－22所示，单击 Create 按钮。

6）选择 File→Settings 菜单命令，如图 6－23 所示。

7）打开 Settings 对话框，在左侧区域选择 Project Interpreter，查看当前项目的解释器，该解释器是 PyCharm 下的 Python，需要设置成 Anaconda 下的 Python（路径中含有 Anaconda）。在右侧区域单击 Project Interpreter 右侧的按钮，选择 Add 选项，如图 6－24 所示。

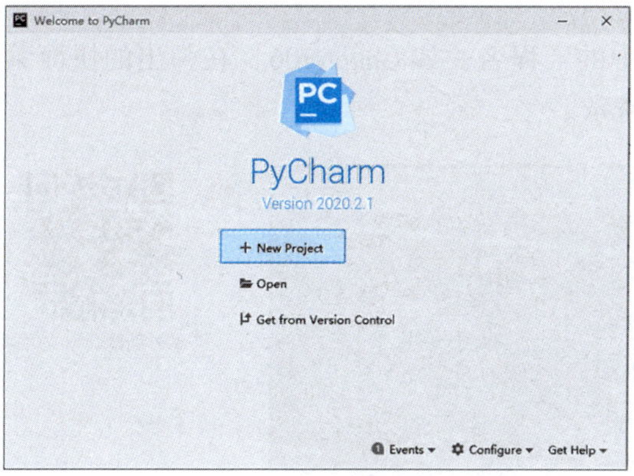

图 6-21　创建 Python 项目

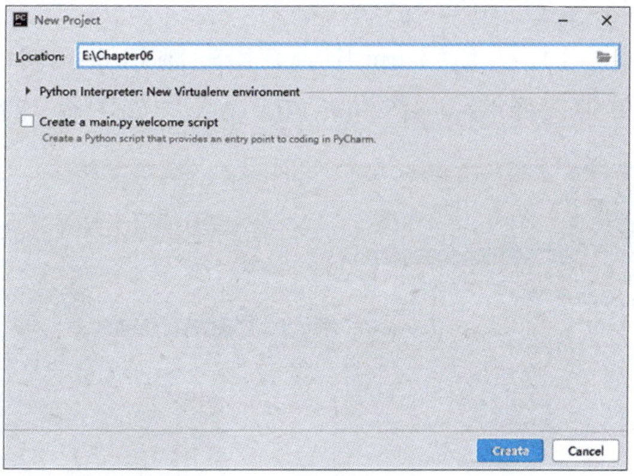

图 6-22　新建项目的文件路径

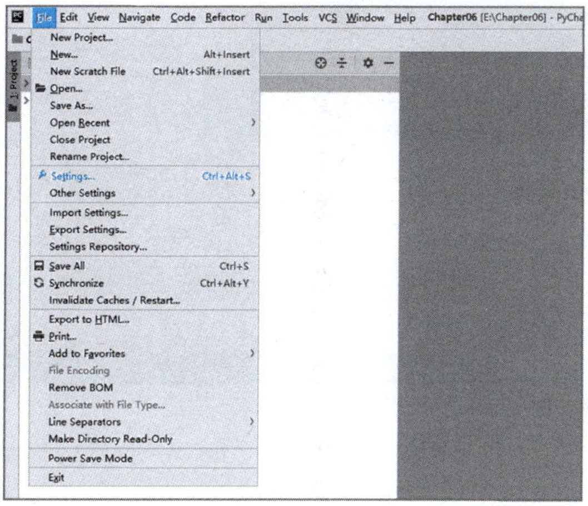

图 6-23　选择 File→Settings 菜单命令

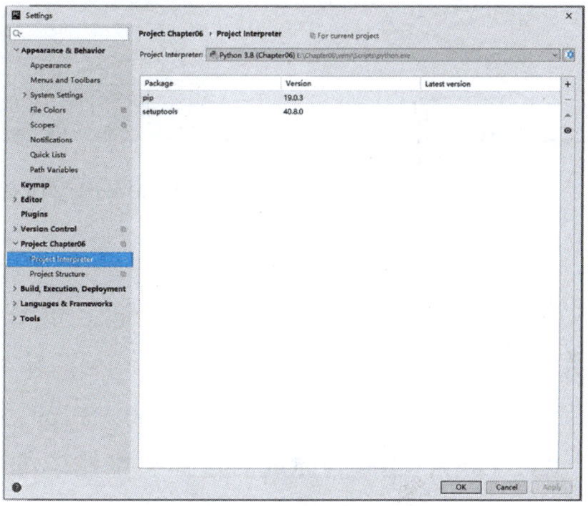

图 6-24　查看当前项目的解释器

8）在弹出的 Add Python Interpreter 对话框中选择 System Interpreter 选项，在右侧区域的下拉列表中找到系统自带的 Anaconda 下的 Python（路径中含有 Anaconda），单击 OK 按钮，如图 6-25 所示。

9）返回 Settings 对话框，其中显示了很多安装包，如图 6-26 所示。

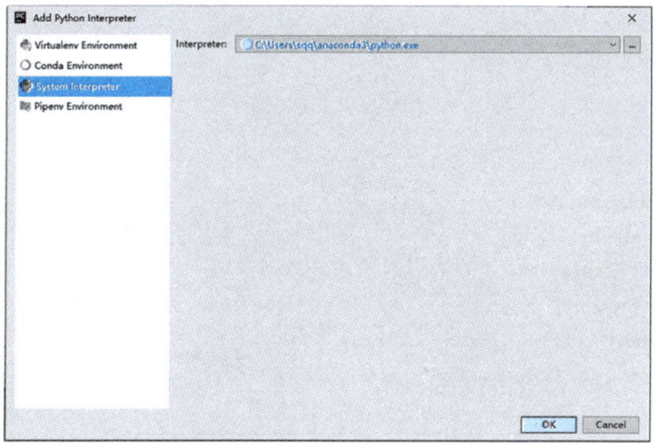

图 6-25　找到系统自带的 Anaconda 下的 Python

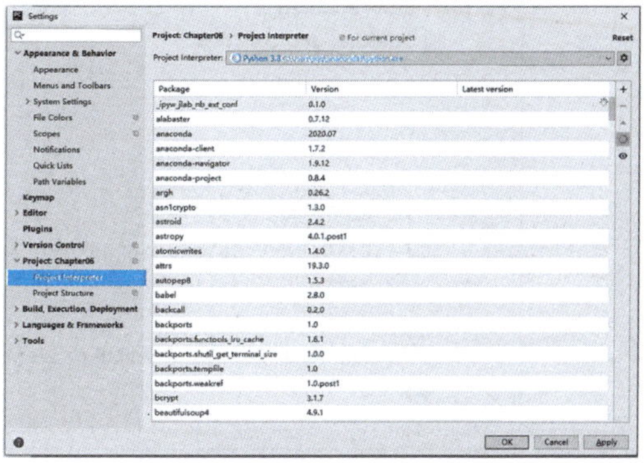

图 6-26　安装包列表

（4）新建 .py 文件

1）在 PyCharm 中，右击左侧 Project 窗口中的工程名，如 Chapter06，在弹出的快捷菜单中选择 New→Python File 命令，如图 6-27 所示。

73　新建 .py 文件

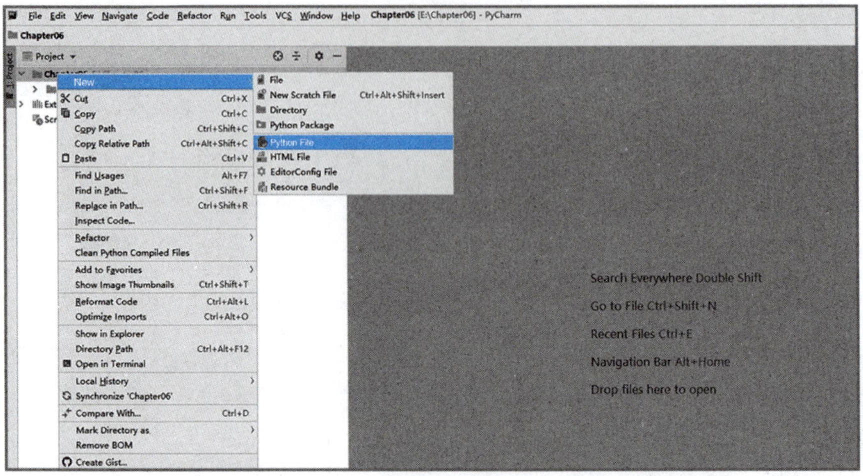

图 6-27　选择 New→Python File 命令

2）在打开的 New Python file 对话框中输入 .py 文件名，如 exp6_1，按 <Enter> 键，如图 6-28 所示。

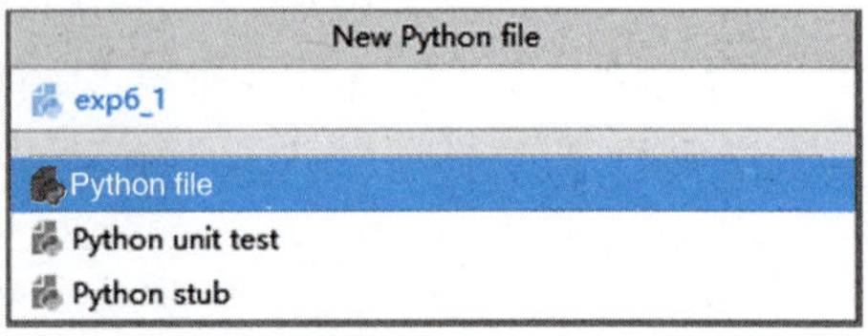

图 6-28　新建 .py 文件

（5）运行 .py 文件　在 exp6_1.py 中编写 Python 代码，当编写完成后选择菜单栏中的 Run→Run 'exp6_1' 命令，就可以运行该文件。在正常运行的情况下，底部的 Run 窗口中会显示 Process finished with exit code 0，如图 6-29 所示。

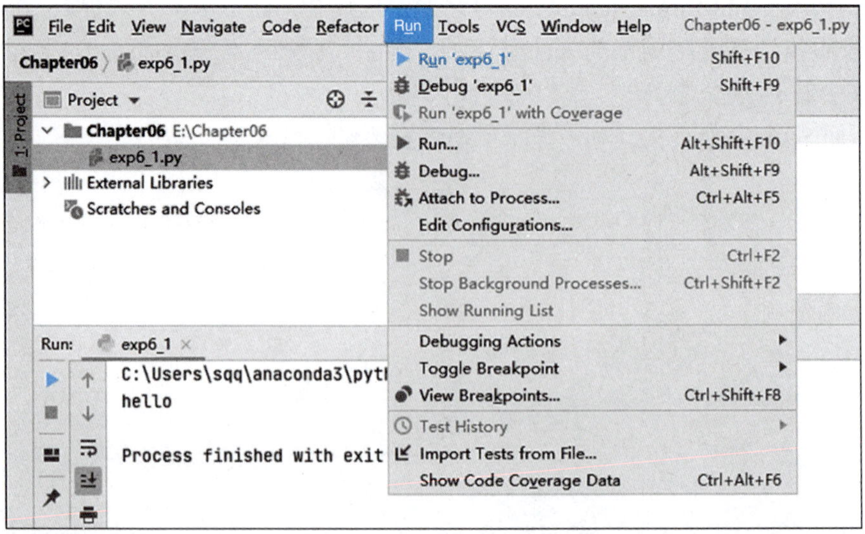

图 6-29　运行 .py 文件

3. Python 基本语法

（1）基本语法规则

74 基本语法规则

1）代码。Python 通常在一行中编写一条代码，也可以在一行中编写多条代码，代码之间要使用分号（;）分隔。当然，也可以将一条代码分多行显示，在行尾使用反斜杠（\）即可。

2）注释。注释可对代码进行解释说明，从而提高代码的可读性。在 Python 中，注释有两种，一种是单行注释，另一种是多行注释。其中，单行注释以#开头，或使用 <Ctrl +/> 快捷键进行操作；多行注释是使用三引号开头和结尾的（三引号可以是 3 个单引号，也可以是 3 个双引号）。

3）缩进。Python 最具特色的就是使用缩进来表示代码块，最好使用 4 个空格进行悬挂式缩进，并且同一个代码块的语句必须含有相同的缩进空格数。示例代码如下：

```
if True:
    print("True")
else:
    print("False")
```

（2）变量　在 Python 中，变量是一种标识符，用来存储数据。在给变量命名时，尽量要起一个有意义的名字，能从变量的名字中明白其要表达的内容，从而提高代码的可读性。比如，表示身高、姓名的变量可以命名为 my_height、my_name。

变量是有类型的。在 Python 中，只要定义了一个变量并且已经被赋值，那么这个变量的类型就确定了，不需要开发人员主动说明其类型，系统会自动识别。

（3）数据类型　在 Python 中，基本数据类型有 6 种，分别是数字类型（number）、布尔类型（boolean）、字符串类型（string）、列表类型（list）、元组类型（tuple）和字典类型（dictionary）等。

1）数字类型。Python 中的数字类型包含整型、浮点型和复数类型。示例代码如下：

①整型：83、-239、0b101、0o20、0x80。

②浮点型：3.1415、4.2E-10、-2.34E-19。

③复数类型：3.12+1.23j、-1.23-98j。

2）布尔类型。布尔类型是特殊的整型，它的值只有两个，分别是 True 和 False。如果将布尔值进行数值运算，那么 True 会被当作整型 1（非 0 的数），False 会被当作整型 0。

3）字符串类型。Python 中的字符串被定义为一个字符集合，它被引号所包含，引号可以是单引号、双引号或者三引号（3 个连续的单引号或者双引号）。字符串具有索引规则，第 1 个字符的索引是 0，第 2 个字符的索引是 1，以此类推。示例代码如下：

```
str_one = 'python'
str_two = "python"
str_three = "'python'"
```

4）列表类型和元组类型。Python 中的列表和元组可以保存任意数量的任意类型的元素，列表中的元素使用中括号 [ ] 包含，元素的个数和值是可以随意修改的。而元组中的元素使用小括号（）包含，元素不可以被修改。示例代码如下：

```
list_demo = [1,2,"hello",True]
tuple_demo = (1,2,"hello",True)
```

5）字典类型。字典是 Python 中的映射数据类型，由键值对组成。字典可以存储不同类型的元素，元素使用大括号 {} 包含。通常情况下，字典的键会以字符串或者数值的形式来表示，而值可以是任意类型的。示例代码如下：

```
dict_name = {"name":"zhangsan","age":18}
```

在上述代码中，变量 dict_ name 是一个字典类型，它存储了两个元素：第 1 个元素的键是 name，值为 zhangsan；第 2 个元素的键是 age，值为 18。

（4）标识符和关键字

1）标识符。对于 Python 中的标识符，其命名方式需要遵守一定的规则，具体如下

75 标识符

①标识符由字母、下划线和数字组成，且不能以数字开头。

②Python 中的标识符区分大小写。

③Python 中的标识符不能使用关键字。

2）关键字。在 Python 中，具有特殊功能的标识符称为关键字。关键字是 Python 语言自己已经使用的，不允许用户自己定义与关键字具有相同名字的标识符。Python 中的关键字如下：

False	class	from	or
None	continue	global	pass
True	def	if	raise
and	del	import	return
as	elif	in	try
assert	else	is	while
async	except	lambda	with
await	finally	nonlocal	yield
break	for	not	

4. 内置函数：print（）、input（）、int（）

Python 中内置了很多有用的函数，可以直接调用，实现相应的功能。下面介绍 Python 中的输出、输入和数据类型函数。

1）print()。print()是输出函数，它可以向标准输出设备（如屏幕）输出指定内容。比如，要在屏幕上显示“hello”，输入命令为 print（"hello"）。

print( ) 函数的括号中可以有多个字符串、数值或变量，中间用逗号分隔，它们就可以连在一起显示。比如，print ("1 +2 =", 1 +2)，其显示效果为“1 +2 =3”。

2）input( )。input( ) 是输入函数，它接收一个标准输入数据（如从键盘输入的数据），返回字符串类型。要注意的是，无论输入的是字符串还是数字，input( ) 函数都会统一返回字符串类型，比如，result = input ("请输入:")，运行后，系统提示“请输入:”，用户通过键盘输入 123，按 <Enter> 键后，系统会将字符串“123”赋值给 result 变量。

3）int( )。int( ) 函数是类型转换函数，用来把 x 转换成整型，x 可以是浮点数或字符串类型。比如，x =3.5，int(x) 的结果是 3。

5. 运算符：算术运算符、赋值运算符、复合赋值运算符

76 运算符：算术、赋值、复合赋值

运算符是一组符号，用于执行程序代码中数据的各种运算。比如，num = 1 + 2 * 3/4 − 5。其中，num 是变量，1、2、3、4 和 5 是操作数，=、+、−、* 和/是运算符。

1）算术运算符。算术运算符主要用于数值间的计算，例如，+、−、* 和/都属于算术运算符。下面通过表 6 − 1 来列举每个算术运算符的作用，并给出以 a = 20，b =10 为实例的计算结果。

表 6 − 1　算术运算符

运算符	描述	实例
+	加号：两个操作数相加	a + b 的输出结果为 30
−	减号：两个操作数相减	a − b 的输出结果为 10
*	乘号：两个操作数相乘	a * b 的输出结果为 200
/	除号：两个操作数相除	a/b 的输出结果为 2.0
%	取模：两个操作数相除，获取余数	a% b 的输出结果为 0
* *	幂：a * *b，返回 a 的 b 次幂	a * *b 为 20 的 10 次方
//	整除（向下取整）：两个操作数相除，获取商的整数部分	a//b 的输出结果为 2

2）赋值运算符。赋值运算符 = 的作用是把等号右边的值赋给左边，如 a = 13，就是把 13 赋为 a，a 的值就是 13。

①可以为多个变量赋同一个值，如 x = y = z = 1。

②可以将多个值赋给多个变量，如 x，y = 1，2，将 1 赋给 x，将 2 赋给 y。

注意： Python 不支持 C 语言中的自增（+ +）和自减（− −）运算符。

3）复合赋值运算符。复合赋值运算符可以看作是将算术运算和赋值运算功能进行合并的一种运算符，见表 6 − 2。

表 6-2 复合赋值运算符

运算符	描述	实例
+=	加法赋值运算符	a+=b 等价于 a=a+b
-=	减法赋值运算符	a-=b 等价于 a=a-b
*=	乘法赋值运算符	a*=b 等价于 a=a*b
/=	除法赋值运算符	a/=b 等价于 a=a/b
%=	取模赋值运算符	a%=b 等价于 a=a%b
**=	幂赋值运算符	a**=b 等价于 a=a**b
//=	取整除赋值运算符	a//=b 等价于 a=a//b

6. 循环结构

循环结构表示程序重复执行某些动作，直到满足某条件时才可终止循环，其流程如图 6-30 所示。

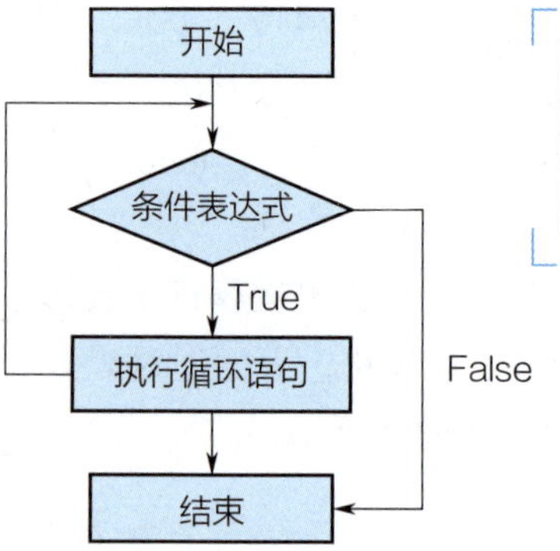

图 6-30 循环结构流程图

77 循环结构

1）for 循环。for 循环也称为遍历循环，遍历就是对某个序列中的元素从第一个元素到最后一个元素依次逐个访问，循环执行的次数是根据遍历序列中元素的个数来确定的。其语法格式如下：

```
for 元素 in 序列:
    循环体
```

for 循环的执行过程：从序列中逐一提取元素，对所提取的每个元素执行一次循环体中的代码块。

2）内置函数：range()。range()函数可以生成一个数字序列，它在 for 循环中的基本格式如下：

```
for 元素 in range(start,end[,step]):
    循环体
```

start 表示起始计数值，默认是 0；end 表示终止计数值，但不包括该数；step 表示步长，默认为 1。比如，range(6) 等价于 range(0, 6, 1)，是 [0, 1, 2, 3, 4, 5]，共 6 个整数，但没有 6；同样，range(3, 9, 2) 表示 [3, 5, 7]，共 3 个整数。

程序在执行 for 循环时，循环计数器变量 i 被设置成 start，然后执行循环语句，i 依次被设置为从 start 开始至 end 结束之间的所有值，每设置一个新值都会执行一次循环语句，当 i 等于 end-1 时，循环结束。

7. 导入模块

Python 的特色就是拥有非常完善的基础代码库和第三方库，可以很方便地实现各种功能。

库是具有相关功能模块的集合，库中有数量庞大的模块和包可供使用。模块（Module）本质上是一个.py 文件，可实现一定的功能；而包（Package）是一个由模块和子包组成的 Python 应用程序执行环境，其本质是一个有层次的文件目录结构。

Python 利用 import 或 from…import 来导入相应的模块，必须在模块使用之前导入。一般来说，导入总是放在.py 文件的顶部，建议先导入 Python 标准库，然后导入 Python 第三方库，最后导入自定义模块。

import 的语法如下：

```
import 模块名        #导入一个模块
from 模块名 import 指定元素[as 新名称]      #导入模块中的指定元素
from 模块名 import *       #导入模块中的全部元素
```

比如，要导入 turtle 库，则输入命令：import turtle。

在当前的程序中导入 turtle 模块后，才能使用该模块中包含的各种功能，其格式如下：

```
模块名.函数名()
```

8. turtle 库

78 turtle 库

turtle 库是 Python 语言中一个很流行的绘制图像的函数库，想象一个小乌龟从坐标原点开始，面朝正方向，受一组指令的控制，在平面直角坐标系中移动，从而在它爬行的路径上绘制出图形。

turtle 用于绘图的窗口称为画布（Canvas）。在画布上，默认有一个平面直角坐标系。在默认情况下，其坐标原点为画布的中心，正方向分别是 X 轴和 Y 轴的向右和向上方向。“小乌龟”就是画笔，在坐标原点上头向右趴着，等待编程者的指令。

1）画笔命令。画笔命令可以设置画笔的颜色、画线宽度和速度等属性，见表 6-3。

表 6-3 画笔命令

命令	说明
turtle. pensize( )	设置画笔的宽度：没有值，就返回当前画笔宽度；有值，就设置为画笔宽度
turtle. pencolor( )	设置画笔的颜色：没有值，就返回当前画笔颜色；有值，就设置为画笔颜色，可以是字符串如 red、green、blue，也可以是 RGB 三元组
turtle. speed( )	设置画笔的移动速度：没有值，就返回当前画笔速度；有值，就设置为画笔绘制速度。画笔绘制的速度可设置为 0～10 的整数，数字越大越快

2）绘图命令。操纵小乌龟绘图的命令可分为 3 种：运动命令、画笔控制命令和全局控制命令，见表 6-4。

表6-4 绘图命令

命令	说明	命令类型
turtle. forward (distance)	向当前画笔方向移动 distance 像素长度	运动
turtle. backward (distance)	向当前画笔的相反方向移动 distance 像素长度	运动
turtle. right (degree)	顺时针移动 degree 度	运动
turtle. left (degree)	逆时针移动 degree 度	运动
turtle. pendown ()	画笔移动时绘制图形（默认为绘制）	运动
turtle. penup ()	提起笔移动，不绘制图形，用于另起一个地方绘制	运动
turtle. goto (x, y)	将画笔移动到坐标为（x、y）的位置	运动
turtle. color (color1, color2)	同时设置 pencolor = color1，fillcolor = color2	画笔控制
turtle. fillcolor ()	绘制图形的填充颜色	画笔控制
turtle. begin_fill ()	准备开始填充图形	画笔控制
turtle. end_fill ()	填充完成	画笔控制
turtle. reset ()	清空窗口，重置 turtle 状态为起始状态	全局控制

3）其他命令。turtle. done()命令必须是 turtle 图形程序中的最后一条语句。

知识巩固

一、选择题

1. 导入库使用（　　）关键字。

A. def　　B. while　　C. import　　D. if

2. 字符串是用（　　）括起来的。

A. :　　B. “”　　C. #　　D. *

3. 3/2 的计算结果是（　　）

A. 1.5　　B. 1　　C. 0　　D. 2

4. 3**2 的计算结果是（　　）。

A. 8　　B. 3　　C. 2　　D. 9

5. for 语句解决的核心问题是（　　）。

A. 顺序　　B. 重复　　C. 判断　　D. 执行

6. 3 > =2 and 2 < =4 的结果是（　　）。

A. True　　B. true　　C. False　　D. false

7. 下列选项中，会输出 1、2、3 这 3 个数字的是（　　）

A.
```
for i in rang(3):
    print(i)
```
B.
```
for i in rang(2):
    print(i+1)
```
C.
```
a_list = [0,1,2]
for i in a_list:
    print(i+1)
```
D.
```
a_list = [1,2,3]
for i in a_list:
    print(i+1)
```

二、编程题

1. 尝试使用 turtle 库绘制更多生动有趣的图形。
2. 编写一个程序，使用 for 循环输出 0～10 之间的整数。

任务二　实现健康分类判断

任务导入

最近，李老师报名了减肥训练营，健身教练根据他的身高（170cm）、体重（90kg）计算身体质量指数（Body Mass Index，BMI，即用体重（kg）除以身高（m）的平方）。经计算，BMI 已经超过了 31，根据我国的参考标准，属于Ⅱ度肥胖，从健康角度来看，相关疾病发病的危险性严重增加。健身教练根据李老师的情况特别制订了一套详尽的减肥方案。那么哪个区间的 BMI 才算正常呢？见表 6－5。

79 实现健康分类判断任务导入

表 6－5　BMI 分类标准

BMI 分类	WHO 标准	亚洲标准	中国参考标准	相关疾病发病的危险性
体重过低	BMI < 18.5	BMI < 18.5	BMI < 18.5	低（但其他疾病危险性增加）
正常范围	18.5≤BMI < 25	18.5≤BMI < 23	18.5≤BMI < 24	平均水平
超重	BMI≥25	BMI≥23	BMI≥24	增加
肥胖前期	25≤BMI < 30	23≤BMI < 25	24≤BMI < 28	增加
Ⅰ度肥胖	30≤BMI < 35	25≤BMI < 30	28≤BMI < 30	中度增加
Ⅱ度肥胖	35≤BMI < 40	30≤BMI < 40	30≤BMI < 40	严重增加
Ⅲ度肥胖	BMI≥40.0	BMI≥40.0	BMI≥40.0	非常严重增加

素质目标

BMI 指数是目前国际上常用的衡量人体胖瘦程度以及是否健康的一个标准。BMI 指数增加，除了会导致体重超重、身体肥胖之外，冠心病和脑卒中的发病率也会随之上升，超重和肥胖是冠心病和脑卒中发病的独立危险因素。一旦 BMI 指数达到或超过 24，患高血压、糖尿病、冠心病和血脂异常等严重危害健康的疾病的概率会显著增加。为了拥有健康的身体，要减少卡路里的摄入、改变饮食习惯、适当运动、拥有积极乐观的心态，保证充足的睡眠。

任务目标

任务分析

实现健康分类判断的任务分析图如图 6-31 所示。

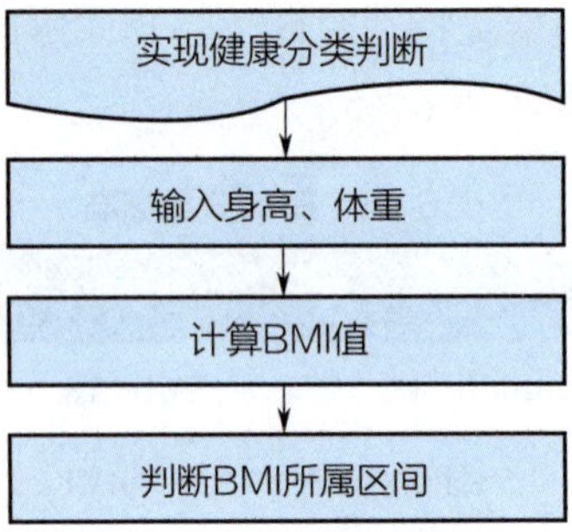

图 6-31 实现健康分类判断的任务分析图

任务实施

1. 计算并输出 BMI 值

任务目标：输入身高和体重，计算并输出 BMI 值。

任务分析：灵活地输入身高、体重，通过 BMI 计算公式求出 BMI 值，鉴于分类标准中 BMI 值的小数位数不超过一位，所以利用 round( ) 函数进行保留一位小数的四舍五入计算，并进行输出。

80 计算并输出 BMI 值

新建 exp6_2_1. py 文件，按任务目标和任务分析编写计算并输出 BMI 值的源代码，效果图如图 6-32 所示。

源代码如图 6-33 所示。

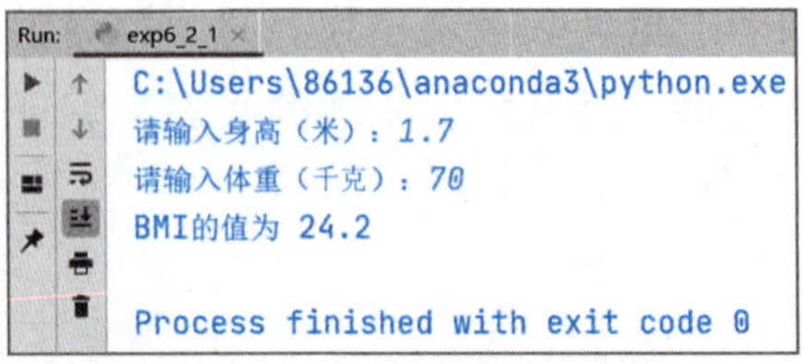

图 6-32 计算 BMI 值效果图

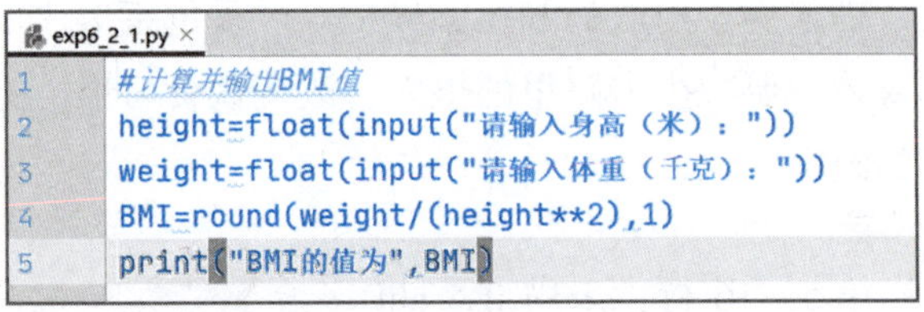

图 6-33 计算 BMI 值的源代码

代码分析如下。

第 1 行：注释行，用来说明程序实现的功能。

第 2 行：定义 height 变量表示身高，通过 input( ) 函数和 float( ) 函数实现用户通过键盘灵活地输入身高，身高可以是浮点数。

第 3 行：定义 weight 变量表示体重，通过 input( ) 函数和 float( ) 函数实现用户通过键盘灵活地输入体重，体重也可以是浮点数。

第 4 行：根据公式 BMI = 体重/身高的平方计算 BMI 值，同时使用 round( ) 函数设置 BMI 值的小数位数不超过一位。

第 5 行：使用 print( ) 函数输出 BMI 值。

2. 实现健康分类判断

81 实现健康分类判断

任务目标：根据计算的 BMI 值实现健康分类判断。

任务分析：本任务是在计算并输出 BMI 值的基础上加以改进完成的，根据 BMI 值实现健康分类判断。

新建 exp6_2_2. py 文件，按任务目标和任务分析编写实现健康分类判断的源代码，效果图如图 6 - 34 所示。

源代码如图 6 - 35 所示。

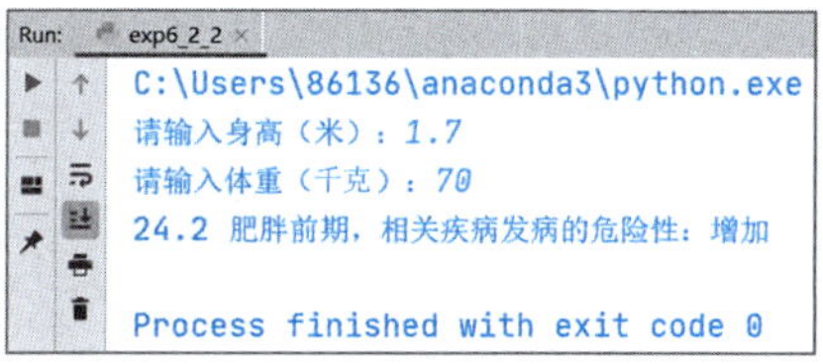

图 6 - 34　健康分类判断效果图

图 6 - 35　健康分类判断源代码

代码分析如下。

第 1 行：注释行，用来说明程序实现的功能。

第 2 行：定义 height 变量表示身高，通过 input( ) 函数和 float( ) 函数实现用户通过键盘灵活地输入身高，身高可以是浮点数。

第 3 行：定义 weight 变量表示体重，通过 input( ) 函数和 float( ) 函数实现用户通过键盘灵活地输入体重，体重也可以是浮点数。

第 4 行：根据公式 BMI = 体重/身高的平方计算 BMI 值，同时使用 round( ) 函数设置 BMI 值的小数位数不超过一位。

第 5 ~ 16 行：采用 if…elif 多分支选择结构对计算的 BMI 值进行健康分类判断，当

BMI 值小于 18.5 时，健康状况是体重过低，相关疾病发病的危险性低；当 BMI 值大于或等于 18.5 且小于 24 时，健康状况是正常范围，相关疾病发病的危险性为平均水平；当 BMI 值大于或等于 24 且小于 28 时，健康状况是肥胖前期，相关疾病发病的危险性增加；当 BMI 值大于或等于 28 且小于 30 时，健康状况是 I 度肥胖，相关疾病发病的危险性中度增加；当 BMI 值大于或等于 30 且小于 40 时，健康状况是 II 度肥胖，相关疾病发病的危险性严重增加；当 BMI 值大于或等于 40 时，健康状况是 III 度肥胖，相关疾病发病的危险性最高。

第 17 行：使用 print( ) 函数输出 BMI 值和其对应的身体健康情况。

任务评价

姓名：	班级： 学号：
什么是选择结构？	
简述内置函数 round( )、float( ) 的使用方法。	
计算并输出 BMI 值。	
编码实现健康分类判断。	

知识拓展

1. 运算符：比较运算符、逻辑运算符

82 运算符：比较、逻辑

1）比较运算符。比较运算符用于比较两个数，其返回的结果只能是 True 或 False，见表 6-6。

表 6-6　比较运算符

运算符	描述	实例
= =	检查两个操作数的值是否相等，如果是，结果为 True，反之为 False	如 a = 3，b = 3，则（a = = b）为 True
! =	检查两个操作数的值是否不相等，如果是，结果为 True，反之为 False	如 a = 1，b = 3，则（a! = b）为 True
>	检查左操作数的值是否大于右操作数的值，如果是，结果为 True，反之为 False	如 a = 4，b = 3，则（a > b）为 True
<	检查左操作数的值是否小于右操作数的值，如果是，结果为 True，反之为 False	如 a = 4，b = 3，则（a < b）为 False
> =	检查左操作数的值是否大于或等于右操作数的值，如果是，结果为 True，反之为 False	如 a = 3，b = 3，则（a > = b）为 True
< =	检查左操作数的值是否小于或等于右操作数的值，如果是，结果为 True，反之为 False	如 a = 3，b = 3，则（a < = b）为 True

注意： = 是赋值运算符，= = 是比较运算符。

2）逻辑运算符。Python 中的逻辑运算符包括 and（并且）、or（或者）和 not（除非），见表 6-7。

表 6-7　逻辑运算符

运算符	逻辑表达式	描述	实例
and	a and b	布尔“与”，若 a 为真，继续计算 b，表达式结果为 b 的值；若 a 为假，无须计算 b，表达式结果为 a 的值	若 a = 10，b = 20，则 a and b 的结果为 20
or	a or b	布尔“或”，若 a 为真，无须计算 b，表达式结果为 a 的值；若 a 为假，继续计算 b，表达式结果为 b 的值	若 a = 10，b = 20，则 a or b 的结果为 10
not	not a	布尔“非”，如果 a 的布尔值为 True，则返回 False，否则返回 True	若 a = 10，则 not a 结果为 False

2. 内置函数：round（）、float（）

1）round()。round() 函数返回浮点数 x 的四舍五入值，语法格式如下：

```
round(x[,n])
x 是数字表达式;n 是小数点位数,默认值为 0,如 round(1.49) =1,而 round(1.49,1) =1.5。
```

2）float()。float() 函数是类型转换函数，它用来把 x 转换成浮点型，其语法格式如下：

```
float(x)
x 可以是整型,如 x =3,则 float(x)的结果是 3.0。
```

3. 选择结构

选择结构是指只有满足某些条件才允许做的事情，不满足条件时为不允做的事情。

1）单分支。if 语句是单分支选择结构，其语法格式如下：

```
if 条件：
    代码块
```

流程图如图 6－36 所示。

单分支 if 语句的执行过程是：首先对条件进行判断，如果结果为 True，则执行代码块中的代码，然后继续执行下一条语句；如果结果为 False，就会跳过代码块，直接执行下一条语句。

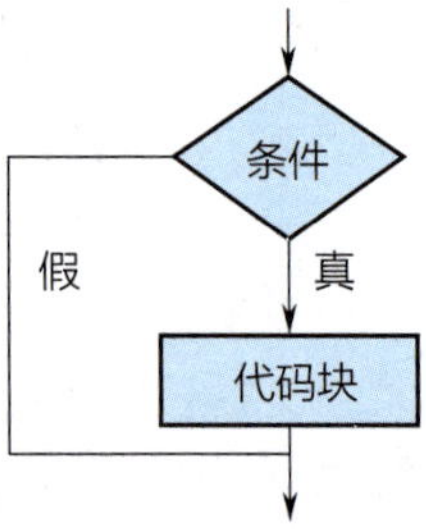

图 6－36 单分支选择结构流程图

2）双分支。

if…else 语句是双分支选择结构，其语法格式如下：

```
if 条件：
    代码块 1
else：
    代码块 2
```

流程图如图 6－37 所示。

双分支 if…else 语句的执行过程是：首先对条件进行判断，如果结果为 True，则执行代码块 1 中的代码，否则（结果为 False）执行代码块 2 中的代码。

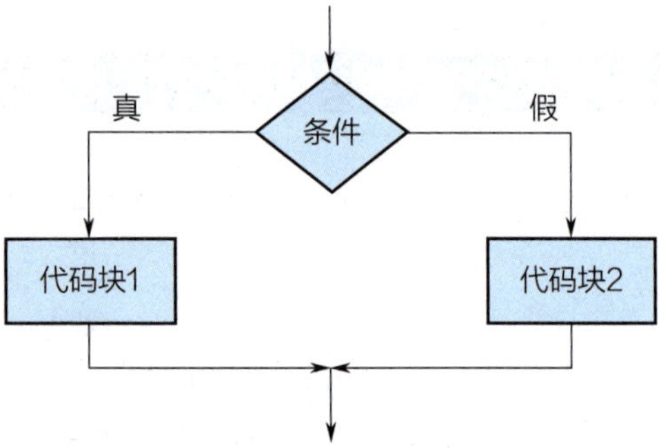

图 6－37 双分支选择结构流程图

3）多分支。

if…elif…else 语句是多分支选择结构，其语法格式如下：

```
if 条件 1：
    代码块 1
elif 条件 2：
    代码块 2
…
elif 条件 n：
    代码块 n
else：
    代码块 n+1
```

流程图如图 6－38 所示。

多分支 if…elif…else 语句的执行过程：首先对条件 1 进行判断，如果结果为 True，则执行代码块 1 中的代码；否则(结果为 False)，就会对条件 2 进行判断，如果结果为 True，则执行代码块 2 中的代码；以此类推，如果所有条件的判断结果都为 False，则执行代码块 $n+1$ 中的代码。

关于选择结构，有以下几点需要特别注意：

1）每个 if 条件后都要使用冒号（:），表示接下来是满足条件后要执行的语句。

2）使用缩进来划分语句块，相同缩进数的语句在一起组成一个语句块。

3）Python 中没有 switch…case 语句。

4）if…elif…else 语句中判断条件的顺序不是固定的，要注意逻辑的合理性和完整性。

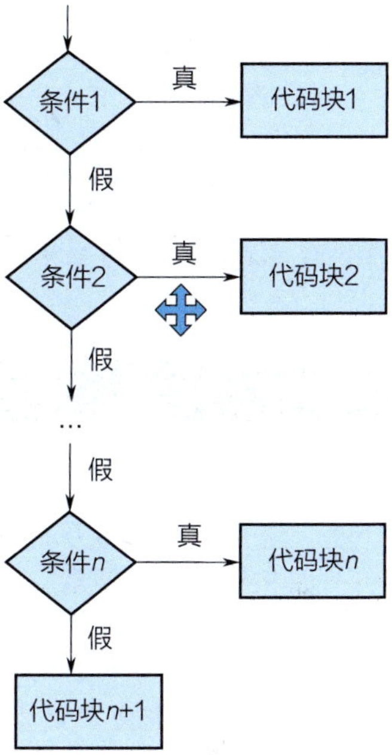

图 6－38　多分支选择结构流程图

知识巩固

一、选择题

1. if…else 语句解决的核心问题是（　　）。

A. 顺序　　B. 重复　　C. 判断　　D. 执行

2. 已知 x＝10，y＝20，z＝30，以下语句执行后，x、y、z 的值是（　　）。

```
if x < y:
z = x
x = y
y = z
```

A. 10，20，30　　B. 10，20，30　　C. 20，10，10　　D. 20，10，30

3. 下列表达式中，返回 True 的是（　　）。

A. a＝2
b＝2
a＝b　　B. 3＞2＞1　　C. True and False　　D. 2！＝2

二、填空题

1. 若 a＝1，b＝2，那么（a or b）的值为________________。

2. 若 a＝10，b＝20，那么 a and b 的结果为________________。

3. ________语句是最简单的条件判断语句，可以控制程序的执行流程。

4. 当判断条件大于两种时，可以使用________________语句实现。

5. 只有 if 语句的判断条件为________________时，才会执行满足条件后要执行的语句。

6. 如果 if 语句的判断条件为________________，则程序会执行 else 语句。

7. ________________语句是 else 语句和 if 语句的组合。

三、编程题

1. 编写一个程序，判断用户输入的数是正数、负数还是 0。

2. 使用 if...else 语句实现快递收费系统。

任务要求：已知某快递点寄件价目表（见表 6－8），实现具体要求。

表 6－8 快递点寄件价目表

地区编号	首重（≤2 kg）	续重（元/ kg）
华东地区（01）	13 元	3 元
华南地区（02）	12 元	2 元
华北地区（03）	14 元	4 元

任务具体要求如下：

1）定义两个变量分别接收用户输入的快递重量和地区编号。

2）使用 if 语句执行未超过首重的快递费用。

3）使用 else 语句执行超过首重的快递费用。最终的效果图如图 6－39 所示。

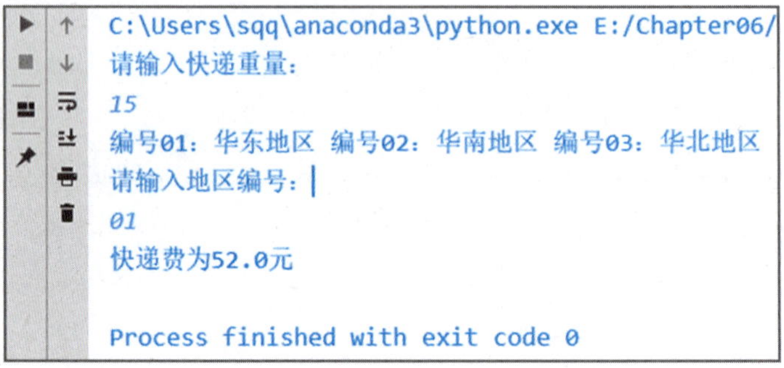

图 6－39 快递收费系统效果图

任务三 编写体育比赛打分程序

任务导入

奥运会跳水比赛的评分规则是：当选手跳完一个动作后，会有一组裁判同时打分，打分范围是 0～10 分，最小单位是 0.5 分。计分方法是：去掉一个最高分和一个最低分，再对剩下的分数取平均值，然后乘以该动作的难度系数，作为该选手的最终得分。假设某跳水比赛中共有 8 名选手参赛，在某轮比赛中，选手的姓名、国籍和难度系数见表 6－9。

84 编写体育比赛打分程序任务导入

表 6-9　选手信息表

选手 ID	姓名	国籍	难度系数
S01	邱波	中国	3.5
S02	托马斯	西班牙	2.8
S03	理查德	挪威	2.7
S04	马丁	意大利	3.1
S05	西蒙	英国	3.0
S06	乔治	法国	2.8
S07	艾伯特	比利时	2.5
S08	杰瑞	荷兰	2.6

要求编写一个跳水比赛打分程序，该程序的功能如下：

1）假设共有 10 位裁判，每位裁判的打分是 0～10 范围内的随机整数，可以使用 random.randint(0,10) 模拟生成 10 个分数。

2）从 10 位裁判的打分中去掉一个最高分和一个最低分，再对剩下的 8 个分数求平均值，计算选手的平均分。

3）选手的最终得分 = 平均分 × 难度系数。

4）将选手的最终得分进行降序排列，并写入 Excel 文件中。

素质目标

我国的跳水队是我国体育王牌中的王牌，自 1984 年参加洛杉矶奥运会以来，跳水队已为中国体育代表团累计贡献了几十枚奥运金牌，在各项奥运项目中位居前列。中国跳水队在跳水运动中所取得的成绩毫无疑问非常耀眼，表现出来的进取精神、拼搏精神和团队精神更值得国人学习。体育运动是人类进行自我完善、自我发展的重要形式，它不仅作用于人的身体，同时也对人的精神世界产生重要影响。当代大学生应该培养对体育运动的兴趣，做到了解体育、参与体育、享受体育。

任务目标

任务分析

体育比赛打分程序的任务分析图如图 6－40 所示。

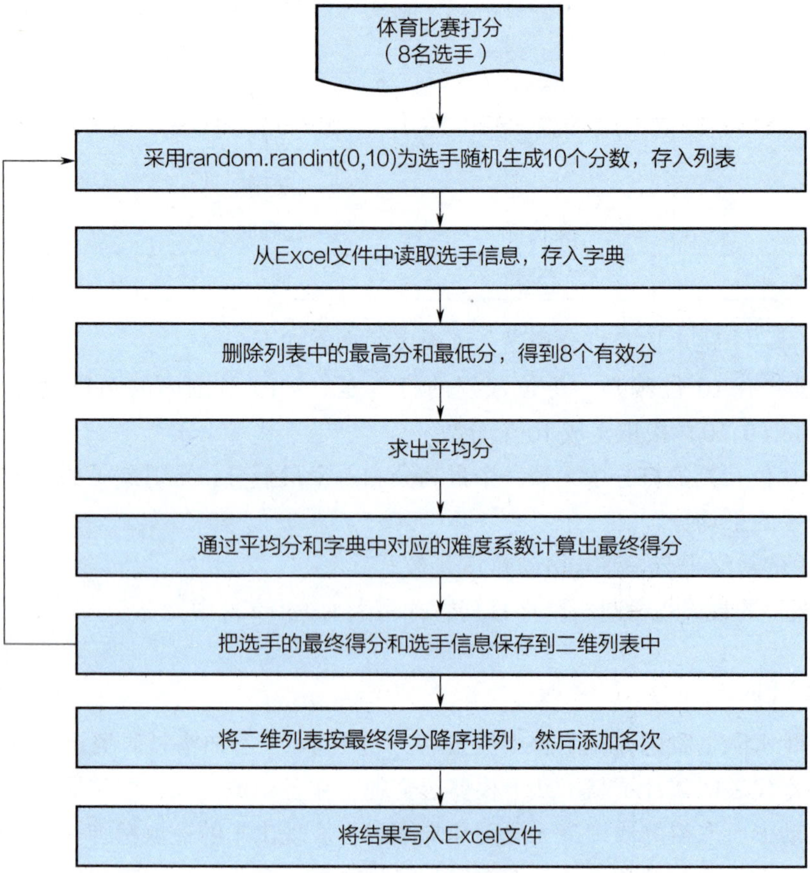

图 6－40　任务分析图

任务实施

1. 随机生成参赛人员的分数

85　随机生成参赛人员的分数

任务目标：模拟生成 10 位裁判对选手 S01 所打的分数。

任务分析：①导入 random 库；②创建一个空列表；③使用 for 循环和 random. randint（0，10）为列表添加 10 个 0～10 范围内的随机整数，并保存在列表中。

新建 exp6_3_1. py 文件，按任务目标和任务分析编写随机生成参赛人员分数的源代码，运行效果如图 6－41 所示。

注意：由于是随机生成的 10 个分数，所以每次运行的结果是不一样的。

源代码如图 6－42 所示。

```
Run:  exp6_3_1
C:\Users\86136\anaconda3\python.exe
[9, 7, 4, 3, 9, 8, 5, 6, 4, 8]

Process finished with exit code 0
```

图 6-41　随机生成参赛人员分数的效果图

```
exp6_3_1.py
1  import random
2  nums_list=[]
3  list_columns=10
4  for i in range(list_columns):
5      num=random.randint(0,10)
6      nums_list.append(num)
7  print(nums_list)
```

图 6-42　随机生成参赛人员分数的源代码

代码分析如下。

第 1 行：导入 random 随机库。

第 2 行：创建列表 nums_list，用来保存裁判打分。

第 3 行：定义变量 list_columns，代表 10 位裁判。

第 4 行：通过 for 循环遍历对 i 取值，i 的取值为 0 ~ list_columns - 1。

第 5 行：生成一个 0 ~ 10 范围内的随机整数 num，代表裁判的打分。

第 6 行：将生成的随机整数 num 添加到 nums_list 列表末尾。

第 7 行：打印列表 nums_list。

2. 得到参赛人员的有效分数

任务目标：删除 10 个分数中的一个最高分和一个最低分，得到参赛人员的有效分数，输出列表元素。

86　得到参赛人员的有效分数

任务分析：本任务是在随机生成参赛人员分数的基础上加以改进完成的。①将列表按升序排序；②删除列表的第一项（即最低分）和最后一项（即最高分），得到选手 S01 的有效分数。

新建 exp6_3_2. py 文件，按任务目标和任务分析编写得到参赛人员 S01 有效分数的源代码，运行效果如图 6-43 所示。

源代码如图 6-44 所示。

```
Run:  exp6_3_2
C:\Users\86136\anaconda3\python.exe
[3, 4, 4, 5, 6, 7, 8, 8]

Process finished with exit code 0
```

图 6-43　得到参赛人员有效分数的效果图

```
exp6_3_2.py
1  import random
2  nums_list=[]
3  list_columns=10
4  for i in range(list_columns):
5      num=random.randint(0,10)
6      nums_list.append(num)
7  nums_list.sort()
8  del nums_list[0]
9  del nums_list[-1]
10 print(nums_list)
```

图 6-44　得到参赛人员有效分数的源代码

代码分析如下。

第 1 行：导入 random 随机库。

第 2 行：创建列表 nums_list，用来保存裁判打分。

第 3 行：定义变量 list_columns，代表 10 位裁判。

第 4 行：通过 for 循环遍历对 i 取值，i 的取值为 0 ~ list_columns - 1。

第 5 行：生成一个 0 ~ 10 范围内的随机整数 num，代表裁判的打分。

第 6 行：将生成的随机整数 num 添加到 nums_list 列表末尾。

第 7 行：将 nums_list 列表按升序排列。

第 8 行：删除 nums_list 列表中的最低分（列表的第一项）。

第 9 行：删除 nums_list 列表中的最高分（列表的最后一项）。

第 10 行：打印列表 nums_list。

3. 计算参赛人员的平均分和最终分

87 计算参赛人员的平均分和最终分

任务目标：通过 nums_list 列表计算选手 S01 的平均分，然后根据 S01 的难度系数计算 S01 的最终分，计算公式如下：

$$最终分 = 平均分 \times 难度系数$$

选手的难度系数见表 6 - 10。

表 6 - 10 选手难度系数表

选手 ID	难度系数
S01	3.5
S02	2.8
S03	2.7
S04	3.1
S05	3.0
S06	2.8
S07	2.5
S08	2.6

任务分析：本任务是在得到参赛人员的有效分数的基础上加以改进完成的。①计算列表 nums_list 元素的平均值；②创建字典，将表 6 - 10 中的选手 ID 和难度系数分别作为字典的键和值；③将选手 S01 的平均分乘以字典中键“S01”对应的值（即难度系数），得到选手 S01 的最终分。

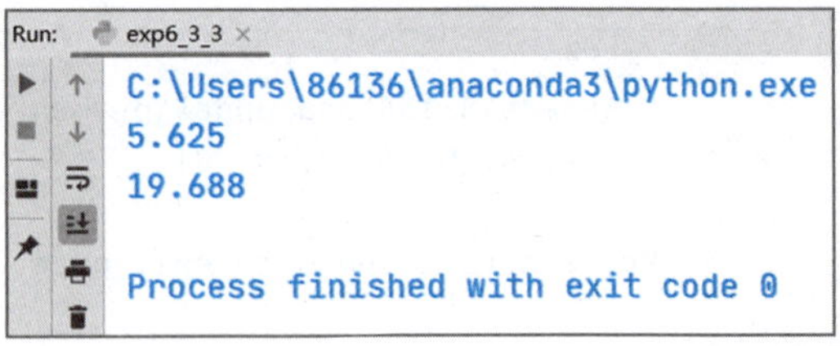

图 6 - 45 计算参赛人员的平均分和最终分效果图

新建 exp6_3_3. py 文件，按任务目标和任务分析编写计算参赛人员平均分和最终分的源代码，运行效果如图 6 - 45 所示。

源代码如图 6 - 46 所示。

exp6_3_3.py

```
1  import random
2  dic={"S01":3.5,"S02":2.8,"S03":2.7,"S04":3.1,"S05":3.0,"S06":2.8,"S07":2.5,"S08":2.6}
3  nums_list=[]
4  list_columns=10
5  for i in range(list_columns):
6      num=random.randint(0,10)
7      nums_list.append(num)
8  nums_list.sort()
9  del nums_list[0]
10 del nums_list[-1]
11 average=round(sum(nums_list)/len(nums_list),3)
12 score=round(average*dic["S01"],3)
13 print(average)
14 print(score)
```

图 6-46　计算参赛人员的平均分和最终分源代码

代码分析如下。

第 1 行：导入 random 随机库。

第 2 行：创建字典 dic，将选手 ID 作为字典的键，将难度系数作为字典的值。

第 3 行：创建列表 nums_list，用来保存裁判打分。

第 4 行：定义变量 list_columns，代表 10 位裁判。

第 5 行：通过 for 循环遍历对 i 取值，i 的取值为 0 ~ list_columns - 1。

第 6 行：生成一个 0 ~ 10 范围内的随机整数 num，代表裁判的打分。

第 7 行：将生成的随机整数 num 添加到 nums_list 列表末尾。

第 8 行：将 nums_list 列表按升序排列。

第 9 行：删除 nums_list 列表中的最低分（列表的第一项）。

第 10 行：删除 nums_list 列表中的最高分（列表的最后一项）。

第 11 行：计算列表元素的平均分。其中，sum（nums_list）返回列表元素的和，len（nums_list）返回列表元素的个数，round（）函数返回小数点后 3 位。

第 12 行：计算选手 S01 的最终分。其中，dic［" S01 "］返回字典中键为“S01”的值，即选手 S01 的难度系数。选手 S01 的最终分 = 平均分（average）× 难度系数（dic［" S01 "］）。

第 13 行：打印 S01 选手的平均分。

第 14 行：打印 S01 选手的最终分。

4. 将参赛人员的最终分写入 Excel 文件

任务目标：利用 openpyxl 库，在 Excel 工作表的第 1 行写入表头（“选手 ID”“姓名”“国籍”“难度系数”“平均分”“最终分”“名次”），然后将选手 S01 的 ID、难度系数、平均分、最终分依次写入 Excel 文件 result. xlsx。

88　将参赛人员的最终分写入 Excel 文件

任务分析：本任务是在计算参赛人员的平均分和最终分的基础上加以改进完成的。①将“选手 ID”“姓名”“国籍”“难度系数”“平均分”“最终分”“名次”写入 Excel 工作表的第 1 行；②将选手 S01 的 ID、难度系数、平均分、最终分写入 Excel 工作表的第 2 行（参考本任务【知识拓展】例题 1）。

新建 exp6_3_4. py 文件，按任务目标和任务分析编写将参赛人员的最终分写入 Excel 文件的源代码，运行效果如图 6－47 所示。

源代码如图 6－48 所示。

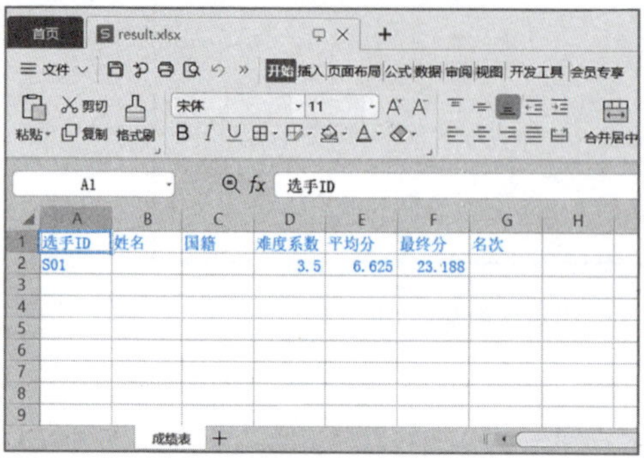

图 6－47　将参赛人员的最终分写入 Excel 文件效果图

```
1  from openpyxl import Workbook
2  import random
3  dic={"S01":3.5,"S02":2.8,"S03":2.7,"S04":3.1,"S05":3.0,"S06":2.8,"S07":2.5,"S08":2.6}
4  nums_list=[]
5  list_columns=10
6  for i in range(list_columns):
7      num=random.randint(0,10)
8      nums_list.append(num)
9  nums_list.sort()
10 del nums_list[0]
11 del nums_list[-1]
12 average=round(sum(nums_list)/len(nums_list),3)
13 score=round(average*dic["S01"],3)
14 wb=Workbook()
15 sheet=wb.active
16 sheet.title="成绩表"
17 sheet_field=["选手ID","姓名","国籍","难度系数","平均分","最终分","名次"]
18 sheet.append(sheet_field)
19 sheet["A2"]="S01"
20 sheet["D2"]=dic.get("S01")
21 sheet["E2"]=average
22 sheet["F2"]=score
23 wb.save("result.xlsx")
```

图 6－48　将参赛人员的最终分写入 Excel 文件源代码

代码分析如下。

第 1 行：从 openpyxl 库中导入 Workbook 对象。

第 2～13 行：参见计算参赛人员的平均分和最终分的代码分析。

第 14 行：创建工作簿对象 wb。

第 15 行：创建工作表对象 sheet。

第 16 行：将工作表标签命名为“成绩表”。

第 17 行：创建列表 sheet_field 变量，并初始化为 Excel 的表头。

第 18 行：将列表 sheet_field 写入工作表的第 1 行。

第 19～22 行：给单元格 A2、D2、E2、F2 赋值。

第 23 行：将工作簿对象保存为 result. xlsx。

从 result. xlsx 文件中可以看出，还缺少选手的姓名、国籍和名次信息，后面将使用字典来进一步完善该信息。

上面用一维列表实现了 10 位裁判给一名选手 S01 打分并计算平均分和最终分的过程，如果是 8 名选手，则所有裁判打完分后应该有 8 组分数，每组中有 10 个分数，这时就需要使用二维列表保存所有选手的分数。

5. 将所有参赛人员的最终分写入二维列表

89　将所有参赛人员的最终分写入二维列表

任务目标：首先用 random. randint（0，10）模拟 10 位裁判的打分，用二维列表表示每名选手的得分，然后计算出每名选手的平均分，再根据难度系数，计算出每名选手的最终分，最后将选手的 ID、平均分、难度系数和最终分保存在二维列表中。

任务分析：①二维列表保存 10 位裁判对 8 名选手的打分，二维列表的每个元素都是一个一维列表，里边存放的是 10 位裁判对每名选手的打分；②每名选手的最终分是该选手的平均分乘以难度系数，难度系数要从字典中读取；③将选手的 ID、平均分、难度系数和最终分保存在二维列表中。

新建 exp6_3_5. py 文件，按任务目标和任务分析编写将所有参赛人员的最终分写入二维列表的源代码，运行效果如图 6－49 所示。

源代码如图 6－50 所示。

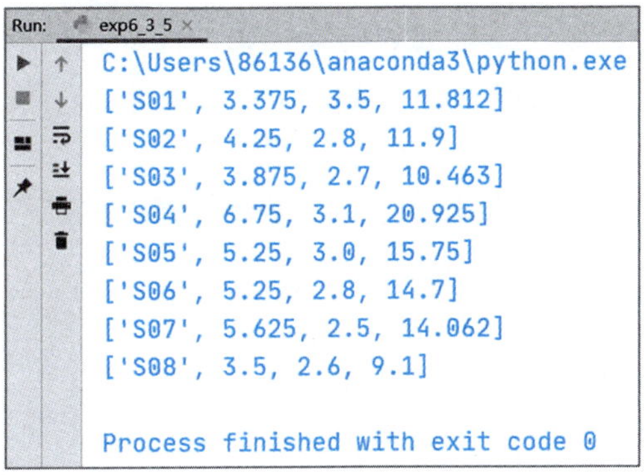

```
C:\Users\86136\anaconda3\python.exe
['S01', 3.375, 3.5, 11.812]
['S02', 4.25, 2.8, 11.9]
['S03', 3.875, 2.7, 10.463]
['S04', 6.75, 3.1, 20.925]
['S05', 5.25, 3.0, 15.75]
['S06', 5.25, 2.8, 14.7]
['S07', 5.625, 2.5, 14.062]
['S08', 3.5, 2.6, 9.1]

Process finished with exit code 0
```

图 6－49 将所有参赛人员的最终分写入二维列表效果图

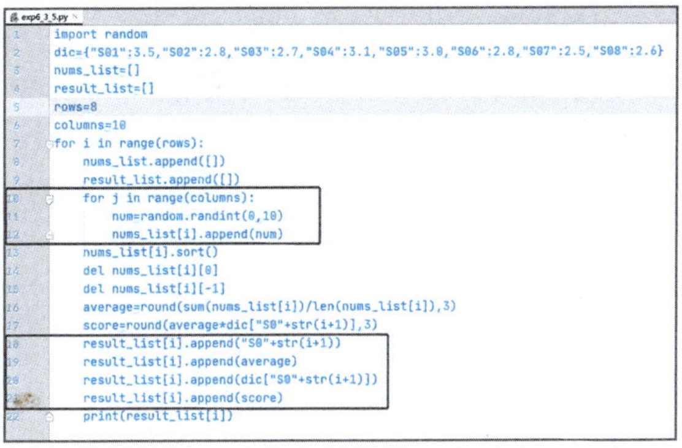

```
1  import random
2  dic={"S01":3.5,"S02":2.8,"S03":2.7,"S04":3.1,"S05":3.0,"S06":2.8,"S07":2.5,"S08":2.6}
3  nums_list=[]
4  result_list=[]
5  rows=8
6  columns=10
7  for i in range(rows):
8      nums_list.append([])
9      result_list.append([])
10     for j in range(columns):
11         num=random.randint(0,10)
12         nums_list[i].append(num)
13     nums_list[i].sort()
14     del nums_list[i][0]
15     del nums_list[i][-1]
16     average=round(sum(nums_list[i])/len(nums_list[i]),3)
17     score=round(average*dic["S0"+str(i+1)],3)
18     result_list[i].append("S0"+str(i+1))
19     result_list[i].append(average)
20     result_list[i].append(dic["S0"+str(i+1)])
21     result_list[i].append(score)
22     print(result_list[i])
```

图 6－50 将所有参赛人员的最终分写入二维列表源代码

代码分析如下。

第 1 行：导入 random 随机库。

第 2 行：创建字典 dic，将选手 ID 作为字典的键，将难度系数作为字典的值。

第 3 行：创建列表 nums_list，用来保存裁判打分。

第 4 行：创建列表 result_list，用来保存选手得分。

第 5 行：创建变量 rows，代表 8 名选手。

第 6 行：创建变量 columns，代表 10 位裁判。

第 7 行：外循环，表示对选手执行循环，即 1～8 个选手。

第 8 行：为 nums_list 列表添加一个元素（列表），即 nums_list 是一个二维列表。

第 9 行：为 result_list 列表添加一个元素（列表），即 result_list 是一个二维列表。

第 10 行：内循环，表示对裁判执行循环，即 1～10 位裁判。

第 11 行：生成一个 0～10 范围内的随机整数 num，代表裁判的打分。

第 12 行：将生成的随机整数 num 添加到 nums_list [i] 列表末尾，即 nums_list [i] 中有 10 个分数，代表 10 位裁判对第 i 个选手的打分。

第 13～15 行：将第 i 个选手的 10 个分数按升序排列，删除一个最低分和一个最高分，得到第 i 个选手的有效分。

第 16 行：计算第 i 个选手的平均分，保留小数点后 3 位。

第 17 行：计算第 i 个选手的最终分，保存小数点后 3 位。

第 18～21 行：将第 i 个选手的 ID、平均分、难度系数和最终分添加到二维列表 result_list中。

第 22 行：输出第 i 个选手的得分情况。

6. 将所有参赛人员的信息写入二维列表

90 将所有参赛人员的信息写入二维列表

任务目标：利用 openpyxl 库，将文件“选手信息 . xlsx”中的数据读取到字典中，然后将选手 ID、姓名、国籍、难度系数、平均分和最终分写入二维列表。

任务分析：本任务是在将所有参赛人员的最终分写入二维列表的基础上加以改进完成的。①在将所有参赛人员的最终分写入二维列表的源代码前面加入读取 Excel 文件的代码；②将“选手信息 . xlsx”中的数据读取到字典中；③将选手的 ID、姓名、国籍、难度系数、平均分和最终分保存在二维列表中。

新建 exp6_3_6. py 文件，按任务目标和任务分析编写将所有参赛人员的信息写入二维列表的源代码，运行效果如图 6－51 所示。

```
Run: exp6_3_6
C:\Users\86136\anaconda3\python.exe C:/Users/
['S01', '邱波', '中国', 3.5, 4.625, 16.188]
['S02', '托马斯', '西班牙', 2.8, 5.125, 14.35]
['S03', '理查德', '挪威', 2.7, 4.125, 11.138]
['S04', '马丁', '意大利', 3.1, 4.0, 12.4]
['S05', '西蒙', '英国', 3, 6.625, 19.875]
['S06', '乔治', '法国', 2.8, 6.0, 16.8]
['S07', '艾伯特', '比利时', 2.5, 4.75, 11.875]
['S08', '杰瑞', '荷兰', 2.6, 6.625, 17.225]

Process finished with exit code 0
```

图 6－51　将所有参赛人员的信息写入二维列表效果图

源代码如图 6－52 和图 6－53 所示。

```
exp6_3_6.py
1  from openpyxl import load_workbook
2  import random
3  wb=load_workbook("选手信息.xlsx")
4  sheet_name=wb.sheetnames[0]
5  ws=wb[sheet_name]
6  dic={}
7  for rn in range(1,ws.max_row+1):
8      temp_list=[]
9      key=ws["A"+str(rn)].value
10     w1=ws["B"+str(rn)].value
11     w2=ws["C"+str(rn)].value
12     w3=ws["D"+str(rn)].value
13     temp_list=[w1,w2,w3]
14     dic[key]=temp_list
```

图 6－52　将所有参赛人员的信息写入二维列表源代码（1）

```
exp6_3_6.py
15 nums_list=[]
16 result_list=[]
17 rows=8
18 columns=10
19 for i in range(rows):
20     nums_list.append([])
21     result_list.append([])
22     for j in range(columns):
23         num=random.randint(0,10)
24         nums_list[i].append(num)
25     nums_list[i].sort()
26     del nums_list[i][0]
27     del nums_list[i][-1]
28     average=round(sum(nums_list[i])/len(nums_list[i]),3)
29     score=round(average*dic["S0"+str(i+1)][2],3)
30     result_list[i].append("S0"+str(i+1))
31     for k in range(3):
32         result_list[i].append(dic["S0"+str(i+1)][k])
33     result_list[i].append(average)
34     result_list[i].append(score)
35     print(result_list[i])
```

图 6－53　将所有参赛人员的信息写入二维列表源代码（2）

代码分析如下。

第 1 ~ 14 行：从“选手信息 . xlsx”中读取数据到字典 dic 中，详细参见本任务【知识拓展】例题 2 的源代码分析。

第 15 ~ 29 行：计算第 i 个选手的平均分和最终分，详细的代码分析参见将所有参赛人员的最终分写入二维列表的代码分析。

第 30 行：将第 i 个选手的选手 ID 添加到列表 result_list。

第 31、32 行：采用 for 循环的方式从字典中读取第 i 个选手的姓名、国籍和难度系数，并将读取的信息添加到列表 result_list。

第 33 行：将计算的第 i 个选手的平均分添加到列表 result_list。

第 34 行：将计算的第 i 个选手的最终分添加到列表 result_list。

第 35 行：打印第 i 个选手的得分列表 result_list。

7. 将所有参赛人员的成绩排序后写入 Excel

91 将所有参赛人员的成绩排序后写入 Excel

任务目标：将二维列表按选手最终分降序排列，然后将选手名次添加到二维列表中，最后将二维列表写入 Excel 文件“最终分 . xlsx”。

任务分析：本任务是在将所有参赛人员的信息写入二维列表的基础上加以改进完成的。①将得到的二维列表 result_list 按选手最终分降序排列；②在排序后的二维列表中添加选手名次；③将最后的二维列表写入 Excel 文件“最终分 . xlsx”（参见本任务【知识拓展】例题 1）。

新建 exp6_3_7. py 文件，按任务目标和任务分析编写将所有参赛人员的成绩排序后写入 Excel 的源代码，运行效果如图 6 - 54 所示。

源代码如图 6 - 55 ~ 图 6 - 57 所示。

代码分析如下。

第 1 ~ 35 行：参见将所有参赛人员的信息写入二维列表的代码分析。

第 36 行：将二维列表 result_list 按照第 6 个元素（最终分）降序排列，排序后的二维列表是 last_list。

第 37、38 行：给二维列表 last_list 中的每个元素添加“名次”。

第 39 行：打印最终的二维列表 last_list。

第 40 ~ 47 行：将二维列表 last_list 写入 Excel 文件“最终分 . xlsx”中。

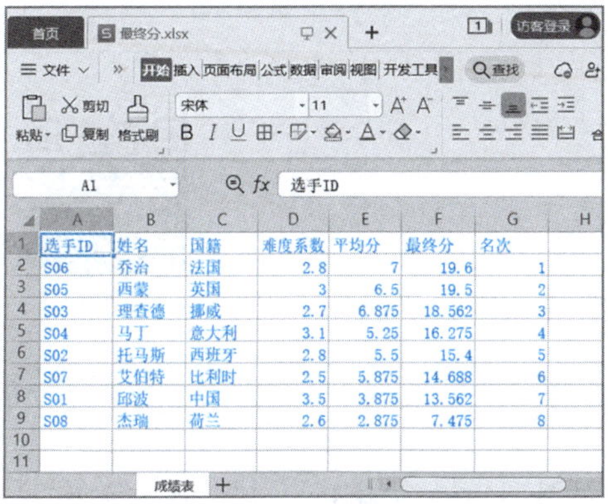

选手ID	姓名	国籍	难度系数	平均分	最终分	名次
S06	乔治	法国	2.8	7	19.6	1
S05	西蒙	英国	3	6.5	19.5	2
S03	理查德	挪威	2.7	6.875	18.562	3
S04	马丁	意大利	3.1	5.25	16.275	4
S02	托马斯	西班牙	2.8	5.5	15.4	5
S07	艾伯特	比利时	2.5	5.875	14.688	6
S01	邱波	中国	3.5	3.875	13.562	7
S08	杰瑞	荷兰	2.6	2.875	7.475	8

图 6 - 54　将所有参赛人员的成绩排序后写入 Excel 效果图

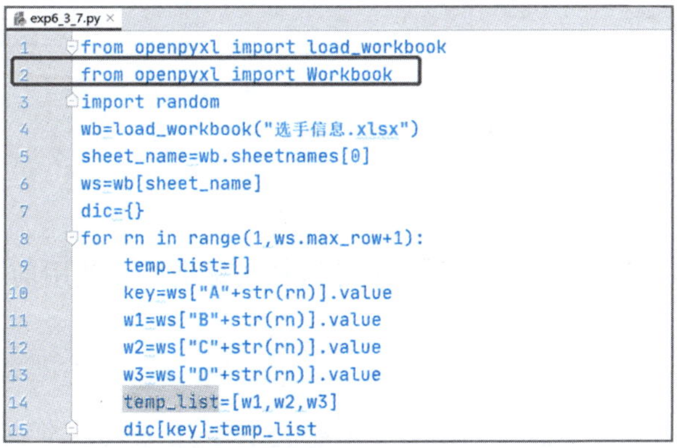

```
1  from openpyxl import load_workbook
2  from openpyxl import Workbook
3  import random
4  wb=load_workbook("选手信息.xlsx")
5  sheet_name=wb.sheetnames[0]
6  ws=wb[sheet_name]
7  dic={}
8  for rn in range(1,ws.max_row+1):
9      temp_list=[]
10     key=ws["A"+str(rn)].value
11     w1=ws["B"+str(rn)].value
12     w2=ws["C"+str(rn)].value
13     w3=ws["D"+str(rn)].value
14     temp_list=[w1,w2,w3]
15     dic[key]=temp_list
```

图 6 - 55　将所有参赛人员的成绩排序后写入 Excel 源代码（1）

```python
exp6_3_7.py
nums_list=[]
result_list=[]
rows=8
columns=10
for i in range(rows):
    nums_list.append([])
    result_list.append([])
    for j in range(columns):
        num=random.randint(0,10)
        nums_list[i].append(num)
    nums_list[i].sort()
    del nums_list[i][0]
    del nums_list[i][-1]
    average=round(sum(nums_list[i])/len(nums_list[i]),3)
    score=round(average*dic["S0"+str(i+1)][2],3)
    result_list[i].append("S0"+str(i+1))
    for k in range(3):
        result_list[i].append(dic["S0"+str(i+1)][k])
    result_list[i].append(average)
    result_list[i].append(score)
```

图 6-56 将所有参赛人员的成绩排序后写入 Excel 源代码 （2）

```python
last_list=sorted(result_list,key=lambda e:e[5],reverse=True)
for n in range(rows):
    last_list[n].append(n+1)
print(last_list)
wb=Workbook()
sheet=wb.active
sheet.title="成绩表"
sheet_field=["选手ID","姓名","国籍","难度系数","平均分","最终分","名次"]
sheet.append(sheet_field)
for m in last_list:
    sheet.append(m)
wb.save("最终分.xlsx")
```

图 6-57 将所有参赛人员的成绩排序后写入 Excel 源代码 （3）

任务评价

姓名：	班级：	学号：
将参赛人员 S01 的最终分写入 Excel 中。		
将所有参赛人员的最终分写入二维列表。		
将所有参赛人员的信息写入二维列表。		
将所有参赛人员的成绩排序后写入 Excel。		

知识拓展

92 random 库

1. random 库

random 库用于生成随机数的标准库。使用前需要导入库，语法如下：

```python
import random
```

randint( ) 函数用于生成一个 a ~ b 范围内的随机整数（包含 a 和 b），其语法格式如下：

```python
random.randint(a,b)
```

2. 内置函数：str ( ) 、sum ( )

1）str()。str() 函数是类型转型函数，它用来把 x 转换成字符串类型，x 可以是整型、对象类型。比如 x = 1，str(x) 的结果是 “1”。

2）sum()。sum() 函数是求和函数，它用来对序列进行求和计算。比如，sum([1,2,3]) = 6。

3. 序列

在实际开发应用中，计算机需要对一组数据进行批量处理，如一组学生的成绩、多组实验数据等，如何存储和组织这些数据呢？这就要用到 Python 中的一种重要数据结构——序列。

Python 中常用的序列结构有字符串、列表和元组等。字符串、列表和元组都是有序序列，支持双向索引：在正向索引中，第一个元素的下标为 0，第二个元素的下标为 1，以此类推；在逆向索引中，最后一个元素的下标为 -1，倒数第二个元素的下标为 -2，以此类推。

4. 列表

93 列表

列表是 Python 中内置的有序可变序列，它可以存储不同类型的数据元素，通过下标（索引值）访问元素。创建列表的方式很简单，只需要将所有元素放在一对中括号[ ]中，并用逗号分隔开就可以。

（1）列表的基本操作

1）创建列表 list1。

```
list1 = ["天津现代","xiaozhang",1991,1,2,3]
```

列表 list1 中有 6 个元素：2 个字符串，4 个数值型。

2）输出列表 list1 中索引值为 0 的元素（即第 1 个元素）。

```
print(list1[0])
```

3）输出列表 list1 中索引值为 -1 的元素（即最后一个元素）。

```
print(list1[-1])
```

4）输出列表 list1 中 1≤索引值 <5 的元素（即第 2 ~ 5 个元素），区间是左闭右开。

```
print(list1[1:5])
```

运行结果：["xiaozhang", 1991, 1, 2]

5）输出列表 list1 的长度，即元素的个数。

```
print(len(list1))
```

6）循环遍历 list1 的元素并输出。

```
for i in list1:
    print(i)
```

（2）列表相关函数和方法

1）在列表 list2 = ［1，2，3，4，5，6，7］末尾添加一个新元素 8。

```
list2.append(8)
```

append（）方法可向列表的末尾添加元素。

2）在列表 list2 前面插入一个新的元素 10。

```
list2.insert(0,10)
```

insert（index，object）方法可在指定位置 index 前插入元素 object。

3）删除列表 list2 的第 2 个元素。

```
del list2[1]
```

4）删除列表 list2 的最后一个元素。

```
del list2[ -1]
```

del：根据下标进行删除，还可以删除整个列表。

5）删除列表 list2 的最后一个元素。

```
list2.pop()
```

pop()：删除列表的最后一个元素。

6）删除列表 list2 中的元素 6。

```
list2.remove(6)
```

remove()：根据元素的值进行删除。

7）列表 list2 按升序排列。

```
list2.sort()
```

8）列表 list2 按降序排列。

```
list2.sort(reverse =True)
```

（3）列表的嵌套　列表的嵌套指的是一个列表的元素又是一个列表，即二维列表。例如，选手 S01、S02 和 S03 的 4 个得分，见表 6 - 11。

表 6-11　选手得分表

选手 ID	得分 1	得分 2	得分 3	得分 4
S01	8	7	6	4
S02	6	3	7	6
S03	7	5	5	6

1）将 3 个选手的得分存储在列表 list3 中。

```
list3 =[["S01",8,7,6,4],["S02",6,3,7,6],["S03",7,5,5,6]]
```

list3 是一个列表，该列表中的每个元素又是一个列表，即 list3 是一个列表的嵌套，也是二维列表。

2）输出二维列表 list3 中的数据，要求每个元素输出一行。

```
for i in list3:
    print(i)
输出结果:
['S01', 8, 7, 6, 4]
['S02', 6, 3, 7, 6]
['S03', 7, 5, 5, 6]
```

3）对二维列表 list3 排序，其语法格式如下：

```
sorted(list3,key = lambda e:e[1],reverse = True)
```

sorted()是排序函数，第一个参数是待排序的二维列表，第二个参数是排序的关键字，第三个参数是排序方式。其中，lambda 是一个匿名函数；e 是形参，表示的是 list3 中的一个元素，e[0] 表示按第 1 个元素排序，e[1] 表示按第 2 个元素排序，以此类推；reverse = True 表示按降序排列（reverse = False 表示按升序排列），当省略 reverse 时，默认情况下为升序排列。

4）在列表 list3 中，按每个选手的得分 3（即列表 list3 的第 4 个元素）降序排列输出。

```
list3_sort = sorted(list3,key = lambda e:e[3],reverse = True)
print(list3_sort)
输出结果:
[['S02', 6, 3, 7, 6], ['S01', 8, 7, 6, 4], ['S03', 7, 5, 5, 6]]
```

5. 字典

字典也是 Python 的序列之一，字典的特点是无序可变。

字典用大括号 {} 表示。定义字典时，每个元素都是一个键值对，键（Key）和值（Value）之间用冒号分隔，键值对之间用逗号分隔，所有的键值对都放在一对大括号中。字典的键可以是任意不可变数据。

94 字典

字典与列表不同的是，列表在查找某个元素时，是根据下标（索引值）来进行的，而字典在查找某个元素时，是根据键来进行的。

(1) 字典元素的添加和读取

1) 创建字典 dict，其中，字典的键和值分别是表 6-9 中的选手 ID 和难度系数。

```
dict = {"S01":3.5,"S02":2.8,"S03":2.7,"S04":3.1,"S05":3.0,"S06":2.8,"
S07":2.5,"S08":2.6}
```

2) 输出字典 dict 的键 “S01” 的值。

```
print(dict["S01"])
```

也可以使用字典的 get( )方法访问键 “S01” 的值，即 print (dict. get (" S01"))。使用字典的 get( )方法可获取指定键的值，当键不存在时返回为 None。

3) 为字典 dict 添加一个键为 “S09”、值为 2. 3 的元素。

```
dict["S09"] =2.3
```

输出结果如下。

```
{'S01': 3.5,'S02': 2.8,'S03': 2.7,'S04': 3.1,'S05': 3.0,'S06': 2.8,'S07': 2.5,
'S08': 2.6,'S09': 2.3}
```

4) 修改字典 dict 的键 “S05” 的值。

```
dict["S05"] =2.9
{'S01': 3.5,'S02': 2.8,'S03': 2.7,'S04': 3.1,'S05': 2.9,'S06': 2.8,'S07': 2.5,
'S08': 2.6,'S09': 2.3}
```

(2) 字典元素的删除　删除字典 dict 的键 “S02”。注意：删除了键，其对应的值也就不存在了。

```
del dict["S02"]
print(dict)
```

输出结果如下：

```
{'S01': 3.5,'S03': 2.7,'S04': 3.1,'S05': 2.9,'S06': 2.8,'S07': 2.5,'S08': 2.6,
'S09': 2.3}
```

(3) 一个键对应多个值的字典

1) 创建字典 dict1，键为表 6-9 中的选手 ID，值为对应选手的姓名、国籍和难度系数。

```
dict1 = {
        "S01":["邱波","中国",3.5],
        "S02":["托马斯","西班牙",2.8],
        "S03":["理查德","挪威",2.7],
        "S04":["马丁","意大利",3.1],
        "S05":["西蒙","英国",3.0],
        "S06":["乔治","法国",2.8],
        "S07":["艾伯特","比利时",2.5],
        "S08":["杰瑞","荷兰",2.6]
        }
```

2）输出字典 dict1 中选手“S01”的国籍（即键“S01”的第 2 个值）。

```
print(dict1["S01"][1])
```

6. 对 Excel 文件的操作

Python 的第三方库中有很多对 Excel 文件进行操作的模块。openpyxl 库只适用于 2007 版本及扩展名为 . xlsx 的 Excel 文件。如果要处理更早版本的 Excel 文件，则需要用到其他的库。

95 对 Excel 文件的操作

Anaconda 默认已经安装了 openpyxl 库。如果系统中没有安装 openpyxl 库，则需要在命令提示符窗口下输入下列命令进行安装：

```
pip install openpyxl
```

Excel 文件有 3 个对象，分别是 Workbook（工作簿）、Sheet（工作表）和 Cell（单元格）。

openpyxl 库读写单元格时，单元格的坐标位置起始值是（1，1），即下标最小值为 1，否则程序会报错。

下面介绍 openpyxl 库对 Excel 文件的读写操作。

（1）写 Excel 文件

1）从 openpyxl 库中导入 Workbook 模块。

```
from openpyxl import Workbook
```

2）创建一个工作簿对象 wb。

```
wb = Workbook()
```

3）创建并激活一个工作表对象 sheet。

```
sheet = wb.active
```

4）修改工作表的标签。

```
sheet.title = "选手表"
```

5）给单元格 A4 赋值为 4。

```
sheet["A4"] = 4
```

openpyxl 支持直接访问横、纵坐标。

6）从第一个空白行开始向工作表中添加一行数据。

```
sheet.append(row)
```

row 可以是列表、元素、字典等数据类型。

例如：

```
sheet.append(["选手 ID","姓名","国籍","难度系数"])
sheet.append(["S01","邱波","中国","3.5"])
```

7）保存文档。

```
wb.save("player.xlsx")
```

【例题 1】 向 Excel 文件中写入数据。

例题描述：利用 openpyxl 库将表 6－9 中的选手信息写入 Excel 文件中。

例题分析：①从 openpyxl 库中导入 Workbook 模块；②创建二维列表，将表 6－9 中的数据写入二维列表中；③使用 for 循环将二维列表中的数据按行取出，添加到 Excel 工作表中；④将文件保存为“选手信息 . xlsx”。

新建 exl6_3_1. py 文件，编写例题 1 的源代码，运行效果如图 6－58 所示。

源代码如图 6－59 所示。

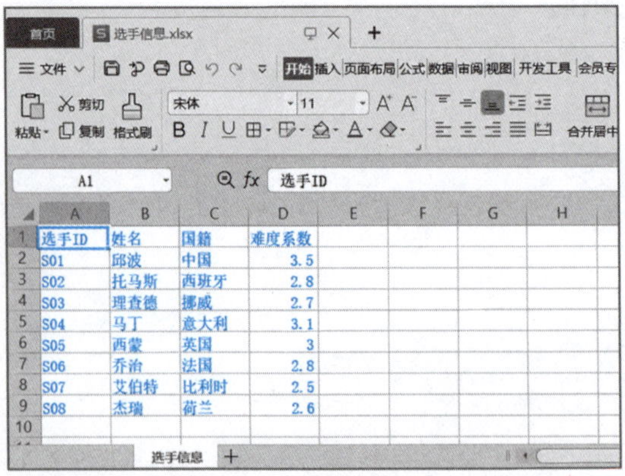

选手ID	姓名	国籍	难度系数
S01	邱波	中国	3.5
S02	托马斯	西班牙	2.8
S03	理查德	挪威	2.7
S04	马丁	意大利	3.1
S05	西蒙	英国	3
S06	乔治	法国	2.8
S07	艾伯特	比利时	2.5
S08	杰瑞	荷兰	2.6

图 6－58 例题 1 效果图

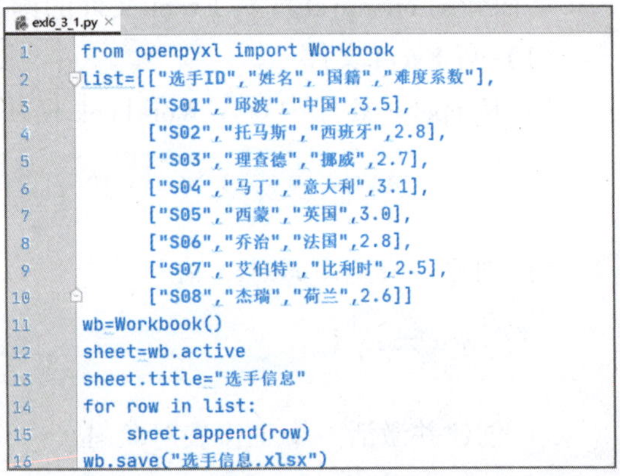

```
from openpyxl import Workbook
list=[["选手ID","姓名","国籍","难度系数"],
      ["S01","邱波","中国",3.5],
      ["S02","托马斯","西班牙",2.8],
      ["S03","理查德","挪威",2.7],
      ["S04","马丁","意大利",3.1],
      ["S05","西蒙","英国",3.0],
      ["S06","乔治","法国",2.8],
      ["S07","艾伯特","比利时",2.5],
      ["S08","杰瑞","荷兰",2.6]]
wb=Workbook()
sheet=wb.active
sheet.title="选手信息"
for row in list:
    sheet.append(row)
wb.save("选手信息.xlsx")
```

图 6－59 例题 1 源代码

代码分析如下。

第 1 行：从 openpyxl 库中导入 Workbook 模块。

第 2 ~ 10 行：创建二维列表 list，列表中存放表 6 - 9 的选手信息。

第 11 行：创建工作簿对象 wb。

第 12 行：创建 wb 的一个工作表对象 sheet。

第 13 行：将工作表标签命名为“选手信息”。

第 14、15 行：通过 for 循环遍历 list 列表，并将列表中的每行数据写入 sheet。

第 16 行：将工作簿 wb 保存为“选手信息 . xlsx”。

96 读 Excel 文件

(2) 读 Excel 文件

1) 从 openpyxl 库中导入 load_ workbook 模块。

```
from openpyxl import load_workbook
```

2) 打开当前文件夹中的文件“player. xlsx”。

```
wb = load_workbook("player.xlsx")
```

wb 是工作簿对象的名称。

3) 获取 wb 中第一个工作表名称。

```
sheet_name = wb.sheetnames[0]
```

4) 读取指定的工作表 sheet_ name。

```
ws = wb[sheet_name]
```

5) 获取工作表 ws 的行数。

```
rows = ws.max_row
```

6) 读取单元格 A4 的值。

```
rc = ws["A4"].value
```

也可以使用以下命令：

```
rc = ws.cell(row = 4,column = 1).value
```

【例题 2】将 Excel 文件中的数据读取到字典中。

例题描述：利用 openpyxl 库将文件“选手信息 . xlsx”中的数据读取到字典中，将选手 ID 作为字典的键，将选手的姓名、国籍和难度系数作为字典的值。

例题分析：①从 openpyxl 库中导入 load_ workbook 模块；②打开文件“选手信

息.xlsx”，读取指定的工作表记录；③定义一个空字典 dic；④使用 for 循环将工作表中的数据写入字典中，最后输出字典。

新建 exl6_3_2.py 文件，编写例题 2 的源代码，运行效果如图 6-60 所示。

```
Run: exl6_3_2
C:\Users\86136\Anaconda3\envs\Chapter06-Python\python.exe C:/Users/86136/PycharmProjects/pythonProject1/exl6_3_2.py
{'选手ID': ['姓名', '国籍', '难度系数'], 'S01': ['邱波', '中国', 3.5], 'S02': ['托马斯', '西班牙', 2.8], 'S03': ['理查德', '挪威', 2.7], 'S04': ['马丁', '意大利', 3.1], 'S05': ['西蒙', '英国', 3], 'S06': ['乔治', '法国', 2.8], 'S07': ['艾伯特', '比利时', 2.5], 'S08': ['杰瑞', '荷兰', 2.6]}

Process finished with exit code 0
```

图 6-60 例题 2 效果图

源代码如图 6-61 所示。

```
exl6_3_2.py
1  from openpyxl import load_workbook
2  wb=load_workbook("选手信息.xlsx")
3  sheet_name=wb.sheetnames[0]
4  ws=wb[sheet_name]
5  dic={}
6  for i in range(1,ws.max_row+1):
7      temp_list=[]
8      key=ws["A"+str(i)].value
9      w1=ws["B"+str(i)].value
10     w2=ws["C"+str(i)].value
11     w3=ws["D"+str(i)].value
12     temp_list=[w1,w2,w3]
13     dic[key]=temp_list
14 print(dic)
```

图 6-61 例题 2 源代码

代码分析如下。

第 1 行：从 openpyxl 库中导入 load_workbook 模块。

第 2 行：打开当前文件夹中的文件“选手信息.xlsx”。

第 3 行：获取工作簿 wb 中的第一个工作表名称。

第 4 行：读取工作簿 wb 中的第一个工作表。

第 5 行：创建一个空字典 dic。

第 6 行：使用 for 循环遍历工作表，从工作表的第 1 行到最后一行。

第 7 行：创建一个空列表 temp_list。

第 8 行：将工作表 A 列的值赋给 key。

第 9～11 行：将工作表 B、C、D 列的值赋给 w1、w2、w3。

第 12 行：将 w1、w2、w3 的值赋给 temp_list。

第 13 行：为字典 dic 添加元素，key 为字典的键，temp_list 为字典的值。

第 14 行：打印字典 dic。

知识巩固

一、选择题

1. 运行命令 len（123），返回值为（　　）。

   A. 1　　　B. 2　　　C. 3　　　D. 出错

2. 以下程序的输出结果是（　　）。

```
list_demo = [1,2,3,4,5,'a','b']
print(list_demo[1],list_demo[5])
```

   A. 1　5　　　B. 2　a　　　C. 1　97　　　D. 2　97

3. 下面代码的输出结果是（　　）。

```
a = [5,1,3,4]
print(sorted(a,reverse = True))
```

A. [1,3,4,5]　　B. [5,1,3,4]　　C. [5,4,3,1]　　D. [4,3,1,5]

4. 下面代码的输出结果是（　　）。

```
d={"大海":"蓝色","天空":"灰色","大地":"黑色"}
print(d["大地"],d.get("大地","黄色"))
```

A. 黑色黄色　　B. 黑色黑色　　C. 黑色灰色　　D. 黑色蓝色

5. random. randint（a，b）的作用是（　　）。

A. 生成一个 a 和 b 之间的随机数

B. 生成一个 a 和 b 之间的随机小数

C. 生成一个 a 和 b 之间（不包括 a 和 b）的随机数

D. 生成一个 a 和 b 之间的随机整数

6. 下面代码的输出结果是（　　）。

```
dict={"a":1,"b":2,"b":3}
temp=dict["b"]
print(temp)
```

A. 1　　B. {"b"：2}　　C. 3　　D. 2

二、编程题

1. 熟练编写体育比赛打分程序。

2. 使用二维列表实现分配老师到不同的办公室。

任务要求：已知某学校有 3 个办公室和 8 名教师，试完成教师和办公室的随机分配。

任务具体要求如下：

1）定义一个包含 3 个空列表的列表 offices，该列表中的每个空列表代表空办公室，下标代表办公室的编号。

2）定义一个列表 names，该列表中存储 8 位教师的姓名。

3）遍历 names 取出每个教师的姓名，之后随机选取一个代表办公室的空列表，将教师姓名添加到里面。

4）输出每个办公室列表的信息。

最终的效果图如图 6-62 所示。

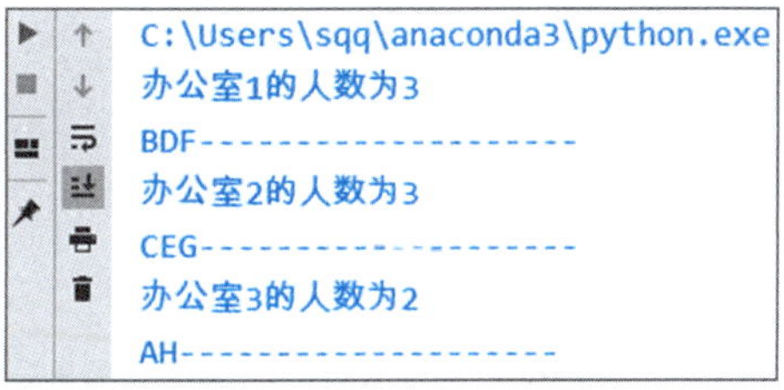

图 6-62　教师分配办公室效果图

项目总结

本章通过 3 个任务详细地介绍了 Python 的安装、基本语法和应用，具体内容如下：

1）Python 简介与安装步骤。

2）Python 的基本语法主要包括基本语法规则、变量、数据类型（数字类型、布尔类型、字符串类型、列表类型、元组类型和字典类型）及标识符。

3）内置函数的使用主要包括 print( )、input( )、int( )、round( )、float( )、str( )、sum( )、len( )。

4）运算符的使用主要包括算术运算符、赋值运算符、复合赋值运算符、比较运算符和逻辑运算符。

5）3 种基本程序结构分别为顺序、选择（if、if…else、if…elif…else）和循环（for）。要特别注意选择结构和循环结构中缩进和冒号的使用。

6）库的使用主要包括 turtle、random 和 openpyxl。

7）列表和字典的基本应用主要包括：①创建列表和字典；②为列表和字典添加、删除元素；③对列表和字典元素进行读取；④对列表进行排序；⑤对列表和字典进行循环遍历；⑥二维列表的应用。

8）利用 openpyxl 库对 Excel 文件进行读写操作，主要包括：①创建工作簿；②创建工作表；③给单元格赋值；④向工作表中添加数据；⑤保存 Excel 文件；⑥读取指定的工作表；⑦读取工作表中的最大行；⑧读取单元格中的值。

项目七 认识图像识别

任务一 掌握图像识别技术

任务导入

某日，小红和小蓝一起逛公园，突然小红指着一朵花，好奇地问："小蓝，这是什么花？"小蓝一脸茫然。小蓝灵机一动掏出了手机，打开 App，搜索"形色识花"，对准那朵花一扫，结果就出来了。小蓝收起手机，胸有成竹地对小红说："这是虞美人，你看他有红色的花朵……"小蓝是如何在短时间内知道花的名字和详细信息的？他到底使用了什么高科技？

素质目标

目前，基于图像的花卉识别、动物识别及车牌号识别等应用遍地开花，其核心都离不开图像识别技术的发展。图像识别技术能取得今天的成绩并不是一蹴而就的，而是经过了无数学者的深耕细作，我辈也应该发扬精益求精和吃苦耐劳的精神，不断提升专业理论知识和专业技术应用能力，为图像识别技术的发展贡献力量。

任务目标

任务分析

1. 图像识别简述

人类是如何进行图像识别的？当人们看到一只狗，大脑会迅速判断是不是见过这只狗或者类似的动物，这个过程类似于搜索。人们会把看到的这只狗与记忆中相同或类似的动物进行匹配，从而识别它是谁家的狗或者是哪个品种的狗。本书所指的图像识别是借助计算机技术进行的。虽然人类的识别能力很强大，但是对于高速发展的社会，人类自身的识别能力已经满足不了需求，于是就产生了基于计算机的图像识别技术。

图像识别指利用计算机对图像进行处理、分析和理解，以识别各种不同模式的目标和对象的技术，并对质量不佳的图像使用一系列的增强与重建技术手段，从而有效改善图像质量。

2. 图像识别的发展历史

图像识别是人工智能的一个重要应用领域。图像识别技术的发展起源于一个故事：1966 年的夏天，人工智能之父 Minsky 给学生布置了一个暑假作业，要求学生编写一个程序，让计算机告诉我们它通过摄像头看到了什么。于是一大批人从此走上了图像识别的道路。

97 图像识别发展历史

（1）第一阶段　在 1970—1980 年间，Minsky 布置的作业有了基础保障：现代电子计算机的出现使计算机有机会尝试回答摄像头看到了什么。

研究人员首先从人类看东西的方法中获得借鉴。当时人们普遍认为，人类能看到并理解事物是因为通过眼睛可以立体地观察事物（现在看来是极大的误解），如图 7－1 所示。因此要想让计算机理解它所看到的图像，必须先将事物的三维结构从二维的图像中恢复出来，这就是所谓的“三维重构”的方法。

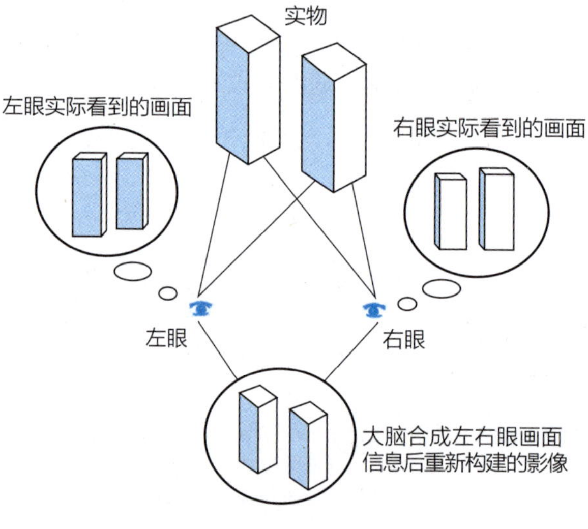

图 7－1　人眼三维重构效果示意图

另一个灵感是，人们认为之所以能识别出一个苹果，是因为人们已经有了先验知识：苹果是红色的、圆的、表面光滑的。如果给机器也建立一个这样的知识库，让机器将看到的图像与之匹配，那么是否可以让机器识别乃至理解它所看到的东西呢？这是所谓的“先验知识库”的方法，如图 7－2 所示。

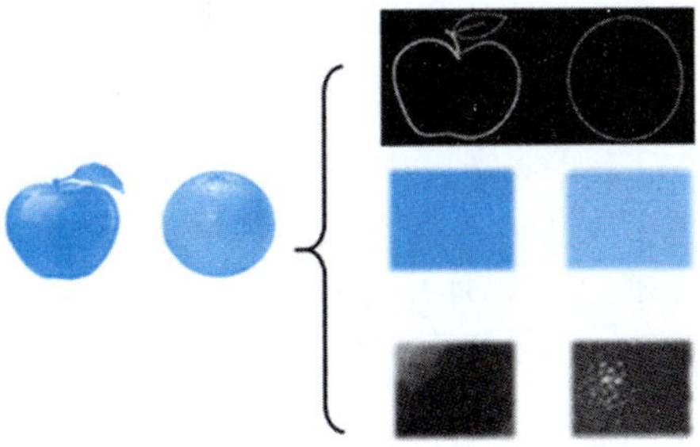

图 7－2　先验知识库分解图

这套方法只能够提取少数基本特征，实用性不高，只能用于某些光学字符识别、工件识别以及航空图片的识别等。

（2）第二阶段　截至 1990 年，图像处理硬件技术有了飞速进步，人们也开始尝试不同的算法，包括统计方法和局部特征描述符的引入，使计算机视觉技术取得了更大的发展，并开始广泛应用于工业领域。

在“先验知识库”的方法中，事物的形状、颜色和表面纹理等特征受到视角和观察环境的影响，在不同角度、不同光线及不同遮挡的情况下会产生变化。因此，研究者的新方法是，通过局部特征的识别来判断事物，对事物建立一个局部特征索引，即使视角或观察环境发生变化，也能准确地匹配，如图 7－3 所示。

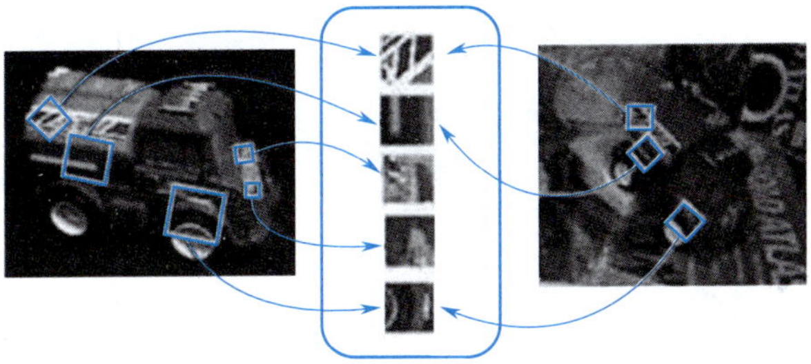

图 7－3　局部特征索引示意图

（3）第三阶段　2000 年，得益于互联网兴起和数码相机出现带来的海量数据，加之机器学习方法的广泛应用，计算机视觉发展迅速。以往许多基于规则的处理方式，都被机器学习替代，机器自动从海量数据中总结归纳物体的特征，然后进行识别和判断，如图 7－4 所示。

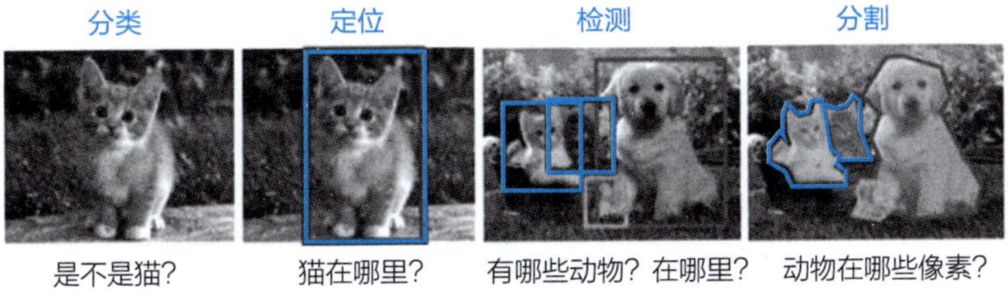

图 7－4　机器学习图像识别

这一阶段涌现出了非常多的应用，包括典型的相机人脸检测、安防人脸识别、车牌识别等。数据的积累还诞生了许多评测数据集，如权威的人脸识别和人脸比对识别的平台——FDDB 和 LFW 等。其中最有影响力的是 ImageNet，包含 1400 万张已标注的图片，划分在上万个类别里。2015 年 2 月 15 日，新浪科技发布一条新闻：微软最近公布了一篇关于图像识别的研究论文，在一项图像识别的基准测试中，计算机系统的识别能力已经超越了人类。人类在归类数据库 ImageNet 中的图像识别错误率为 5.1%，而微软研究小组的这个深度学习系统可以达到 4.94% 的错误率。从这则新闻中可以看出，图像识别技术在图像识别方面已经有要超越人类的图像识别能力的趋势。这也说明，未来图像识别技术有更大的研究意义与潜力。而且计算机在很多方面确实具有人类无法超越的优势，正是因为如此，图像识别技术才能为人类社会带来更多的应用。

（4）第四阶段　截至 2010 年，借助于深度学习的力量，计算机视觉技术得到了爆发式的增长和产业化。之后出现了神经网络图像识别，这就是目前比较新的一种图像识别技术。其工作过程如图 7-5 所示。

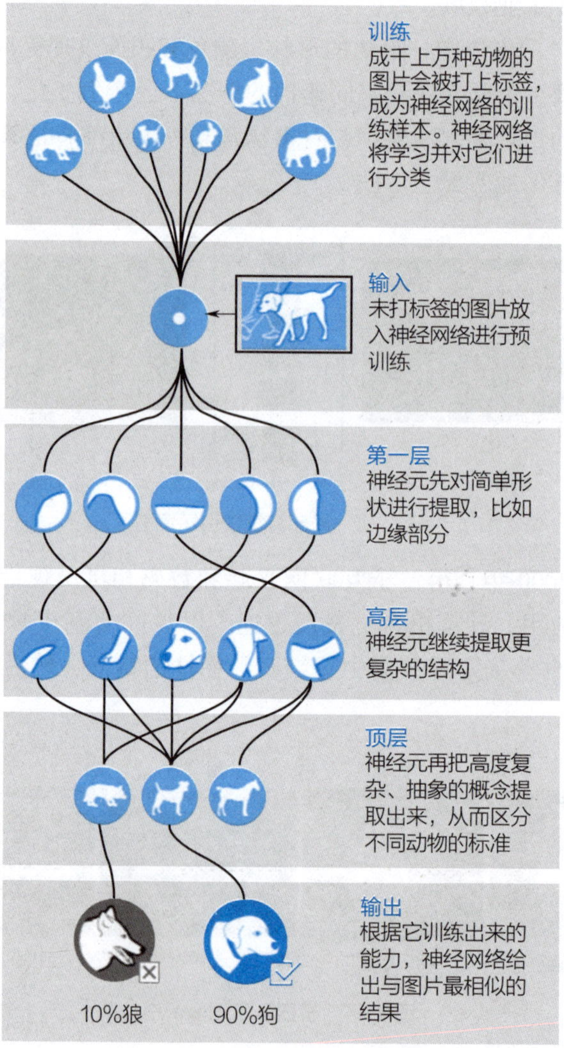

图 7-5　神经网络图像识别工作过程

3. 图像识别的核心技术

98 图像识别核心技术

神经网络图像识别技术是一种比较新型的图像识别技术，是在传统的图像识别方法和基础上融合神经网络算法的一种图像识别方法。这里的神经网络是指人工神经网络，也就是说，这种神经网络并不是动物本身所具有的真正的神经网络，而是人类模仿动物神经网络后人工生成的。在神经网络图像识别技术中，遗传算法与BP网络相融合的神经网络图像识别模型是非常经典的，在很多领域都有它的应用。在图像识别系统中利用神经网络系统，一般会先提取图像的特征，再利用图像所具有的特征映射到神经网络进行图像识别分类。以汽车拍照自动识别技术为例，当汽车通过的时候，汽车自身具有的检测设备会有所感应。此时检测设备就会启用图像采集装置来获取汽车正反面的图像。获取图像后，必须将图像上传到计算机进行保存以便识别。最后车牌定位模块会提取车牌信息，对车牌上的字符进行识别并显示最终的结果。在对车牌上的字符进行识别的过程中就用到了基于模板匹配的算法和基于人工神经网络的算法。

（1）神经网络的图像数据预处理步骤　神经网络图像识别算法依赖于数据集的质量，即用于训练和测试模型的图像质量。图像数据准备的一些重要参数和注意事项如下：

1）图像大小。更高质量的图像为模型提供了更多信息，但需要更多的神经网络节点和更多的计算能力来处理。

2）图像数量。向模型提供的数据越多，图像将越精确。

3）通道数。灰度图像具有两个颜色通道（黑、白）；彩色图像通常具有3个颜色通道（红色、绿色、蓝色，即RGB），其颜色表示为［0,255］。

4）高宽比。确保图像具有相同的高宽比和尺寸。通常，神经网络模型采用正方形输入图像。

5）图像缩放。一旦所有图像都经过平方处理，就可以缩放每个图像。有许多放大和缩小技术，它们可以作为深度学习库中的函数使用。

6）输入数据的均值。在所有训练示例中，人们可以通过计算每个像素的平均值来查看“均值图像”，以获得有关图像中基础结构的信息。

7）标准化图像输入。确保所有输入参数（在这种情况下为像素）都具有均匀的数据分布。训练网络时，这将加快融合速度。可以通过从每个像素中减去平均值，然后将结果除以标准差来进行数据归一化。

8）降维。可以将RGB通道折叠为灰度通道。如果打算降低神经网络训练的强度，则可能需要减小其他尺寸。

9）数据扩充。涉及通过扰动当前图像的类型（包括缩放和旋转）来扩充现有数据集。这样做是为了使神经网络具有多种变体，使该神经网络不太可能识别数据集中的有害特征。

（2）使用神经网络建立图像预测模型　准备好训练图像后，需要一个可以处理它们并使用它们对新的未知图像进行预测的系统。该系统是一个人工神经网络，如图 7－6 所示。神经网络图像识别算法可以对几乎所有的内容进行分类，从文本到图像、音频文件和视频。

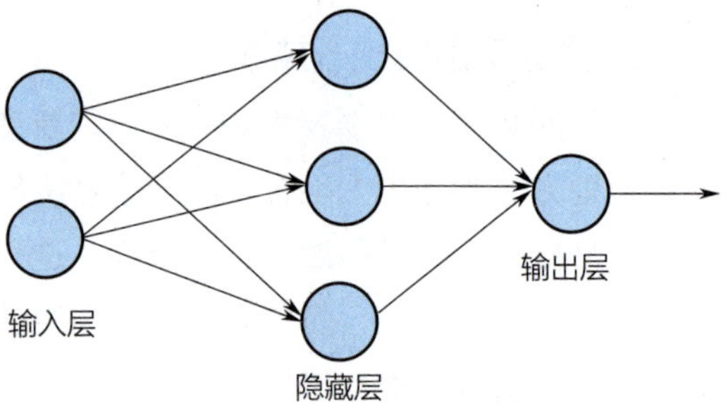

图 7－6　人工神经网络

神经网络是称为神经元或感知器的节点的互联集合。每个神经元都会获取一份输入数据，通常是图像的一个像素，然后通过激活函数的简单计算来生成结果。每个神经元都有影响其结果的数值权重。

该结果将被馈送到其他神经层，该过程结束时，神经网络会为每个输入或每个像素生成一个预测。此过程会针对大量图像重复进行，并且神经网络在反向传播的过程中为每个神经元学习最合适的权重，从而提供准确的预测。训练模型后，将其应用于未参与训练的一组新图像（测试或验证集），以测试其准确性。进行一些调整后，该模型可对真实世界的图像进行分类。

（3）常规神经网络在图像识别中的局限性　传统的神经网络使用完全连接的体系结构，其中一层中的每个神经元都连接到下一层中的所有神经元。完全连接的神经网络（图 7－7）在处理图像数据时的效率很低。

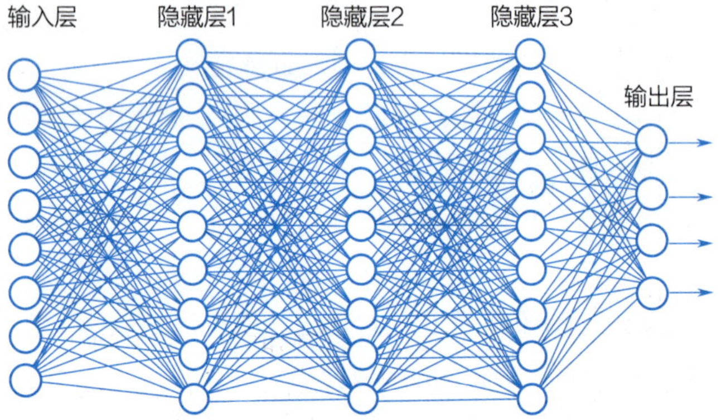

图 7－7　完全连接的神经网络

对于具有数百个像素和 3 个通道的普通图像，传统的神经网络将生成数百万个参数，这可能会导致过拟合。该模型将需要大量的计算，可能难以解释结果，可通过调试和调整模型来提高其性能。

（4）卷积神经网络及其在图像识别中的作用　与完全连接的神经网络不同，在卷积神经网络（Convolutional Neural Networks，CNN）中，一层中的神经元不会连接到下一层中的所有神经元。相反，CNN 使用三维结构，其中每组神经元都分析图像的特定区域或“特征”。CNN 会按接近程度过滤连接（仅针对附近的像素分析像素），从而可以在计算上实现训练过程，3D CNN 结构图如图 7－8 所示。

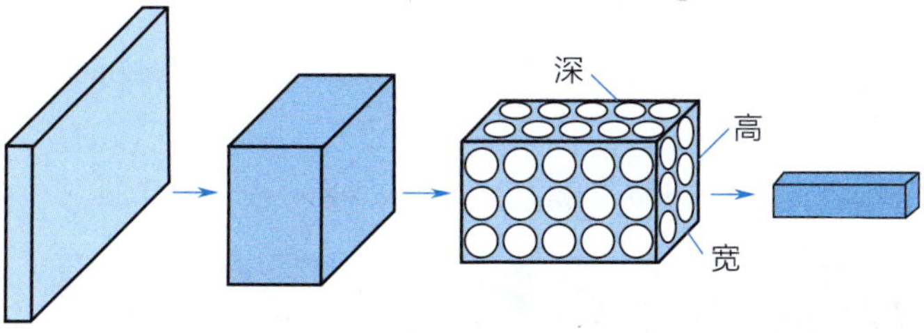

图 7-8 3D CNN 结构图

在 CNN 中，每组神经元都专注于图像的一部分。例如，在猫的图像中，一组神经元可能会识别出头部，另一组可能会识别出身体等。在分割的几个阶段中，神经网络图像识别算法会分析图像的较小部分，如猫的鼻子、胡须、耳朵等。最终输出的是概率矢量，它针对图像中的每个特征预测其属于某个类别或类别的可能性。

（5）卷积神经网络的有效性和局限性 CNN 架构使用行业基准数据集预测图像中的对象达到了 95% 的准确性，而人类能力可达到 94% 的准确性。即便如此，CNN 也有其局限性。CNN 需要强处理能力，通常在具有专用图形处理单元（GPU）的高成本机器上训练模型。

当图像旋转或倾斜时，或者图像具有所需对象的特征但顺序或位置不正确时，预测可能会失败。目前已经出现了一种称为 CAPSNet 的新体系结构来解决此限制。

任务实施

1. 图像识别技术的应用

使用图像识别技术可进行通用物体和场景识别。场景识别如图 7-9 所示。

测试小链接：https：//ai. baidu. com/tech/imagerecognition/general。

可进行图像单主体和多主体检测，多主体检测如图 7-10 所示。

测试小链接：https：//ai. baidu. com/tech/imagerecognition/object_ detect。

99 图像识别技术的应用

图 7-9 场景识别

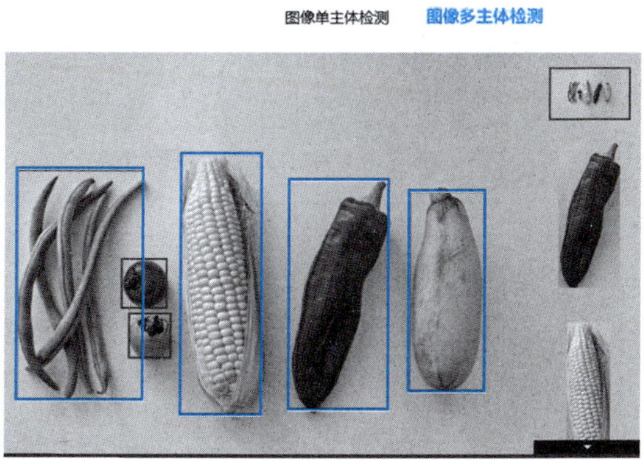

图 7-10 图像多主体检测

动物识别如图 7－11 所示。

测试小链接：https：//ai. baidu. com/tech/imagerecognition/animal。

植物识别如图 7－12 所示。

测试小链接：https：//ai. baidu. com/tech/imagerecognition/plant。

图 7－11　动物识别

图 7－12　植物识别

菜品识别如图 7－13 所示。

测试小链接：https：//ai. baidu. com/tech/imagerecognition/dish。

地标识别如图 7－14 所示。

图 7－13　菜品识别

图 7－14　地标识别

2. 图像识别技术的前景

计算机的图像识别技术在公共安全、生物、工业、农业、交通和医疗等很多领域都有应用。例如，交通方面的车牌识别系统，公共安全方面的人脸识别技术、指纹识别技术，农业方面的种子识别技术、食品品质检测技术，医学方面的心电图识别技术等。随着计算机技术的不断发展，图像识别技术也在不断优化，其算法也在不断改进。图像是人类获取和交换信息的主要来源，因此与图像相关的图像识别技术必定也是未来的研究重点。未来，计算机的图像识别技术很有可能在更多的领域崭露头角，它的应用前景是不可估量的，人类的生活也将更加离不开图像识别技术。

图像识别技术虽然是刚兴起的技术，但其应用已相当广泛。并且，图像识别技术还在不断地成长，随着科技的不断进步，人类对图像识别技术的认识也会更加深刻。未来的图像识别技术将会更加强大、更加智能地出现在人们的生活中，为人类社会的更多领域带来重大的应用。在当前这个信息化的时代，人们无法想象离开了图像识别技术的生活会变成什么样。图像识别技术是人类现在以及未来生活必不可少的一项技术。

任务评价

姓名：	班级：　　　　　　学号：
什么是图像识别？	
图像识别技术的发展经历了几个阶段？分别是什么？	
什么是神经网络图像识别？	
神经网络图像识别的过程是什么？	

知识拓展

本书中的图像识别技术应用场景使用的均是百度 AI 服务，读者要完成独立的项目，可以使用百度 AI 服务。执行命令 pip install baidu-aip，即可安装百度 AI 的 Python SDK。该服务使用时还需要创建应用，并完成授权。

100 图像识别知识拓展

通过网址 https：//ai. baidu. com/进入百度 AI 开放平台，单击顶部导航右侧的“控制台”，进入登录页面，已有百度账号的用户可以直接登录，没有百度账号的用户可以在此页面进行注册。

登录成功后，继续单击左侧导航栏中的“图像识别”，在图像识别页面，单击左侧导航的“应用列表”，并单击“创建应用”按钮，进行应用创建，如图 7 - 15 所示。创建应用需要填写如下内容：

1）应用名称：必填项，用于标识所创建的应用的名称，支持中英文、数字、下画线及中横线，此名称一旦创建完毕，就不可修改。

2）接口选择：必填项，对于每个应用，都可以勾选业务所需要的 AI 服务的接口权限（仅可勾选具备免费试用权限的接口服务）。应用权限可以跨服务勾选。应用创建完毕后，此应用就具备了所勾选服务的调用权限，所以此项非常关键。这里要完成的是植物识别应用程序，所以使用“图像识别”接口服务即可，且“图像识别”接口服务已经默认包含了所有，不需要用户额外去勾选。

3）应用归属：必填项，这里选择“个人”。

4）应用描述：必填项，对应用的业务场景进行描述。

图 7 – 15　创建应用界面

应用创建成功后，即可在应用列表中查看相关的 AppID、API Key 和 Secret Key，如图 7 – 16所示。这几个值会在代码中用到，作为授权。注意：授权的有效期为 30 天，需要每 30 天进行定期更换。

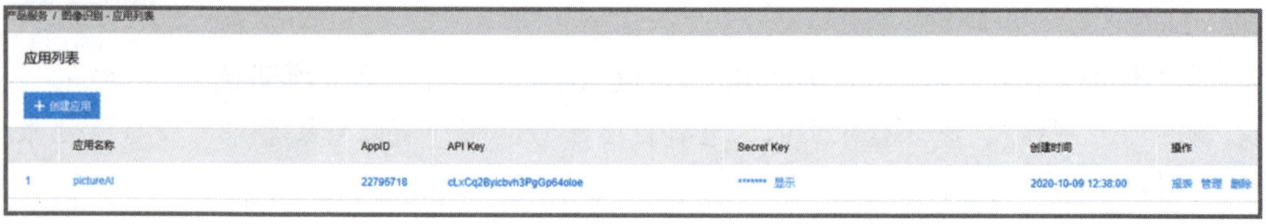

图 7 – 16　查看应用的 AppID、 API Key 和 Secret Key

另外，百度 AI 开放平台还提供了接口文档说明。通过网址 https：//ai. baidu. com/进入，单击顶部导航“开发与教学”中的“文档中心”，可以查看相关的技术文档，帮助用户更好地使用相关技术。用户也可以看到不同编程语言的 SDK 包，因为这里使用的是 Python 语言，故直接查看 PythonSDK 的使用说明，如图 7 – 17 所示。

图 7－17　PythonSDK 的使用说明

知识巩固

选择题

1. 图像识别的早期做法是（　　）。

A. 利用“先验知识库”的方法　　B. 利用机器学习的方法

C. 利用深度学习的方法　　D. 利用大数据技术

2. 在百度 AI 开放平台接入流程中，在账号注册和登录后，需要创建（　　）才可正式调用 AI 服务。

A. 服务　　B. 接口　　C. 身份　　D. 应用

任务二　掌握人脸识别技术

任务导入

音乐界有一个有趣的榜单，那就是在明星演唱会上，比谁“抓”的逃犯更多。而在这个榜单上，张学友是当之无愧的第一，他以 55 人的绝对优势，力压周杰伦（两人）、五月天（一人），以至于网友调侃说“唱歌可能就是歌神的副业”，“不要叫我歌神，叫我阿 Sir”。当然这只是一个笑话，真正的幕后功臣却“另有其人”，那就是人脸识别。而且一场演唱会往往几万人的规模，人员众多，灯光昏暗，警方是如何在人流量如此大的情况下成功锁定逃犯的？现在的人脸识别系统发展到了什么程度？

素质目标

人脸识别是一项技术，但滥用人脸识别就会涉及侵犯隐私和隐私泄露。目前，人脸数据泄露的问题已经发生。2020 年 10 月，央视就报道了一则新闻：在某些网络交易平台上，只要花 2 元钱就能买到上千张人脸照片，而 5000 多张人脸照片的标价还不到 10 元。可见，技术需要驱动力，同时也需要“枷锁”。作为人脸识别技术的相关人员，需要守住伦理道德底线。

任务目标

任务分析

1. 人脸识别简述

101 人脸识别发展历史

提到人脸识别，很多人的第一反应就是“刷脸”。其实，人脸识别的含义远非如此。从根本上讲，人脸识别就是通过分析及比较人脸视觉特征信息进行身份鉴别的计算机技术。专业地说，人脸识别就是用摄像机或摄像头采集含有人脸的图像或视频流，并自动在图像中检测和跟踪人脸，进而对检测到的人脸进行识别的一系列相关技术，通常也称为人像识别、面部识别。它不仅仅是通过人脸进行身份确认或者身份查找的技术或系统，而是一种更为广义的构建人像识别系统的一系列相关技术，包括人脸图像采集、人脸定位及人像识别预处理等。也就是说，通过人脸识别不仅能知道“这个人是不是某人”，更能确认“这个人是谁”。

2. 人脸识别发展历史

早在 20 世纪 50 年代，认知科学家就已着手对人脸识别展开研究。20 世纪 60 年代，人脸识别工程化应用研究正式开启。当时主要利用了人脸的几何结构，通过分析人脸器官特征点及其之间的拓扑关系进行辨识。这种方法简单直观，但是一旦人脸姿态、表情发生变化，则精度严重下降。

1991 年，著名的“特征脸”方法第一次将主成分分析和统计特征技术引入人脸识别，在实用效果上取得了长足的进步。这一思路也在后续研究中得到了进一步发扬光大，例如，Belhumer 成功地将 Fisher 判别准则应用于人脸分类，提出了基于线性判别分析的 Fisherface 方法。来自 100 个类（主题）的前 4 个 Fisherface 如图 7 - 18所示。

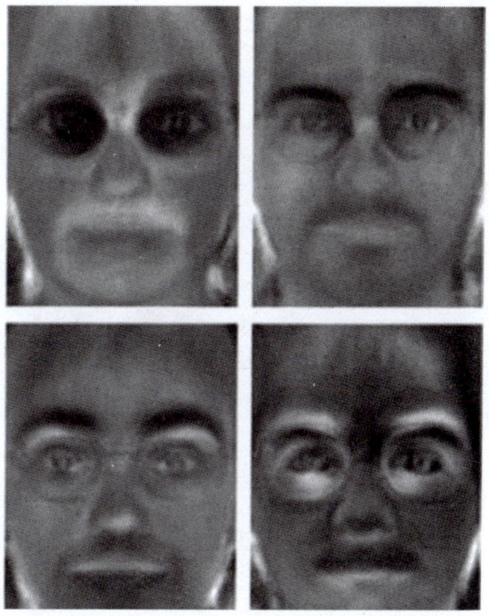

图 7 - 18 来自 100 个类（主题）的前 4 个 Fisherface

21 世纪的前 10 年，随着机器学习理论的发展，学者们相继探索出了基于遗传算法、支持向量机（Support Vector Machine，SVM）、Boosting、流形学习以及核方法等的人脸识别技术。2009—2012 年，稀疏表达（Sparse Representation）因为其理论和对遮挡因素的鲁棒性成为当时的研究热点。与此同时，业界也基本达成共识：对基于人工精心设计的局部描述子进行特征提取和使用子空间方法进行特征选择，能够取得最好的识别效果。Gabor 及 LBP 特征描述子是迄今为止在人脸识别领域最为成功的两种人工设计局部描述子。对各种人脸识别影响因子的针对性处理也是那一阶段的研究热点，如人脸光照归一化、人脸姿态校正、人脸超分辨以及遮挡处理等。也是在这一阶段，研究者的关注点开始从受限场景下的人脸识别转移到非受限环境下的人脸识别。LFW 人脸识别公开竞赛在此背景下开始流行，当时最好的识别系统尽管在受限的 FRGC 测试集上能取得 99% 以上的识别精度，但是在 LFW 上的最高精度仅仅在 80% 左右，距离实用颇远。

2013 年，MSRA 的研究者首度尝试了 10 万规模的大训练数据，并基于高维 LBP 特征和 Joint Bayesian 方法在 LFW 上获得了 95.17% 的精度。这一结果表明：大训练数据集对于有效提升非受限环境下的人脸识别很重要。然而，以上所有这些经典方法都难以处理大规模数据集的训练场景。

2014 年前后，随着大数据和深度学习的发展，神经网络备受瞩目，并在图像分类、手写体识别和语音识别等应用中获得了远超经典方法的结果。香港中文大学提出将卷积神经网络应用到人脸识别上，采用 20 万训练数据，在 LFW 上第一次得到超过人类水平的识别精度，这是人脸识别发展历史上的一座里程碑。

自此之后，研究者不断改进网络结构，同时扩大训练样本规模，将 LFW 上的识别精度推到 99.5% 以上。人脸识别发展过程的一个基本趋势是：训练数据规模越来越大，识别精度越来越高。

目前市面上能够提供人脸识别解决方案的公司主要有百度、科大讯飞和旷世科技，还有已经被 Facebook 收购的 face.com。旷世科技的人脸识别技术在国内得到了很广泛的应用，其中非常有名的是支付宝的刷脸验证登录技术。

3. 人脸识别流程及核心技术

人脸识别流程如图 7 - 19 所示。

102 人脸识别流程及核心技术

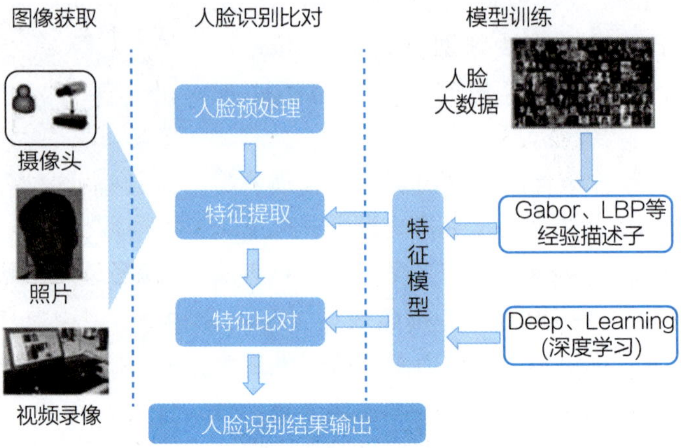

图 7-19　人脸识别流程

一般来说，人脸识别系统包括图像获取、人脸定位、图像预处理以及人脸识别（身份确认或者身份查找）等模块。系统输入一般是一张或者一系列含有未确定身份的人脸图像，以及人脸数据库中的若干已知身份的人脸图像或者相应的编码，而其输出则是一系列相似度得分，表明待识别的人脸的身份。其核心技术如下。

（1）人脸检测　人脸检测的作用是要检测出图像中人脸所在的位置。人脸检测算法的输入是一张图像，输出是人脸框坐标序列，具体结果是 0 个人脸框、1 个人脸框或多个人脸框。输出的人脸坐标框可以为正方形、矩形等。人脸检测算法的原理简单来说是一个“扫描”加“判定”的过程，即首先在整个图像范围内扫描，再逐个判定候选区域是否是人脸的过程。因此，人脸检测算法的计算速度会跟图像尺寸大小以及图像内容相关。在实际计算时，可以通过设置“输入图像尺寸”“最小脸尺寸限制”和“人脸数量上限”的方式来加速计算。

（2）人脸特征提取　人脸特征提取的输入是“一张人脸图像”和“人脸坐标框”，输出是五官关键点的坐标序列，如图 7-20 所示。五官关键点的数量是预先设定好的一个固定数值，常见的有 68 点、90 点和 150 点等。关键点是对图像中人脸五官与轮廓定位的标注，主要用来对人脸的关键位置进行定位。

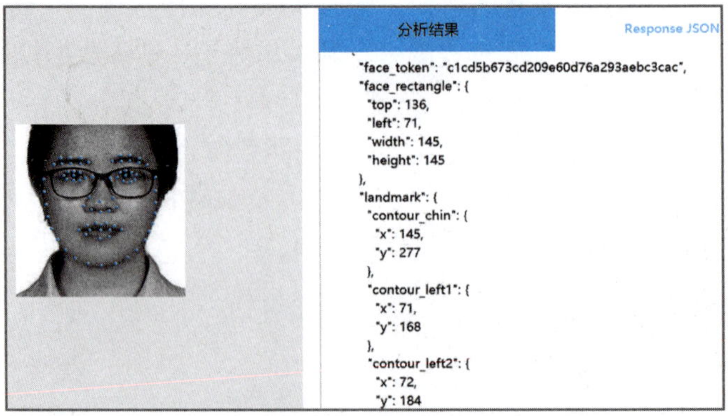

图 7-20　人脸特征提取

测试小链接：https：//www. faceplusplus. com. cn/face-detection/。读者可以打开该链接，滚动页面到中部，即可看到功能演示模块，可以自行完成一些人脸检测和人脸特征提取的小练习。

（3）人脸比对　人脸对比的目的是衡量两个人脸之间的相似度。人脸比对输入的是两个人脸特征，人脸特征由前面的人脸特征提取算法获得，输出是两个特征之间的相似度值，如图7－21所示。相似度值可以作为阈值，如果阈值调整到5以下，则几乎大部分人都可以是相似的，而调整到95以上，则同一个人在不同的背景环境拍出的照片都无法匹配，所以需要合理设定一个阈值。

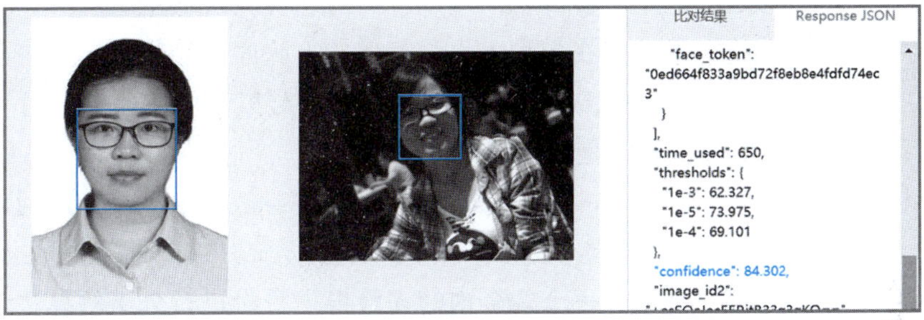

图7－21　人脸比对

测试小链接：https：//www. faceplusplus. com. cn/face-comparing/。读者可以打开该链接，滚动页面到中部，即可看到功能演示模块，可以自行完成一些人脸对比的小练习。

（4）人脸属性识别　该技术是可以识别出人脸的性别、年龄、姿态和表情等属性值的一项技术，如图7－22所示。这在有些相机App中有所应用，包括自动识别摄像头视野中人物的性别、年龄等特征并标注出来。一般的人脸属性识别算法的输入是“一张人脸图”和“人脸五官关键点坐标”，输出是人脸相应的属性值。人脸属性识别算法会根据人脸五官关键点坐标将人脸对齐，具体过程为旋转、缩放或抠取等操作，将人脸调整到预定的大小和形态，以便之后进行属性分析。人脸的属性识别包括性别识别、年龄估计、表情识别、姿态识别和发型识别等方面。一般每种属性的识别算法过程都是独立的，但是有一些新型的基于深度学习实现的算法可以实现同时输出年龄、性别、姿态和表情等属性识别结果。

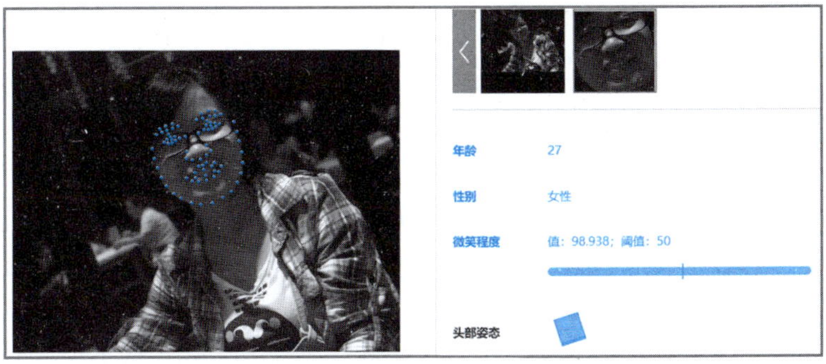

图7－22　人脸属性识别

测试小链接：https：//www. faceplusplus. com. cn/attributes/。读者可以打开该链接，滚动页面到中部，即可看到功能演示模块，可以自行完成一些人脸属性识别的小练习。

（5）人脸活体检测　人脸活体检测是通过眨眼、张嘴、摇头和点头等组合动作，判断人脸图像是来自真人还是来自攻击假体（照片、视频等）的方法，确保人脸识别系统的安全稳定运行。在日常生活环境中，人脸认证系统容易受到的几种欺骗手段包括：用偷拍的照片假冒真实人、使用在公开场合录制的视频或网上公开的视频片段以及用计算机辅助软件设计的三维模型欺骗，用蜡或塑料等材质构造的三维雕像欺骗。对于照片欺骗，可根据分辨率、三位三维信息、眼动等来进行区分；对于视频欺骗，可根据三维信息、光线等来区分。

（6）人脸搜索　人脸搜索是查找与输入人脸相似的人脸序列的算法。它将输入的人脸和一个集合中的所有人脸进行比对，根据比对后的相似度对集合中的人脸进行排序。根据相似度从高到低排序的人脸序列即是人脸检索的结果。

测试小链接：https：//www. faceplusplus. com. cn/face-searching/。读者可以打开该链接，滚动页面到中部，即可看到功能演示模块，可以自行完成一些人脸搜索的小练习。

（7）人脸聚类　人脸聚类是将一个集合内的人脸根据身份进行分组的算法。它将集合内所有的人脸两两之间进行比对，再根据比对相似度值进行分析，将属于同一个身份的人划分到一个组里。在没有进行人工身份标注前，人们只知道分到一个组的人脸是属于同一个身份，但不知道确切身份。

任务实施

1. 1：1 人脸识别

103 人脸识别技术的应用

1:1 人脸识别为身份验证模式，通过对某人的设备采集照与证件照的人脸特征进行比对，核实是否为同一个人。该模式主要应用于需要通过实名制验证的场景，比如乘坐高铁时，乘客需手持有效身份证件通过闸机，人脸识别检票系统会将乘客人脸图像与身份证照片进行比对，这就是典型的 1:1 模型的人脸识别。此外，常见的 1:1 模型应用还有景区验票、酒店入驻、刷脸支付、刷脸解锁、考生身份确认、公司考勤确认及会场签到等。

目前，市面上的比对来源主要有如下 3 种方式：

1）用户自传照片，比如支付宝的人脸比对，用户自传照片最大的问题是照片质量的合格率太低，拍照的光线、角度等因素会导致采集源的质量下降，不利于后期的大批量人脸特征码管理。

2）使用身份证读卡器读取身份证上的照片，这张照片只有 2KB，是目前用得最多的源照片提取方式，比较适合签到场合。

3）使用公安部旗下 NCIIC 的人脸比对接口。NCIIC 全称是全国公民身份证号码查询服务中心，也就是常说的公安部接口。公安部接口是不会直接对外的。

场景一：在无证件的情况下，如何确认本人身份？

如果一个人没有带证件，警察无法看到他的照片，如何确认他的身份？这是经常出现的执法矛盾。如果一个人把身份证弄丢了，外面风雪交加，如何给这类人办理酒店入住手续，这是身份确认的问题。公安部推进身份证网上副本身份认证，可“刷脸”完成，即可解决上述问题，人们出门不用完全依赖身份证就可以确定身份，方便很多。

但是1:1人脸算法的巨大隐患是，随处可见的人脸可视为一个公开的钥匙，对于支付宝提出的刷脸消费模式，如果没有手机验证码，极有可能被他人非法盗用进行消费。

场景二：对于远程的互联网客户，如何确认其身份？

在互联网买机票、车票，医院挂号，政府惠民工程项目，以及各种证券开户、电信开户、互联网金融开户都会用到身份认证。过去的身份认证方式是非常不妥的（比如支付宝的持有注册流程，还有一些社交App等需要上传身份证照片），这些资料是极其容易被盗取和转卖的，这给犯罪分子提供了很多可以利用的漏洞。

2. 1：*N*人脸识别

1:*N*人脸识别是指通过采集某人的人像后，从海量的人像数据中找到与当前人脸数据相符合的图像，通过数据库的比对找出“你是谁”。1:*N*人脸识别算法主要用于排查犯罪嫌疑人、失踪人口的全库搜寻和一人多证的重复排查，以相似度列出相应的结果，可以大大提高排查效率。类似的，也可以应用到走失儿童的项目中。

1:*N*人脸识别最大的问题是，*N*的总和数量越大，计算速度越慢，而总和超过20万，就会出现多个相似结果，需要人工辅助定位。所以这一类系统的部署需要两个条件：*N*的基本库足够大（比如1000万人），强大的算法硬件。

3. *N*：*N*人脸识别

N:*N*算法是基于1:*N*算法，通过计算机对场景内的所有人进行面部识别并与人像数据库进行比对的过程。它作为一种动态人脸比对，使用率非常高，能充分应用于多种场景，如公安布控、迎宾、机器人应用等。

该模式难度高，因为其必须依靠海量的人脸数据库才能运行。并且由于识别基数大，图像采集设备易受环境影响等因素，导致其可能产生较高的错误率，从而影响识别结果。该模式的主要限制如下。

海量的人脸照片解析需要大量运算，目前很少有在采集端直接解析的，都是照片剪裁。海量的人脸照片传输需要大量的带宽，常见的720布控摄像头抓取的最小人脸照片为20KB。海量的人脸照片在后台搜索需要耗费大量的运算，而且像素低于一定范围就难以识别。人脸搜索功能的适用范围如图7-23所示。

国内比较多的拍照和视频App以人像图层跟踪作为技术切入点，完成人脸图像效果叠加，但是产品安装包会比较大，现在做的也只是跟踪技术，属于底层识别，复杂一些的需要通过云服务实现。而且在视频级*N*:*N*的校验中，如果要提高通过率，很多时候是采取降低准确率的方式来降低算法队列数量的，所以算法在校验的过程中必须遵循至少一个固定标准，明确追求的是速度还是最高准确率。某App的人脸图像叠加效果如图7-24所示。

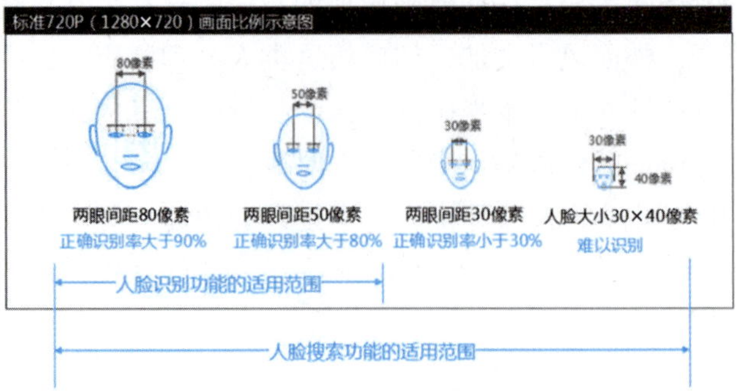

图 7-23　人脸搜索功能适用范围

图 7-24　人脸图像叠加效果

4. 人脸识别技术的应用及前景

人脸识别技术的应用场景见表 7-1。

104 人脸识别技术的应用及前景

表 7-1　人脸识别技术的应用场景

应用模式	典型具体应用	特点说明	应用领域
身份识别	出入境管理	过滤敏感人物（间谍、恐怖分子等）	国家安全、公共安全
	嫌疑人照片对比	公安系统用于确定犯罪嫌疑人身份	
	敏感人物智能监控	监控敏感人物（间谍、恐怖分子等）	
	网上追逃	在移动终端上进行现场对比	
	会议代表身份识别	防止非法人员进入会场带来危险因素	
	关键场所视频监控	如银行大厅，预警可能的不安全因素	
	家政服务机器人	能够识别家庭成员的智能机器人	
	自动系统登录	自动识别用户身份，提供个性化界面	
	智能 Agent	自动识别用户身份，提供个性化界面	
	真实感虚拟游戏	提供真实感的人物画像，增加交互性	
身份验证	护照、身份证、驾照等各类证件查验	海关、港口、机要部门等查验持证人的身份是否合法	公共安全
	准考证查验	防止替考问题	教育
	机要部门物理门禁	避免钥匙和密码被窃取而造成失窃	公共安全
	机要信息系统门禁	避免单纯的密码被窃取而造成信息被窃	公共安全
	面像考勤系统	方便、快捷，杜绝代考勤问题	企业应用
	金融用户身份验证	避免单纯的密码被窃取而造成财产损失	金融安全
	电子商务身份验证	安全、可靠的身份验证手段	金融安全
	智能卡	安全、可靠的授权	信息安全
	幼儿园接送人脸识别	防止非法人员冒名带来的危险因素	公共安全
	屏幕保护程序	方便、快捷地允许合法用户打开屏保	人机交互

随着大数据、共享时代的来临，数据安全问题也越发被重视起来，以人脸识别为代表的新一代技术革命已经展开。数据安全对技术的要求越来越高，既要保证数据的准确性，又要保证数据的安全性，人脸识别在这方面大有可为。另外，依托物联网与人工智能的快速推进，人脸识别应用场景会越来越广泛，可以通过社会工程学模板进行很多分析和改良，比如近期一些科学家利用人脸识别来分析人的健康，甚至是犯罪倾向，随着国家科研机构的研发投入、企业对技术的钻研、市场的推广等，这些都将是人脸识别技术可以施展拳脚的潜在领域。

任务评价

姓名：	班级：　　　　　　　　学号：
什么是人脸检测？	
什么是人脸活体检测？	
什么是人脸搜索？	
什么是人脸比对？	

知识拓展

105　人脸识别技术的知识拓展

百度 AI 服务提供了人脸识别接口，读者如果要完成独立的项目，可以使用百度 AI 服务，但是该服务使用时需要创建应用，完成授权，并添加可视化的人脸库。

通过网址 https://ai.baidu.com/进入百度 AI 开放平台，单击顶部导航右侧的“控制台”，进入登录页面。

登录成功后，继续单击左侧导航栏中的“人脸识别”，在人脸识别页面单击“创建应用”按钮，进行应用创建。应用创建中的人脸识别模块默认是选中的，不需要用户额外勾选，如图 7-25 所示。

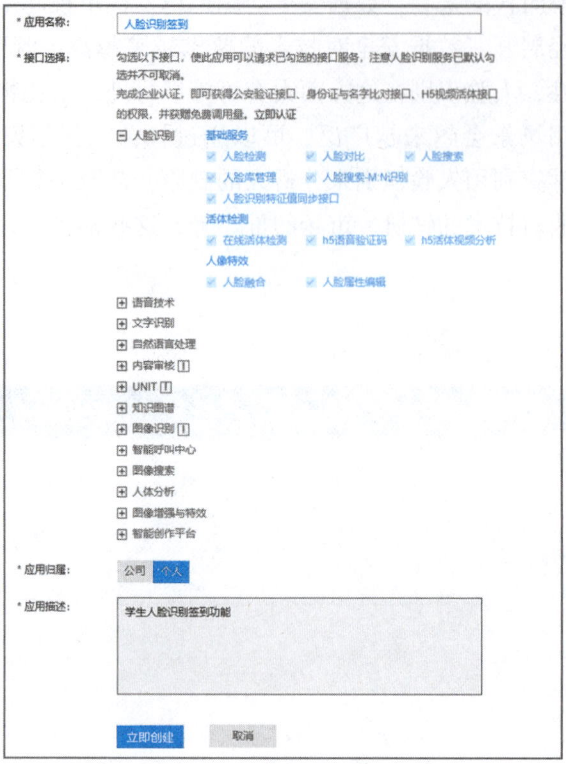

图 7－25 创建人脸识别应用

应用创建成功后，可以返回应用列表，查看应用的 API Key 和 Secret Key，作为后续程序中的授权（该授权有效期是 30 天），如图 7－26 所示。

图 7－26 查看应用 API Key 和 Secret Key

在当前应用中添加人脸。单击“查看人脸库”，开始创建用户组，如图 7－27 所示。

图 7－27 创建用户组

单击任意一个用户组名称，进入该用户组，在用户组里添加人脸。照片最好是单人照片，如果选取的是多人照片，人脸库中只会录入可检测到的最大人脸，如图 7－28 所示。

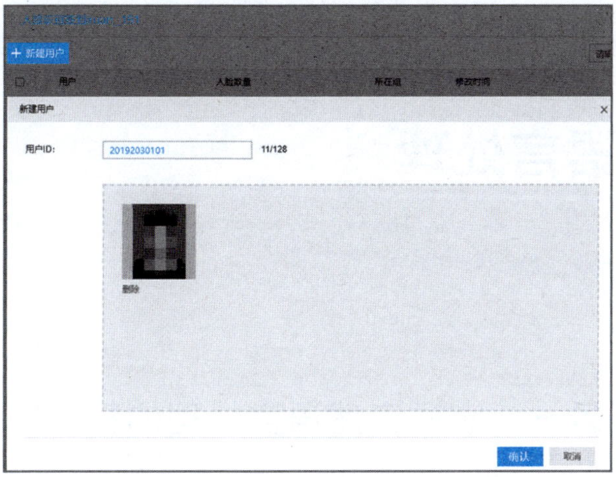

图 7－28 添加人脸

知识巩固

一、选择题

1. 通过比对，两张人脸的特征相似度（　　）阈值，即可判定两张人脸属于同一个人。

A. 大于　　B. 小于　　C. 等于　　D. 不相关

2. 人脸认证系统容易受到各种手段的欺骗，如用偷拍的照片假冒真人等，所以（　　）检测技术的研究显得异常重要。

A. 人脸比对　　B. 人脸活体　　C. 人脸搜索　　D. 人脸检测

二、简答题

1. 目前市面上能够提供人脸识别解决方案的公司主要有哪些？
2. 试描述目前常见的人脸识别应用场景。

项目总结

本项目先介绍了图像识别的概念以及图像识别技术的发展历程，利用百度智能 AI 服务介绍了几个应用案例。本项目还介绍了人脸识别的概念、人脸识别技术的发展历程、人脸识别使用的核心技术，包括人脸检测、人脸活体检测、人脸搜索、人脸对比等概念，实现人脸识别身份认证及人脸数据库对比等案例。

项目八
认识自然语言处理

任务一　掌握自然语言处理的基本概念

任务导入

宁宁上周的英语作业是用英文写一段家乡介绍，“避暑山庄”“驴肉火烧”“金丝小枣”……这些经常提到的词语用英语翻译可把宁宁难坏了。一筹莫展的宁宁打开百度翻译尝试了一下，结果惊喜地发现不仅单个词语可以翻译，整句话也可以翻译。这就是自然语言处理的魅力。

素质目标

在学习中践行“工匠精神”，就是要专注耐心、踏踏实实地悟原理，深入理解和把握知识的基础定义；就是要执着钻研，在“原汁原味”学习书本资料的基础上，结合实际，俯下身“边做边学”；就是要精益求精，带着问题学从实践中悟原理。

任务目标

任务分析

人工智能的发展离不开自然语言的处理，本任务介绍自然语言处理的定义、发展历程和工作原理。通过本任务的学习，读者能够了解自然语言处理是什么，是怎样发展而来的。

任务实施

自然语言处理主要研究人与计算机之间用自然语言进行有效沟通的各种理论和方法，它的研究不仅包括计算机、信息工程等领域的知识，还涉及统计学、语言学等领域的知识。自然语言处理旨在解决如何让计算机能够“懂”自然语言，因此，自然语言处理被誉为“人工智能皇冠上的明珠”。

106 自然语言处理概述

1. 概述

自然语言处理（Natural Language Processing，NLP）是计算机科学、人工智能及语言学关注计算机和人类（自然）语言之间的相互作用的领域。自然语言处理是计算机科学领域与人工智能领域中的一个重要方向。它研究能实现人与计算机之间用自然语言进行有效通信的各种理论和方法。自然语言处理是一门融语言学、计算机科学和数学于一体的科学。这一领域的研究将涉及自然语言，即人们日常使用的语言，所以它与语言学的研究有着密切的联系，但又有重要的区别。自然语言处理并不是一般地研究自然语言，而是研制能有效地实现自然语言通信的计算机系统，特别是其中的软件系统。因而它是计算机科学的一部分。

自然语言是指汉语、英语、法语等人们日常使用的语言，是人类社会发展演变而来的语言，它是人类学习生活的重要工具。概括说来，自然语言是指人类社会约定俗成的、区别于程序设计语言等的人工语言。在整个人类历史上，以语言文字形式记载和流传的知识占知识总量的80%以上。就计算机应用而言，据统计，用于数学计算的仅占10%，用于过程控制的不到5%，其余的约85%都是用于语言文字的信息处理。

处理包含理解、转化和生成等过程。自然语言处理是指用计算机对自然语言的形、音、义等信息进行处理，即对字、词、句、篇、章的输入、输出、识别、分析、理解、生成等的操作和加工。实现人机间的信息交流，是人工智能、计算机科学和语言学共同关注的重要问题。自然语言处理的具体表现形式包括机器翻译、文本摘要、文本分类、文本校对、信息抽取、语音合成及语音识别等。

可以说，自然语言处理就是要计算机理解自然语言，自然语言处理机制涉及两个流程：自然语言理解和自然语言生成。自然语言理解是指计算机能够理解自然语言文本的意义，自然语言生成是指能以自然语言文本来表达给定的意图。

从微观上讲，自然语言理解是指从自然语言到机器（计算机系统）内部的一种映射。从宏观上讲，自然语言理解是指机器能够执行人类所盼望的以下语言功能：

1）回答有关提问，即计算机正确地回答用自然语言输入的有关问题。

2）提取材料摘要，即机器能产生输入文本的摘要与词语叙述，机器能用不同的词语和句型来复述输入的自然语言信息。

3）不同语言的翻译，即机器能把一种语言翻译成另一种语言。

自然语言的理解和分析是一个层次化的过程，许多语言学家把这一过程分为5个层次，可以更好地体现语言本身的构成。5 个层次分别是语音分析、词法分析、句法分析、语义分析和语用分析。

1）语音分析：根据音位规则，从语音流中区分出一个个独立的音素，再根据音位形态规则找出音节及其对应的词素或词。

2）词法分析：找出词汇的各个词素，从中获得语言学的信息。

3）句法分析：对句子和短语的结构进行分析，目的是要找出词、短语等的相互关系以及各自在句中的作用。

4）语义分析：找出词义、结构意义及其结合意义，从而确定语言所表达的真正含义或概念。

5）语用分析：研究语言所在的外界环境对语言使用者所产生的影响。

2. 自然语言处理的发展历程

107 自然语言处理的发展历程

自然语言处理是包括了计算机科学、语言学和心理认知学等一系列学科的一门交叉学科。这些学科的性质不同，但又彼此相互交叉。最早的对自然语言理解方面的研究工作是机器翻译。1949 年，美国人威弗首先提出了机器翻译设计方案。20 世纪 60 年代，国外对机器翻译曾有大规模的研究工作，耗费了巨资，但人们当时显然是低估了自然语言的复杂性，语言处理的理论和技术均不成熟，所以进展不大。

近几年，自然语言处理在词向量（Word Embedding）表示、文本的编码（Encoder）与反编码（Decoder）技术以及大规模预训练模型（Pre-trained）方面的发展极大地促进了自然语言处理的研究。

（1）20 世纪 50—70 年代：采用基于规则的方法　1950 年，图灵提出了著名的“图灵测试”，这被认为是自然语言处理思想的开端，20 世纪 50—70 年代，自然语言处理主要采用基于规则的方法，研究人员认为自然语言处理的过程和人类学习认知一门语言的过程是类似的，所以大量的研究员基于这个观点进行研究，这时的自然语言处理停留在理性主义思潮阶段，以基于规则的方法为代表。但是基于规则的方法具有不可避免的缺点，首先规则不可能覆盖所有语句，其次这种方法对开发者的要求极高，开发者不仅要精通计算机，还要精通语言学，因此，这一阶段虽然解决了一些简单的问题，但是无法从根本上将自然语言理解实用化。

（2）20 世纪 70 年代到 21 世纪初：采用基于统计的方法　20 世纪 70 年代以后，随着互联网的高速发展，丰富的语料库成为现实，以及硬件的不断更新和完善，自然语言处理思潮由经验主义向理性主义过渡，基于统计的方法逐渐代替了基于规则的方法。贾里尼克和他领导的 IBM 华生实验室是推动这一转变的关键，他们采用基于统计的方法，将当时的语音识别率从 70% 提升到 90%。在这一阶段，自然语言处理基于数学模型和统计的方法取得了实质性的突破，从实验室走向实际应用。

（3）2008 年至今：深度学习的 RNN、LSTM、GRU　在图像识别和语音识别领域成果的激励下，人们也逐渐开始引入深度学习来做自然语言处理研究，由最初的词向量到 2013

年的 Word2Vec，将深度学习与自然语言处理的结合推向了高潮，并在机器翻译、问答系统和阅读理解等领域取得了一定成功。深度学习是一个多层的神经网络，从输入层开始经过逐层非线性的变化得到输出。从输入到输出做端到端的训练。把输入到输出的数据准备好，设计并训练一个神经网络，即可执行预想的任务。RNN 已经是自然语言处理最常用的方法之一，GRU、LSTM 等模型相继引发了一轮又一轮的热潮。

（4）自然语言处理最新进展　近年来，预训练语言模型在自然语言处理领域有了重要进展。预训练模型指的是首先在大规模无监督的语料上进行长时间的无监督或者是自监督的预先训练（Pre-training），获得通用的语言建模和表示能力。之后在应用到实际任务上时，对模型不需要做大的改动，只需要在原有语言表示模型上增加针对特定任务获得输出结果的输出层，并使用任务语料对模型进行少许训练即可，这一步骤被称作微调（Fine Tuning）。

自 ELMo、GPT、BERT 等一系列预训练语言表示模型（Pre-trained Language Representation Model）出现以来，预训练模型在绝大多数自然语言处理任务上都展现出了远远超出传统模型的效果，受到越来越多的关注，是 NLP 领域近年来最大的突破之一，是自然语言处理领域的重要进展。

BERT（Bidirectional Encoder Representation from Transformer）是 Google AI 于 NAACL 2019 提出的一个预训练语言模型。BERT 的创新点是提出了有效的无监督预训练任务，从而使得模型能够从无标注语料中获得通用的语言建模能力。BERT 之后涌现出许多对其进行扩展的模型，包括跨语言预训练的 XLM、UDify，跨模态预训练的模型，融合知识图谱的 ERNIE，将 Seq2Seq 等语言生成任务整合入 BERT 类模型的 MASS，UniLM 等。其中几个重要的进展如下：

1）XLNet 用 Transformer - XL 替代了 Transformer 作为基础模型，拥有编码超长序列的能力。XLNet 提出了一个新的预训练语言任务——Permutation Language Modeling（排列语言模型），模型将句子内的词语顺序打乱，从而在预测当前词语时可以利用双向信息。XLNet 相对 BERT 也使用了更多的语料。

2）RoBERTa 采用了与 BERT 相同的模型结构，同样采用了屏蔽语言模型任务进行预训练，但舍弃了 BERT 中的下句预测模型。此外，RoBERTa 采用了更大规模的数据和更健壮的优化方法，从而取得了更好的表现。

3）ALBERT 模型针对 BERT 参数量过大而难以训练的问题做了优化，一是对词向量矩阵做分解，二是在层与层之间共享参数。此外，ALBERT 将下句预测模型替换为句序预测任务，即给定一些句子预测它们的排列顺序。

3. 自然语言处理的工作原理

计算机处理自然语言的过程大致可以分为形式化描述、数学模型算法化、程序化以及实用化。

108 自然语言处理的工作原理

1）形式化描述：把需要研究的问题在语言上建立形式化模型，使其可以以数学形式表示出来。

2）数学模型算法化：把数学模型表示为算法的过程即为“算法化”。

3）程序化：计算机根据算法建立各种自然语言的处理系统。

4）实用化：对系统进行评测和改进，最终满足现实需求。

任务评价

姓名：	班级：	学号：
NLP 定义	什么是自然语言处理？	
	自然语言处理对哪些信息进行采集处理？	
	自然语言处理主要涉及哪两个流程？它们的作用分别是什么？	
NLP 工作原理	自然语言处理主要的工作流程分为哪几步？	

知识拓展

人工智能作为新一轮科技革命和产业变革的重要驱动力量，正在深刻改变世界。而自然语言处理（NLP）已成为人工智能领域中的一个重要方向，它推动着语言智能持续发展和突破，并越来越多地应用于各个行业。

NLP 研究能实现人与计算机之间用自然语言进行有效通信。而用自然语言与计算机进行通信具有十分重要的实际应用意义和革命性的理论意义。实现人机间自然语言通信意味着：要使计算机既能理解自然语言文本的意义，也能以自然语言文本来表达给定的意图、思想等。前者称为自然语言理解，后者称为自然语言生成。由于理解自然语言需要具有外在世界的广泛知识以及运用操作这些知识的能力，所以 NLP 也被视为解决 AI – complete 的核心问题之一。可以说，NLP 是目前人工智能领域中的关键技术，关于它的研究也是充满挑战的。

知识巩固

选择题

自然语言处理思想的开端是（ ）。

A. 1949 年，威弗提出机器翻译设计方案

B. 1950 年，图灵提出“图灵测试”

C. 20 世纪 60 年代的系列机器翻译实验

D. 20 世纪 70 年代，贾里尼克及其领导的 IBM 华生实验室所做的基于统计的实验

任务二 展望自然语言处理的应用及未来

任务导入

小王发现，现在的生活变得越来越便捷。起动汽车后，一句“嗨 Siri，帮我导航回家”，就可以获得最优的路线；到家后，轻轻地一句“小度小度，我回来了”，就会看到家里缓缓亮起柔和的灯光，加湿器自动打开；睡前呼唤“小爱同学”，就可以听着悠扬的助眠音乐入睡……自然语言处理已经逐渐应用到生活的方方面面，为智能时代的日常生活提供了助力。

素质目标

对于当代大学生而言，应立足于当下的行业发展，在知识的洪流中汲取自我所需，用基础知识武装自己，为未来的发展提供坚实基础。“仰望星空”是我们捕捉梦想的开始，“脚踏实地”则是梦想成真的途径。

任务目标

任务分析

对于只能理解 0 和 1 的计算机来说，单词和短语意味着什么？让机器理解人们的交流似乎不是一件容易的事。简而言之，使用自然语言处理算法的机器理解过程如下：

1）一个人对机器说些什么。

2）机器记录这些声音。

3）机器将音频转换为文本。

4）NLP 系统将文本解析为组件，了解对话的上下文和人的意图。

5）根据 NLP 的结果，机器确定执行哪个命令。

这是一个创建算法的过程。该算法根据句子中单词的位置和功能将文本转换为标记它们的单词。其中，单词嵌入是解决许多 NLP 问题的“灵丹妙药”。它将人类语言有意义地转换为数字形式。

任务实施

1. 自然语言处理的应用场景

109 NLP 应用场景

现代自然语言处理算法基于机器学习，特别是统计机器学习。许多种机器学习算法已经被应用在自然语言处理的任务中。自然语言处理研究逐渐从对词汇语义成分的语义理解转移到了对叙事的理解。自然语言处理研究的内容十分广泛，常见的有以下几种。

（1）机器翻译　人们日常所说的“翻译”指的是将信息从一种语言翻译成另一种语言。当机器完成相同的操作时，人们需要处理的则是如何进行机器翻译。机器翻译背后的想法很简单——开发计算机算法，以允许自动翻译，而无须任何人工干预。

Google 翻译是著名的机器翻译应用之一，它是基于 SMT—统计的机器翻译。这不是逐字替换的工作，而是需要搜集尽可能多的文本，然后对数据进行处理来找到合适的翻译。这个步骤和人的成长很相似，即从理解单个词语的含义到将词语组合起来进行抽象和推断。

但考虑到人类语言固有的模糊性和灵活性，机器翻译显得颇具挑战性。人类在认知过程中会对语言进行解释或理解，并在许多层面上进行翻译；而机器处理的只是数据、语言形式和结构，现在还不能做到深度理解语言含义。

（2）语音识别　半个世纪以来，科学家们一直在研究语音识别技术难题，直到最近几十年才取得了巨大的进展。现在，人们拥有各种各样的语音识别软件程序，这些程序可以解码人的语音。它的应用包括移动电话、家庭自动化、免提计算、虚拟辅助以及视频游戏等。语音识别已成为众多产品中的一个热门话题，如语音助手（Cortana、Google Assistant 和 Siri 等）。

（3）情感分析　情感分析是一种有趣的 NLP 和数据挖掘任务，用于衡量人们的观点倾向。例如，人们可以对电影评论或由该电影引起的情绪状态进行分析。

情感分析有助于检查顾客对商品或服务是否满意。传统的民意调查早已淡出人们的视线，即使是那些想要支持品牌或政治候选人的人也不总是愿意花时间填写问卷。然而，人们愿意在社交网络上分享他们的观点。搜索负面文本和识别主要的投诉可以显著地帮助企业改变观念，改进产品和广告，减少用户不满的程度；反过来，明确的正面评论会提高用户需求和产品销量。

（4）问答系统　问答系统（QA）是一种涉及构建能够用自然语言自动回答人类提出的问题的系统，如 Siri、OK 谷歌、聊天框和虚拟助理。虽然之前也提到过这些应用程序，但是理解语音只是其中的一部分，另一部分则是给出响应与回答。

（5）自动摘要　人们每天都会面对巨大的文本数据量，这是一项巨大的挑战，但是现在的 NLP 技术让人们拥有了自动过滤和汇总的能力。这是为较长的文本文档创建简短、准确且流利的摘要的过程。使用自动摘要非常重要的优点是可以减少阅读时间。例如，Aylien 文本分析、Meaning Cloud 摘要和 ML 分析器等都是自动摘要的应用。

（6）聊天机器人　第一个聊天机器人出现在 20 世纪 60 年代。经过几十年的发展，NLP 已经成为创建聊天机器人的基础。虽然这些系统的功能还尚待完善，但它们可以轻松地处理标准任务。聊天机器人当前可在多种渠道上运行，包括 Internet、应用程序和消息传递平台。

（7）市场预测　营销人员还可以使用 NLP 来搜索有可能或明确打算购物的人。Internet 上的行为、维护社交网络上的页面以及对搜索引擎的查询提供了许多有用的非结构化客户数据。Google 可以充分利用这些数据来向互联网用户推送合适的广告。每当访问者点击广告时，广告客户就要向 Google 付费。点击的成本从几美分到几十美元不等。

（8）文本分类　文本分类是指用机器对文本集（或其他实体或物件）按照一定的分类体系或标准进行自动分类标记。通过 NLP 技术，文本分类器可以自动分析文本，然后根据内容分配一组预定义标签或类别。

（9）字符识别　字符识别系统具有许多应用程序，如收据字符识别、发票字符识别、支票字符识别以及合法开票凭证字符识别等程序。这也是现在最常用的 NLP 应用之一。

（10）拼写检查　拼写检查器是一种软件工具，可识别并纠正文本中的拼写错误。大多数文本编辑器都允许用户检查其文本是否包含拼写错误。

2. 自然语言处理的未来展望

110 NLP
未来展望

自然语言处理发展到今天，已经取得了丰硕的成果。自然语言处理正走在认识科学的道路上，它所探讨的一些问题也是现代语言学正致力解决的一些根本问题。利用计算机建立术语数据库，不仅速度快，还能够处理概念体系极为复杂的术语数据。这将从根本上改变传统的术语词典编纂技术，从而实现该领域技术的现代化。数理语言学（Mathematical Linguistics）将继续渗透到自然语言处理的各个领域，在自然语言处理及计算机编程等方面发挥更大的作用。另外，采用将多种机器翻译方法集成在同一个机器翻译环境之下或在翻译的不同阶段使用不同方法的混合策略（Hybrid Strategy）可以让机器翻译的可靠性逐步提高。

任务评价

<table>
<tr><th colspan="2">姓名：　　　　　　　　班级：　　　　　　　　学号：</th></tr>
<tr><td>NLP
应用</td><td>对自然语言处理的 10 项常见应用中，举例说明你在生活中用到了哪些，享受了哪些便捷。</td></tr>
<tr><td>NLP
展望</td><td>你希望自然语言处理在日后应用在哪些方面？这样的应用有什么便捷之处？</td></tr>
</table>

知识拓展

111 NLP 知识拓展

自从 BERT 出现以后，NLP 领域的各种应用进入了一个新时代。BERT 应用在多个 NLP 应用领域后都取得了目前最佳的效果，而且不少领域都有大幅度的性能提升。这预示着大量无监督数据开始被 NLP 真正利用起来。而且，BERT + Transformer 有统一 NLP 各个子领域的能力和趋势，这也是人工智能领域中非常好的进展。深刻理解两者的作用机理，有针对性地对两者进行改进，是未来深入探索的方向。

知识巩固

选择题

（　　）是人以自然语言同计算机进行交互的综合性技术，结合了语言学、心理学、工程和计算机技术等领域的知识。

A. 语音交互　　B. 情感交互　　C. 体感交互　　D. 脑机交互

任务三 了解聊天机器人中的自然语言应用

任务导入

正在上大学的芮芮发现，QQ 小冰的出现让原本无趣的班级群变得活跃起来，小冰陪大家你画我猜、小冰带着大家一起猜歌名……芮芮和舍友们每天在 QQ 小冰的陪伴下快乐地度过了悠闲的课余时间，他们认为也许这才是智能时代下的线上同学相处模式。

素质目标

聊天机器人作为自然语言处理在生活中的一项应用已经逐步深入人心，但同时，聊天机器人的出现也是一把双刃剑。有的不良商家借助聊天机器人发布广告、传销等信息来引导受众群体，并进行诈骗；有的聊天机器人在与人交流的过程中收集受众心理状态，可以为青少年成长保驾护航。作为新时代的大学生，我们在聊天机器人的应用及开发过程中，应该摒弃其可能产生的不良影响，用智能为生活创造更好的条件。

任务目标

任务分析

聊天机器人（Chatterbot）是经由对话或文字进行交谈的计算机程序，能够模拟人类对话，通过图灵测试。

聊天机器人可用于实用的场景，如客户服务或资讯获取。有些聊天机器人会搭载自然语言处理系统，但大多简单的系统只会撷取输入的关键字，再从数据库中寻找最合适的应答句。目前，聊天机器人是虚拟助理（如 Google 智能助理）的一部分，可以与许多组织的应用程序、网站以及即时消息平台（如 Facebook Messenger）连接。非助理应用程序包括基于娱乐目的的聊天室、社交机器人等。

2019 年 5 月，在斯坦福大学举办的对话式回答（Conversational Question Answering，CoQA）挑战赛中，微软亚洲研究院（Microsoft Research Asia，MSRA）NLP 组和微软雷德

蒙德语音对话研究组的问答系统成为近年来表现超越人类的对话模型，这一成就标志着搜索引擎（如谷歌）、智能助手（如 Siri）在与人交互方面和以更自然的方式（类似人与人之间的交流）提供信息方面取得了重大进展。

任务实施

1. 聊天机器人的分类

112 聊天机器人分类

（1）按功能分类　聊天机器人按照功能可以划分为问答型聊天机器人、任务型聊天机器人和闲聊型聊天机器人。

实现不同功能的聊天机器人所用的技术也不尽相同，例如在研制问答型聊天机器人时，需要提取问句中的焦点词汇，以此到三元组或知识图谱中检索，并且为了提高检索的精度，常常需要对问句和关系进行分类操作。但是对于闲聊型聊天机器人，则可以直接将其当作序列标注问题处理，将高质量的数据丢进深度学习模型中进行训练，最终得到目标。

（2）按模式分类　聊天机器人按照模式可以划分为基于检索模式和生成式模式。

1）基于检索模式。它使用预定义响应的数据库和某种启发式推理来根据输入及上下文选择适当的响应。换句话说，就是构建 FAQ，存储问题—答案对，之后用检索的方式从该 FAQ 中返回句子的答案。这些系统不会产生任何新的文本，它们只是从固定的集合中选择一个响应。这种方法有明显的优点和缺点。由于使用手工打造的存储库，因此基于检索的方法不会产生语法错误。但是，它们可能无法处理没有预定义响应的场景。出于同样的原因，这些模型不能引用上下文实体信息，如前面提到的名称。

2）生成式模式。这种方法要更难一些，它不依赖于预定义的响应，完全从零开始生成新的响应。生成式模式通常使用机器翻译技术，但不是从一种语言翻译到另一种语言，而是从输入到输出（响应）的“翻译”。该方法有明显的优点和缺点。它可以引用输入中的实体，给人一种印象，即正在与人交谈。然而，这些模型很难训练，而且很可能会有语法错误（特别是在较长的句子上），并且通常需要大量的训练数据。

（3）按领域分类　聊天机器人按照领域可以划分为开放领域和封闭领域。

1）开放领域的聊天机器人更难实现，因为用户不一定有明确的目标或意图。像 Twitter 和 Reddit 这样的社交媒体网站上的对话通常是开放领域的，用户可以谈论任何方向的任何话题。无数的话题和生成合理的反应所需要的知识规模使开放领域的聊天机器人实现起来相当困难。同时这也需要开放域的知识库作为其知识储备，加大了信息检索的难度。

2）封闭领域的聊天机器人比较容易实现，可能的输入和输出空间是有限的，因为系统试图实现一个非常特定的目标。技术支持或购物助理是封闭领域问题的例子。这些系统不需要谈论政治，只需要尽可能有效地完成具体任务。当然，用户仍然可以在任何他们想要的地方进行对话，但系统并不需要处理所有这些情况，用户也不期望这样做。

2. 聊天机器人的自然语言理解

聊天机器人系统中的自然语言理解功能包括用户意图识别、用户情感识别、指代消解、省略恢复、回复确认以及拒识判断等技术。

（1）用户意图识别　用户意图包括显式意图和隐式意图。显式意图通常会对应一个明确的需求，如用户输入“我想买一箱橙子”，明确地表示了想要购买橙子的意图；而隐式意图则比较难判断，如用户输入“我这件衣服已经穿很多年了”，有可能表示衣服质量好，也有可能表示想要换新的衣服。

113　聊天机器人的自然语言理解

（2）用户情感识别　用户情感同样也包含隐式和显式两种类型。如用户输入“我今天超级开心”，明确表示了喜悦的情感；如用户输入“我的考试成绩正好及格”，则没有明确表示用户的情感。

（3）指代消解和省略恢复　在对话过程中，人们由于具备聊天主题背景一致性的前提，因此通常使用代词来指代上文中的某个实体或事件，或者干脆省略一部分句子成分。但对于聊天机器人系统来说，它只有明确了代词指代的成分以及句子中省略的成分，才能正确理解用户的输入，给出合乎上下文语义的回复。基于此，需要进行代词的消解和省略的恢复。

（4）回复确认　用户意图有时候会带有一定的模糊性，这时需要系统具有主动询问的功能，进而对模糊的意图进行确认，即回复确认。

（5）拒识判断　聊天机器人系统应当具备一定的拒识能力，即能够主动拒绝识别超出自身回复范围或者设计敏感话题的用户输入。

此外，词法分析、句法分析以及语义分析等基本的自然语言处理技术对于聊天机器人中的自然语言理解功能也起到了至关重要的作用。

任务评价

姓名：	班级：　　　　学号：
聊天机器人的分类	试述聊天机器人按照功能分类的标准。
	试述聊天机器人按照模式分类的标准。
	试述聊天机器人按照领域分类的标准。

知识拓展

聊天机器人是一种计算机程序，它们能够基于人工智能、自动规则、自然语言处理（NLP）和机器学习（ML）等技术处理数据，响应各种各样的用户请求。聊天机器人可分为如下两大类：

114 聊天机器人知识拓展

1）面向任务的（声明式）聊天机器人专注于执行特定任务的单一用途程序，它们基于规则、NLP 和极少量 ML 技术运行，能够针对用户查询自动做出会话式响应。同时，其交互具有高度的特定性和结构化特点，因此十分适合客户支持和服务应用，如向客户提供稳健的交互式 FAQ 服务。同时还非常适合处理常见问题，如营业时间查询或变量较少的简单事务处理。这类聊天机器人虽然也使用 NLP 技术为最终用户提供会话式体验，但通常只具备基本功能，是目前最常见的聊天机器人。

2）数据驱动和预测性（会话式）聊天机器人，通常又被称为虚拟助手或数字助手，它们比面向任务的聊天机器人更复杂，更具交互性，个性化水平也更高，不仅能够感知上下文，充分利用自然语言理解（NLU）、NLP 和 ML 技术不断学习，还具有预测性智能和分析能力，可以根据用户档案和历史行为为其提供个性化体验。例如，数字助手可以持续学习用户的偏好，为用户提供建议，甚至预测用户需求。此外，除了监视数据和用户意图外，它们还能主动向用户发起会话。苹果的 Siri 和亚马逊的 Alexa 便属于典型的面向消费者的数据驱动和预测性聊天机器人。

高级数字助手还能在一个系统中连通，然后提取、整合多个单一用途聊天机器人的信息，进而在上下文情境中执行任务，避免聊天机器人陷入“混乱”。

知识巩固

选择题（多选）

聊天机器人按照模式可以划分为（　　）。

A. 基于检索模式　　B. 基于生成式模式　　C. 开放领域　　D. 封闭领域

任务四　动手做文本情感倾向性分析实验

任务导入

“果然还是旗舰店的鼠标好评多”，刘强边感叹边下单买了心仪已久的蓝牙鼠标。淘宝、京东、拼多多等越来越多的网购 APP 出现在大家的生活中，好评及差评逐渐变成大家是否购买商品的最终评价标准。而好评及差评的产生并非是由人工标注得出的，而是网购平台根据已购买商品买家的评价进行文本倾向性分析得到的分类结果。

素质目标

面对纷繁复杂的社会生活，现代人情感的表露往往是深藏于心的。倾听别人的真实情感、感悟别人的生活，是未来人工智能时代机器人该拥有的技能。

任务目标

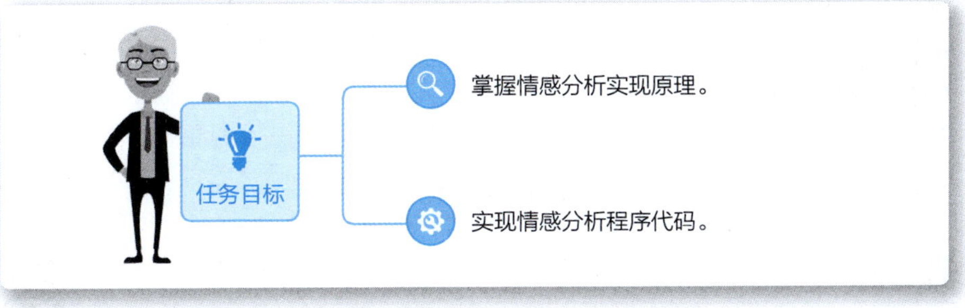

任务分析

情感分析是自然语言处理领域的一项重要任务，具有重大的研究与应用价值。例如，人们在网上进行购物时，经常会参考商品评论的好评或者差评来决定是否购买，商品评论重点分为“好评”“中评”和“差评”3个种类。如果评论数量不是很多，则可以采用人工标注的方式进行“好评”“中评”和“差评”的标注；但如果评论数目有几万条，人工标注数据则会消耗大量的人力与物力，如何自动将大量的文本评论数据进行情感分析是本任务要介绍的内容。京东某商品购物评论界面如图 8－1 所示。

115 项目实战
任务分析

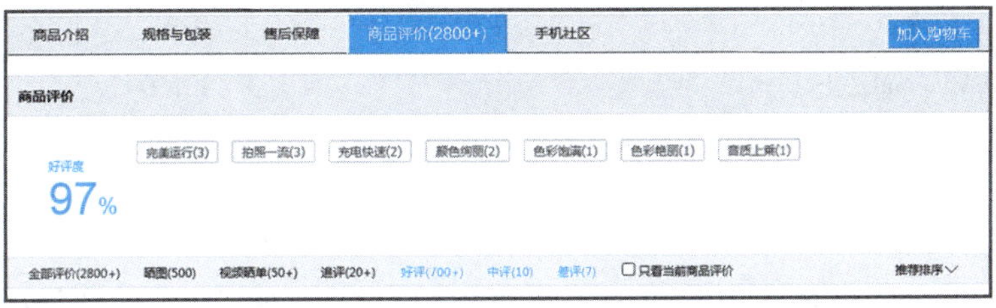

图 8－1　京东某商品购物评论界面

对文本评论数据进行情感分析的实验流程图如图 8－2 所示。

116 项目实战
实验流程

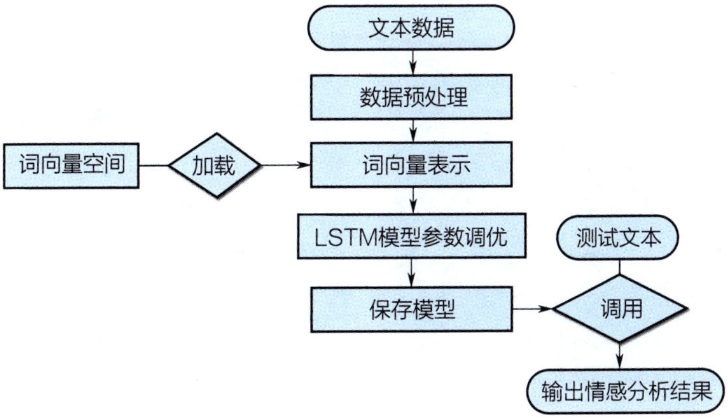

图 8－2　文本情感分析实验流程图

具体步骤如下：

1）输入评论文本。

2）数据预处理。

3）词向量表示。

4）LSTM 模型参数调优。

5）保存模型。

6）调用模型，对测试文本输出情感分析结果。

任务实施

1. 环境搭建

本文的实验环境见表 8－1。

117 项目实战环境搭建

表 8－1 实验环境表

软件	版本
操作系统	Windows 7（64 位）
CPU	4GB
开发工具	Pycharm-professional－2018
TensorFlow	1. 4. 0
Python	3. 6. 4
Anaconda	3－5. 1. 0
Kreas	2. 1. 0

（1）安装 TensorFlow　采用在线安装 TensorFlow，打开命令提示符窗口，输入“pip install--index-url https：//pypi. douban. com/simple tensorflow-gpu = =1. 4. 0”，安装 TensorFlow 1. 4. 0 版本，如图 8－3 所示。

安装完毕后，输入命令“pip list”即可查看 TensorFlow 是否安装成功，如图 8－4 所示。

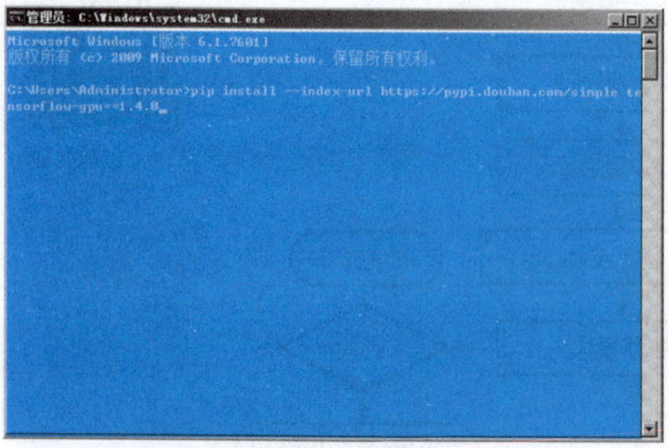

图 8－3 安装 TensorFlow

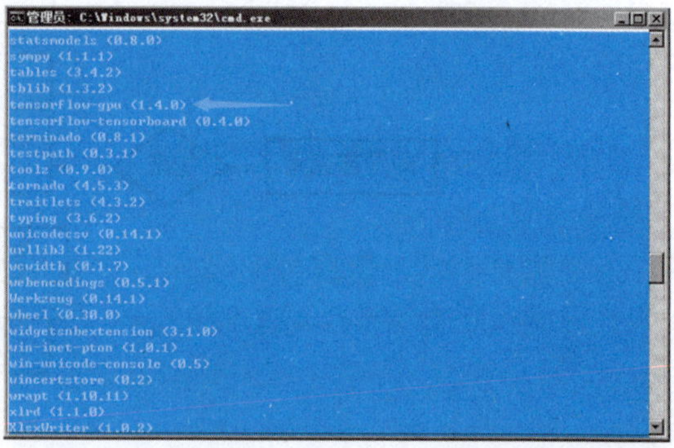

图 8－4 查看 TensorFlow 是否安装成功

也可打开命令提示符窗口，输入如下代码：

```
python
import tensorflow as tf
hello = tf.constant('hello,world')
sess = tf.Session()
print(sess.run(hello))
```

查看是否输出“hello，world”，如果输出，则安装成功，如图8-5所示。

（2）安装Keras　打开命令提示符窗口，输入“pip install keras = = 2.1.0”，安装Keras 2.1.0版本，如图8-6所示。

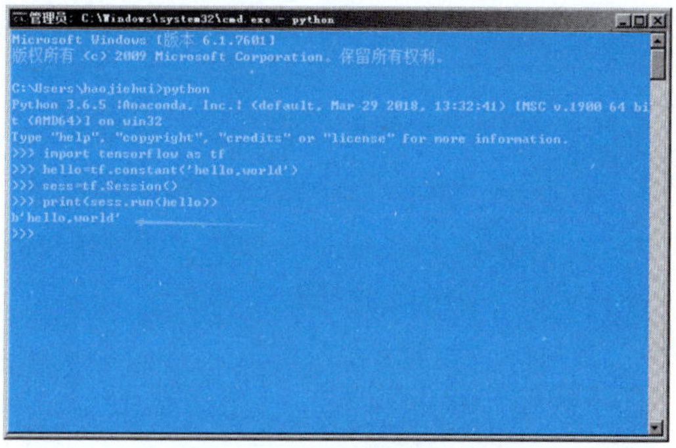

图8-5　查看是否输出信息

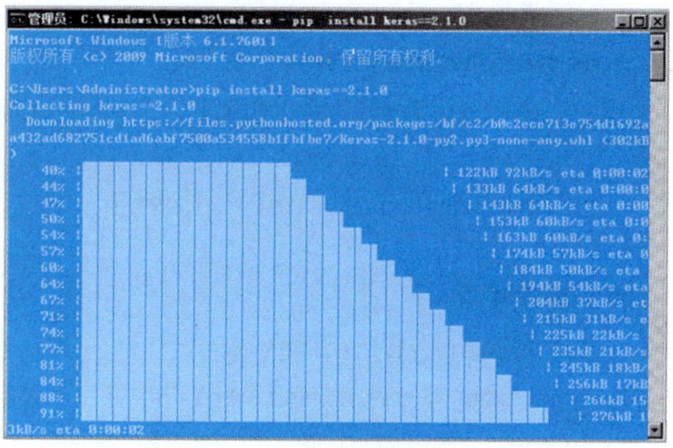

图8-6　安装Keras

安装成功后会提示“Successfully installed keras -2.1.0”，如图8-7所示。

打开命令提示符窗口，输入“import keras”，可以查看Keras的Backend是TensorFlow，如图8-8所示。

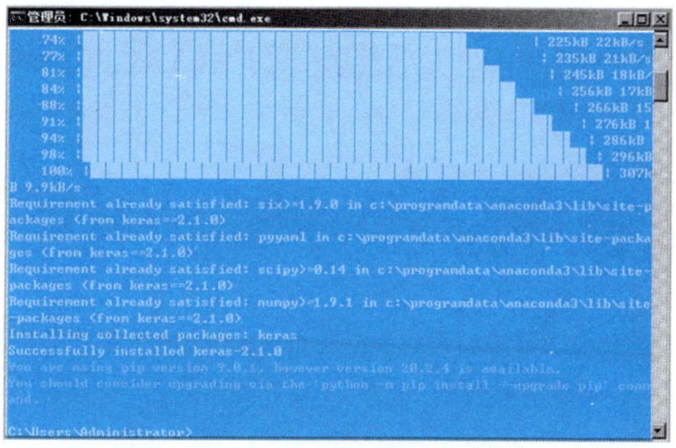

图8-7　Keras安装成功提示

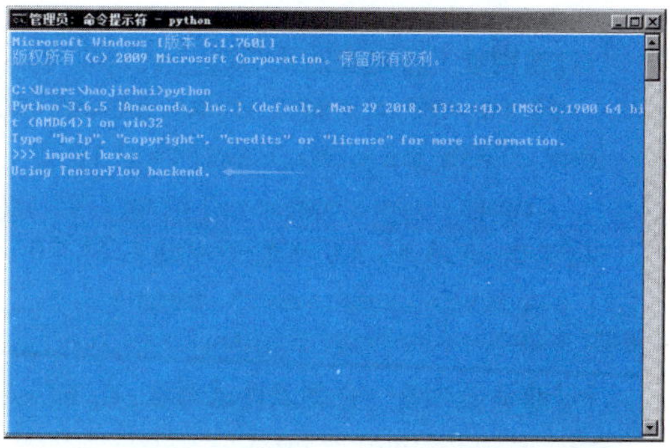

图8-8　查看Keras相关信息

2. 数据清洗

首先需要对文本数据进行清洗，文本原始数据如例1所示。

> 例1　http：//t. cn/RbFWk1c这是我看过文字写得很糟糕的书，因为买了，还是耐着性子看完了，但是总体来说不好，文字、内容、结构都不好@作者

118　项目实战中的数据清洗、数据分词、去停用词

在例 1 中，文本评论中含有“@ 作者”“http：//t. cn/RbFWk1c”等标记词语，在文本预处理中需要将这些噪声数据清除。例 1 文本数据经过噪声处理后，数据如下。

这是我看过文字写得很糟糕的书因为买了还是耐着性子看完了但是总体来说不好文字内容结构都不好

接下来，数据将用于分词和去除停用词处理。代码如下：

```
import re
import jieba

#过滤字符
# 清洗英文
def clean_en_text(text):
    # keep English, digital and space
    comp = re.compile('[^A-Z^a-z^0-9^]')
    return comp.sub('', text)

# 清洗中文
def clean_zh_text(text):
    comp = re.compile('[^A-Z^a-z^0-9^\u4e00-\u9fa5]')
    return comp.sub('', text)

#过滤@ 用户名  正则表达式写法:@[\u4e00-\u9fa5a-zA-Z0-9_-]{2,30}
def clean_yonghuming_text(text):
    comp = re.compile('@[\u4e00-\u9fa5a-zA-Z0-9_-]{2,30}')
    return comp.sub('', str(text))

#过滤网址  正则表达式写法:[http]{4}\\:\\/\\/([a-zA-Z]|[0-9])*(\\.([a-zA-Z]|[0-9])*)*(\\/([a-zA-Z]|[0-9])*)*\\s?
def clean_wangzhi_text(text):
    comp = re.compile('[http]{4}\\:\\/\\/([a-zA-Z]|[0-9])*(\\.([a-zA-Z]|[0-9])*)*(\\/([a-zA-Z]|[0-9])*)*\\s?')
    return comp.sub('', text)

#过滤话题标签  正则表达式写法:#[^#]+#
def clean_huati_text(text):
    comp = re.compile('#[^#]+#')
    return comp.sub('', text)

#过滤表情符号  正则表达式写法:\[([^\[]*?)]
def clean_biaoqing_text(text):
    comp = re.compile('\[([^\[]*?)]')
    return comp.sub('', text)
```

```
#数据集预处理,对中文数据集进行读取,并进行数据清洗操作
def sjycl(infile,outfile):
    i = 0
    infopen = open(infile,'r', encoding ='utf -8')
    outopen = open(outfile,'w', encoding ='utf -8')
    lines = infopen.readlines()
    for line in lines:
        text_chuli
clean_zh_text(clean_biaoqing_text(clean_huati_text(clean_wangzhi_text
(clean_yonghuming_text(line)))))
        outopen.write(text_chuli + "\n")
        # outfile.write("\n")
        print('数据清洗第行数据完成',i)
        i = i +1
    infopen.close()
    outopen.close()

if __name__ = ='__main__':
    sjycl("../nlp/xunlian.txt", "../nlp/xunlian_sjjqx.txt")
```

3. 数据分词

例 2　文本数据经过分词后的结果如下。

['这', '是', '我', '看过', '文字', '写', '得', '很', '糟糕', '的', '书', '因为', '买', '了', '还是', '耐着', '性子', '看', '完', '了', '但是', '总体', '来说', '不好', '文字', '内容', '结构', '都', '不好']

分词后的结果将用于数据预处理的下一步，即去除停用词处理。代码如下：

```
#对句子经行分词,并去掉换行符
def tokenizer(text):
    #运用 2019 年 1 月北大开源的全新中文分词工具包 pkuseg 中 Web(微博网络文本语料)
细领域预训练模型进行分词
    seg = pkuseg.pkuseg(model_name ='web') # 程序会自动下载所对应的细领域模型
    text =[seg.cut(document.replace('\n', ''))for document in text]
    outstr = ''
    stopwords = stopwordslist()
    for word in text:
        if word not in stopwords:
            outstr.join(word)
    return outstr
```

4. 去停用词

实验研究中，停用词表采用哈尔滨工业大学、四川大学、百度提供的停用词表，对 3 个停用词表在分析的基础上进行整合，用于后续实验。

百度停用词表包括部分标点符号、常用的英文词汇以及中文无意义词汇。哈尔滨工业大学停用词表不包含英文停用词，只列举了部分中文停用词及符号，但创新地加入了数字序列符号等。四川大学机器智能实验室停用词表只包含中文词汇，但停用词汇较多。综合上述停用词表的特点，这里重新对停用词表进行了整理，以哈尔滨工业大学的停用词表为基础表，在此基础上进行修正补充。

实验的停用词表存放在 . txt 文件中，在停用词处理时通过加载文件进行过滤停用词，停用词文件 stop. txt 如图 8 - 9 所示。

图 8 - 9　停用词文件 stop. txt

> 例 3　文本数据经过停用词处理后的结果如下。
> 看过文字写很糟糕书买耐着性子看完总体来说不好文字内容结构不好

代码如下：

```
# 创建停用词列表
def stopwordslist():
    stopwords = [line.strip() for line in open('stop.txt', encoding ='UTF-8').readlines()]
    return stopwords
```

5. 训练词向量空间

实验使用 Word2Vec 中的 Skip - Gram 模式将训练完成的词向量存储在词嵌入空间 $\boldsymbol{E} \in V^{k \times s}$。其中，$k$ 表示词向量的维度，s 表示词向量空间中已经训练完成并存储的词语数量大小。假设文本语句 X 包含 n 个词语，语句中的第 i 个词语对应的词向量为 x_i，则文本语句 X 可以映射成 $n \times k$ 维矩阵。

119 项目实战
训练词向量空间

$$X = \begin{pmatrix} x_{11} & x_{12} & \cdots & x_{1k} \\ x_{21} & x_{22} & \cdots & x_{2k} \\ \vdots & \vdots & & \vdots \\ x_{n1} & x_{n2} & \cdots & x_{nk} \end{pmatrix}$$

针对每一个话题分别训练词向量空间，可以提高实验结果的准确性。因此实验采用 Word2Vec 中的 Skip - Gram 模式对文本评论数据进行词向量空间训练，运用 Skip - Gram 模式进行词向量空间训练时的参数设置见表 8 - 2。

表 8 - 2 参数设置

参数	值	含义
vocab_dim	100	词向量维度大小
n_exposures	5	词频阈值
windows_size	7	窗口大小
maxlen	300	句子最大长度
max_features	5000	词汇表最大长度（最大特征数）

在自然语言处理领域，词向量一般采用 50 ~ 300 维，维度过大会陷入维数灾难，计算速度降低。随着词向量维度的增大，训练完成的词向量空间也越来越大。并且随着词向量维度的增大，词向量空间训练完成所需的时间也逐渐增加。在本实验中，词向量空间维度设计为 100。代码如下：

```
def create_dictionaries(model = None,combined = None):
    if (combined is not None) and (model is not None):
        gensim_dict = Dictionary()
        gensim_dict.doc2bow(model.wv.vocab.keys(),
                    allow_update = True)
        w2indx = {v: k +1 for k, v in gensim_dict.items()}
        w2vec = {word: model[word] for word in w2indx.keys()}

        def parse_dataset(combined):
            data = []
            for sentence in combined:
                new_txt = []
                for word in sentence:
                    try:
                      new_txt.append(w2indx[word])
                    except:
                      new_txt.append(0)
                data.append(new_txt)
            return data
        combined = parse_dataset(combined)
        combined = sequence.pad_sequences(combined, maxlen = maxlen)
```

```
        return w2indx, w2vec,combined
    else:
        print ('No data provided...')

#创建词语字典,并返回每个词语的索引、词向量,以及每个句子所对应的词语索引
def word2vec_train(combined):
    model = Word2Vec(size = vocab_dim,
                     min_count = n_exposures,
                     window = window_size,
                     workers = cpu_count,
                     iter = n_iterations)
    model.build_vocab(combined)
    model.train(combined, epochs = model.epochs, total_examples = model.
corpus_count)
    model.save('../nlp/Word2vec_model.pkl')
    index_dict,            word_vectors,combined
create_dictionaries(model = model,combined = combined)
    return index_dict, word_vectors,combined
```

6. 搭建 LSTM 网络

本实验在基于 Google 开源的 TensorFlow 的深度学习框架 Keras 上进行设计，使用 Kreas 搭建训练模型，并将模型的训练参数保存至 lstm. yml 和 lstm. h5 的文件中，LSTM 模型设计见表 8－3。

表 8－3　LSTM 模型设计

Layer (type)	Output Shape	Param #
embedding_1 (Embedding)	(None, 100, 100)	5202300
lstm_1 (LSTM)	(None, 100)	80400
dropout_1 (Dropout)	(None, 100)	0
dense_1 (Dense)	(None, 50)	5050
dropout_2 (Dropout)	(None, 50)	0
dense_2 (Dense)	(None, 20)	1020
dense_3 (Dense)	(None, 3)	63
activation_1 (Activation)	(None, 3)	0

Total params: 5, 288, 833
Trainable params: 5, 288, 833
Non－trainable params: 0

由于本实验的训练数据量比较小，因此在训练过程中采用正则化的方法来解决模型的过拟合与欠拟合，在模型训练过程中添加 dropout 正则化。代码如下：

```
#定义网络结构
def train_lstm(n_symbols,embedding_weights,x_train,y_train,x_test,y_test):
    print ('Defining a Simple Keras Model...')
    model = Sequential()
    model.add(Embedding(output_dim=vocab_dim,
            input_dim=n_symbols,
            mask_zero=True,
            weights=[embedding_weights],
            input_length=input_length))
    #实验:LSTM()方法
    model.add(LSTM(output_dim=100, activation='tanh'))
    model.add(Dropout(0.2))
    model.add(Dense(50, activation='softmax'))
    model.add(Dropout(0.2))
    model.add(Dense(20, activation='softmax'))
    model.add(Dense(3, activation='softmax'))
    model.add(Activation('softmax'))

    print ('Compiling the Model...')
    model.compile(loss='categorical_crossentropy',optimizer='adam',
metrics=['accuracy'])
    print(model.summary())
    print ("Train...")
    history = model.fit(x_train, y_train, batch_size=batch_size, nb_
epoch=n_epoch, verbose=1,
            validation_data=(x_test, y_test))

    print ("Evaluate...")
    score = model.evaluate(x_test, y_test,batch_size=batch_size)

    yaml_string = model.to_yaml()
    with open('../nlp/lstm.yml', 'w') as outfile:
      outfile.write( yaml.dump(yaml_string, default_flow_style=True) )
    model.save_weights('../nlp/lstm.h5')
    print ('Test score:', score)
```

7. 情感分析

通过加载词向量空间以及保存好的训练模型参数，对测试文本进行情感分析，可以得到分类结果。这里以例 1 中的“http：//t. cn/RbFWk1c 这是我看过文字写得很糟糕的书，因为买了，还是耐着性子看完了，但是总体来说不好，文字、内容、结构都不好@作者"作为输入，将会输出"差评"的分类结果，至此完成了情感分析的自动识别标注。

```
import jieba
import numpy as np
from gensim.models.word2vec import Word2Vec
from gensim.corpora.dictionary import Dictionary
from keras.preprocessing import sequence
import yaml
from keras.models import model_from_yaml
np.random.seed(1337)
import sys
sys.setrecursionlimit(1000000)
maxlen = 100

def create_dictionaries(model=None, combined=None):
    if (combined is not None) and (model is not None):
        gensim_dict = Dictionary()
        gensim_dict.doc2bow(model.vocab.keys(),
              allow_update=True)
        w2indx = {v: k + 1 for k, v in gensim_dict.items()}
        w2vec = {word: model[word] for word in w2indx.keys()}

        def parse_dataset(combined):
            data = []
            for sentence in combined:
                new_txt = []
                for word in sentence:
                    try:
                        new_txt.append(w2indx[word])
                    except:
                        new_txt.append(0)
                    data.append(new_txt)
            return data

        combined = parse_dataset(combined)
        combined = sequence.pad_sequences(combined, maxlen=maxlen)
        return w2indx, w2vec, combined
    else:
        print('无数据')

def input_transform(string):
```

```
    words = jieba.lcut(string)
    words = np.array(words).reshape(1, -1)
    model = Word2Vec.load('../nlp/Word2vec_model.pkl')
    _, _, combined = create_dictionaries(model, words)
    return combined
def lstm_predict(string):
    print('加载模型...')
    with open('../model/lstm.yml', 'r') as f:
      yaml_string = yaml.load(f)
    model = model_from_yaml(yaml_string)

    print('加载模型权重参数...')
    model.load_weights('../model/lstm.h5')
    model.compile(loss='categorical_crossentropy',
                  optimizer='adam', metrics=['accuracy'])
    data = input_transform(string)
    data.reshape(1, -1)
    # print data
    result = model.predict_classes(data)
    # print result # [[1]]
    if result[0] == 1:
        print(string, '好评')
    elif result[0] == 0:
        print(string, '中评')
    else:
        print(string, '差评')

if __name__ == '__main__':
    string = "http://t.cn/RbFWk1c 这是我看过文字写得很糟糕的书,因为买了,还是
耐着性子看完了,但是总体来说不好,文字、内容、结构都不好@ 作者"
    lstm_predict(string)
```

运行结果如图 8-10 所示。

图 8-10　情感分析运行结果

任务评价

<table>
<tr><th>姓名：</th><th>班级：</th><th>学号：</th></tr>
<tr><td rowspan="3">情感分析实验</td><td colspan="2">实验步骤总结：</td></tr>
<tr><td colspan="2">实验难点及解决方法：</td></tr>
<tr><td colspan="2">通过情感分析实验还可以做哪些类似的数据处理？</td></tr>
</table>

知识拓展

120 项目实战
知识拓展

近年来，信息科学与技术的飞速发展使人与人之间的交往已经从现实的物理世界逐步渗透到网络世界，人们可从网络中获取信息，并且倾向于主动向网络世界发布、传播信息，进而实现人与人之间在社交网络上的互动。随着 Web 2.0 技术、移动互联网和社交网络的快速发展，以及新媒体传播方式的盛行，互联网用户数量急剧增加，网络呈现出交互性、开放性及社会参与性等特征。根据中国互联网络信息中心（CNNIC）在京发布的第 49 次《中国互联网络发展状况统计报告》，截至 2021 年 12 月，我国网民规模已达到 10.32 亿，较 2020 年 12 月增长 4296 万，互联网普及率达 73.0%。网民的快速增加和微博的迅速发展，使大量评论信息迅速传播，网民在社交网络上发表言论并进行话题的讨论，充分表达思想观点。人们以网络平台为媒介相互交流、讨论、传播有关政治、经济、文化、生活和社会等各个层面的事情，这些平台必然承载了大量而丰富的个人情感信息。

1. 数据集简介

训练数据集是从购物网站收集的中文标注语料，涉及 6 个领域的购物评论数据，共计 21000 条数据，其中差评 8700 条、中评 4300、好评 8100 条。

2. 数据预处理

文本评论数据存在语言表达形式多样、句子较短、口语化严重、缩略词使用频繁以及拼写错误等现象。数据预处理是指将数据中包含的噪声数据等进行清洗去除，并处理成符合神经网络可应用格式的过程，主要包括数据清洗、分词和去除停用词等操作，并可训练不同的词向量空间。这里的数据预处理流程如图 8 - 11 所示。

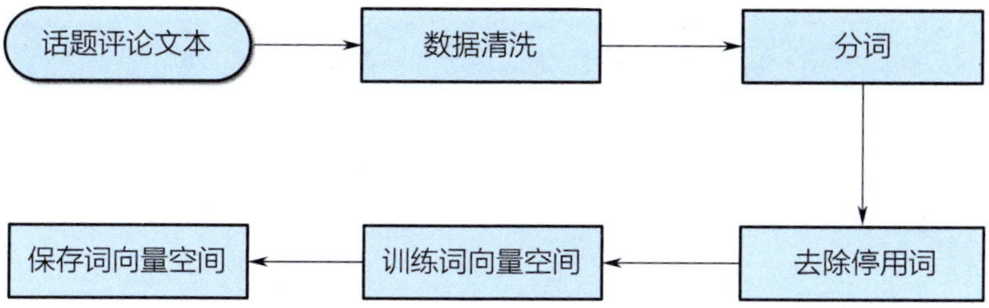

图 8-11　数据预处理流程图

（1）数据清洗　数据清洗是指对社交网络文本立场分析产生干扰的文字、符号和链接等的处理。评论数据中经常含有 URL、符号和特殊字符等噪声数据，为了不影响后续的分词，需要在数据预处理过程中将这些噪声数据清洗去除。

对于文本噪声数据的处理，这里采用正则表达式的方法对文本噪声数据进行过滤，采用字符串匹配原则，正则表达式与需要过滤字符串的对应关系见表 8-4。

表 8-4　正则表达式与需要过滤字符串的对应关系

<table>
<tr><th>过滤字符串格式</th><th>正则表达式写法</th><th>举例</th></tr>
<tr><td>@用户名</td><td>@ [\ u4e00 - \ u9fa5a - zA - Z0 -9_ -] {2, 30}</td><td>@大众日报</td></tr>
<tr><td>网址</td><td>[http]{4}\\:\\/\\/([a-zA-Z]|[0-9])*
(\\.([a-zA-Z]|[0-9])*)*
(\\/([a-zA-Z]|[0-9])*)*\\s?</td><td>http://t.cn/RbFWk1c</td></tr>
<tr><td>话题标签</td><td>#[^#]+#</td><td>#过年你会放鞭炮么#</td></tr>
<tr><td>表情符号</td><td>\[([^\[]*?)]</td><td>[doge][挖鼻]</td></tr>
</table>

（2）分词　在自然语言处理领域，分词是数据处理前期的一项重要工作。英文分词比较简单，以自然分界符空格作为分词间断进行划分即可。中文分词是将连续的字序列重新划分为字词的过程。由于没有形式意义上的分界符，因此导致中文分词较英文分词复杂、难度增加。

这里对文本评论数据集运用 2019 年 1 月北大开源的全新中文分词工具包 pkuseg，通过加载 Web（微博网络文本语料）细领域预训练模型进行分词。由于 pkuseg 分词工具包 Web 模型是采用 NLPCC 分词比赛提供的微博语料进行分词训练出来的，因此大大提高了网络文本语料分词的准确率。

（3）去除停用词　停用词是指在文中经常出现而不含实际意义的词汇。英文中的特指词“the”、中文中的“的”“地”等都属于停用词的范围。停用词表包括数字字符、特殊字符及常用无意义词汇等，停用词表见表 8-5。

表 8-5 停用词表

停用词	例子
数字字符	①、②、③
特殊字符	（：→℃&＊『』【｝》 ±
介词词汇	的、地、得
连词词汇	以至于、以致、抑或、因、因此、因而、因为

3. 词向量表示

自然语言处理（NLP）是机器学习的一个重要的研究领域，如何将非结构化文本表示成计算机能够识别及处理的数据是 NLP 的一个重要研究方向。文本表示是指将文本类型的自然语言表示成计算机能够识别及处理的数据，文本向量化是指将文本转换为数值型张量的过程。词嵌入将每个词映射成 K 维向量，每篇文档假设有 N 个词，则这篇文档可以用 $N\times K$的矩阵表示。经典模型就是 Word2Vec，也包括 GloVe 以及最近兴起的 BERT。

获取词嵌入的方法主要有以下两种：

1）在完成文档分类或情感预测等任务时学习词嵌入。这种情况下，词嵌入开始是随机初始化的词向量，然后对这些词向量进行学习，其学习方式与学习神经网络的权重相同。

2）在解决训练任务引入词向量之前，在特定训练语料上将词向量训练好，然后将其加载到模型中，这种词嵌入方式称为预训练词嵌入。

谷歌于 2013 年发布了 Word2Vec 算法，在研究领域以及工业应用中取得了巨大成功，其维度抓住了特定的语义属性，充分利用单词之间的相互关系，采用分布式表示法，在词嵌入空间中进行有意义的几何变换。斯坦福大学的研究人员 2014 年开发出的 GloVe 词表示全局向量，这种嵌入方法基于对词共现统计矩阵进行因式分解。

在 Word2Vec 模型中，主要有 CBOW 和 Skip-Gram 两种模型，如图 8-12 和图 8-13 所示。

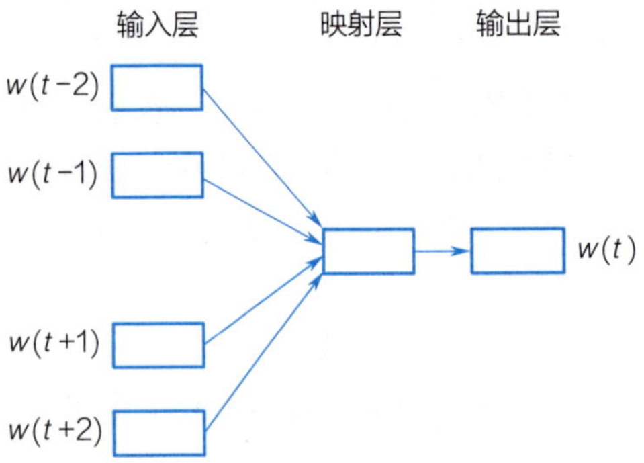

图 8-12 CBOW 词嵌入模型

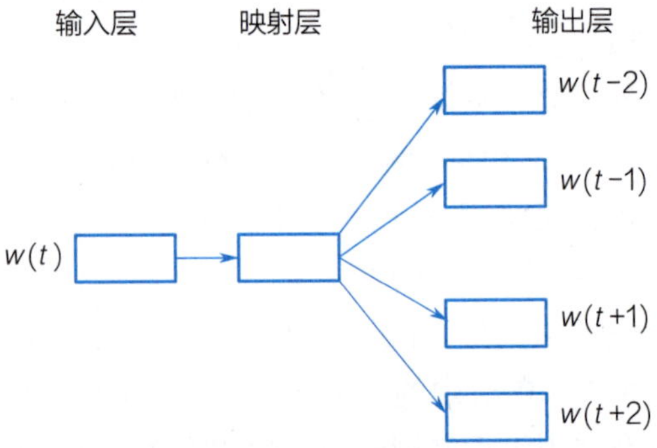

图 8-13 Skip-Gram 词嵌入模型

CBOW 模型无隐层，使用双向上下文窗口，上下文词序无关，输入层采用低维稠密向量表示，映射层简化为求和（平均）。CBOW 模型的训练输入是某一个特征词的上下文相关的词对应的词向量，而输出就是特定的一个词的词向量。

Skip-Gram 模型和 CBOW 模型的思路正好相反，即输入是特定的一个词的词向量，而输出是特定词对应的上下文词向量。

4. LSTM 神经网络

长短期记忆（Long Short-Term Memory，LSTM）是一种时间递归神经网络（Recurrent Neural Network，RNN）。LSTM 由 Hochreiter 和 Schmidhuber 提出，并被以后的研究学者进行了改良和推广。由于独特的设计结构，LSTM 适于处理、预测时间序列中的间隔和延迟都比较长的任务，其核心在于经过特殊设计的记忆单元，能够发现和建立输入值之间的长期依赖关系。LSTM 的表现通常比时间递归神经网络（RNN）及隐马尔科夫模型（Hidden Markov Model，HMM）更好。作为非线性模型，LSTM 可方便地构造更大型的深度神经网络。LSTM 是一种含有 LSTM 区块（Blocks）的一种类神经网络。在某些文献或其他资料中，LSTM 区块可能被描述成智能网络单元，因为它可以记忆不定时间长度的数值。在很多问题上，LSTM 都取得了巨大的成功，并得到了广泛的使用。LSTM 网络的工作机制如图 8－14 所示。

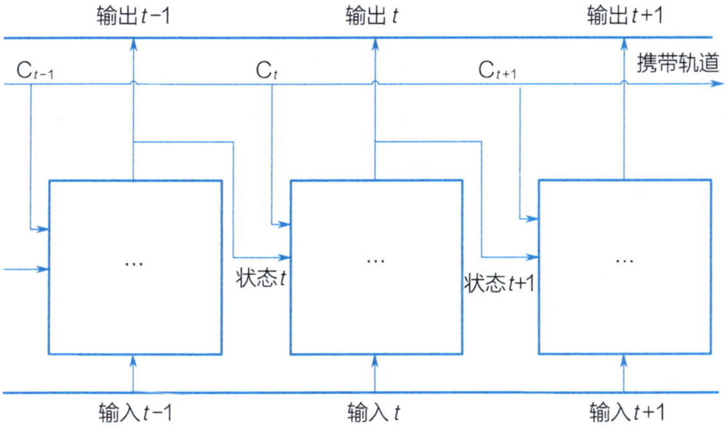

图 8－14　LSTM 网络的工作机制

LSTM 是一种含有记忆单元区块的类神经网络。网络记忆单元的关键是记忆状态，同时记忆状态还通过精心设计的“门”结构来去除或者添加信息到记忆状态中，从而去除或者增加信息到细胞状态。“门”是一种让信息选择式通过的方法，它包括一个 sigmoid 神经网络层来控制信息的通过量和一个向量点乘操作。“门”可以表示为

$$g(\boldsymbol{x}) = \mathrm{sigmoid}(W\boldsymbol{x} + b)$$

式中，W 为“门”的权重参数，b 为偏执项参数，$\boldsymbol{x}$ 为输入向量。sigmoid( ) 函数的取值范围为 [0,1]，当取值为 0 时，表示“门”关闭，信息全部不通过；反之，取值为 1 时，表示信息全部通过；当取值介于 0～1 之间时，则表示信息部分通过。LSTM 增加了输入门 i、输出门 o 和遗忘门 f，控制单元状态中信息的更新，这些结构的设计组合极大地提升了

LSTM 网络处理序列数据的能力。其具体作用如下：

1）遗忘门：用于控制上一时刻存储在隐藏层节点的历史信息。遗忘门根据当前时刻节点的输入与上一时刻隐藏层的状态计算并得到 0 ~ 1 之间的数值，用于更改上一时刻细胞的状态。对上一时刻隐藏层细胞的信息可以进行选择性处理，保留和舍弃部分信息。

2）输入门：用于控制当前节点隐藏层的输入，可以对输入信息进行判断，如是否将当前输入信息更新到细胞状态，对于输入的信息进行选择更新。

3）输出门：用于控制隐藏层节点的输出，可对输出到下一时刻的隐藏层进行信息控制，输出门的控制信息与当前时刻的细胞状态进行作用后得到最终的输出值。

LSTM 的内部门操作原理如图 8－15 所示。

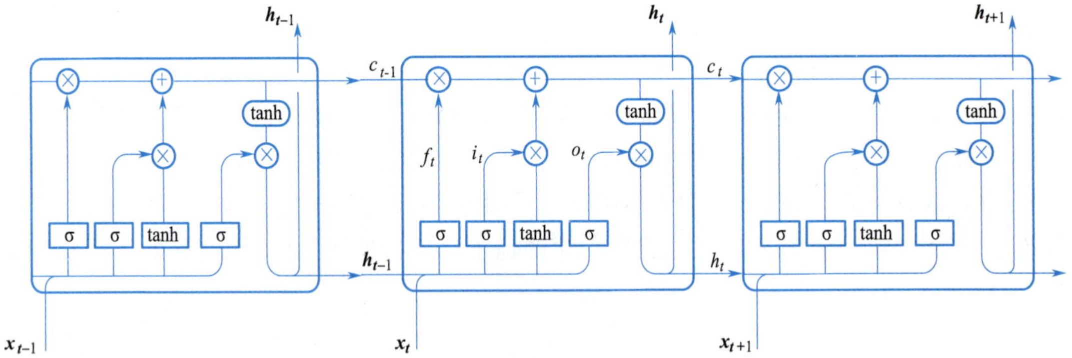

图 8－15　LSTM 的内部门操作原理

在图 8－15 中，以 h_t表示 t 时刻之前的输入信息，x_t表示 t 时刻信息，则

$$\boldsymbol{f}_t = \text{sigmoid}(\boldsymbol{W}_\text{f} \cdot [h_{t-1}, x_t] + b_\text{f})$$

$$\boldsymbol{i}_t = \text{sigmoid}(\boldsymbol{W}_\text{i} \cdot [h_{t-1}, x_t] + b_\text{i})$$

$$\boldsymbol{c}_t^{'} = \tanh(\boldsymbol{W}_\text{c} \cdot [h_{t-1}, x_t] + b_\text{c})$$

$$\boldsymbol{c}_t = f_t \otimes \boldsymbol{c}_{t-1} + i_t \otimes \boldsymbol{c}'_t$$

$$\boldsymbol{o}_t = \text{sigmoid}(\boldsymbol{W}_\text{o} \cdot [h_{t-1}, x_t] + b_\text{o})$$

$$h_t = \boldsymbol{o}_t \otimes \tanh(\boldsymbol{c}_t)$$

式中，$\boldsymbol{f}_t$ 、$\boldsymbol{i}_t$ 、$\boldsymbol{o}_t$ 、$\boldsymbol{c}_t$ 分别表示遗忘门、输入门、输出门和记忆单元的向量值，$\boldsymbol{c}'_t$ 表示当前输入的单元状态，$\boldsymbol{c}_t$ 表示当前时刻的单元状态，$\boldsymbol{W}_\text{f}$、$\boldsymbol{W}_\text{i}$、$\boldsymbol{W}_\text{c}$、$\boldsymbol{W}_\text{o}$分别代表相应门的权重矩阵，b_f、b_i、b_c、b_o分别为相应门的偏置项，⊗表示逐元素点乘操作。

5. Keras 框架

Kreas 是基于 Python 编写的开源深度学习库，可以作为 Tensorflow、Microsoft-CNTK 和 Theano 的高阶应用程序接口，进行深度学习模型的设计、调试、评估、应用和可视化。

Keras 在代码结构上由面向对象方法编写，完全模块化并具有可扩展性。其运行机制和说明文档将用户体验和使用难度纳入考虑范围，并试图简化复杂算法的实现难度。Keras 支持现代人工智能领域的主流算法，包括前馈结构和递归结构的神经网络算法，也可以通过封装参与构建统计学习模型。

Keras 被认为是深度学习开发端受到重点关注的工具之一，例如在 2018 年的一份测评中，Keras 的普及率仅次于 TensorFlow，超过了 PyTorch、Microsoft-CNTK 和 Theano。

知识巩固

选择题（多选）

在自然语言处理领域中，Word2Vec 词向量训练的两种模型是（　　）。

A. CBOW　　B. GloVe　　C. Skip-Gram　　D. FastText

项目总结

本项目对自然语言处理进行了简要介绍。通过对自然语言处理的原理介绍来梳理自然语言处理的实现过程，同时根据应用及展望，让学生更加深入地了解自然语言处理在生活中的重要性。此外，情感分析的程序设计小任务锻炼了学生的动手能力，可引导学生对自然语言处理产生更多的兴趣。

项目九 认识机器学习

任务一　掌握机器学习的基本概念

任务导入

121 掌握机器学习的基本概念任务导入

杰克是一个流落到无人岛上的孤儿，他自小在无人岛长大，没有与其他人交流过。突然有一天，珍妮来到了无人岛，杰克见来了一个小伙伴便兴冲冲地前去打招呼。他送给珍妮石头，珍妮不喜欢，但是送给珍妮鲜花，珍妮很开心；后来杰克又送给珍妮树枝，珍妮不喜欢，当送给珍妮小兔子时，珍妮很开心；杰克跟珍妮大吼大叫，珍妮不喜欢，但是当他对着珍妮笑的时候，珍妮很开心……就这样，杰克通过不断地尝试、不断地积累经验，找到了如何与珍妮相处的好方法。杰克的学习过程跟本项目要介绍的机器学习是很类似的。

人们的生活中有很多机器学习的影子，你是否使用过像 Siri 或 Alexa 这样的个人助理客户端？你是否依赖垃圾邮件过滤器来保持电子邮箱的干净？你是否注册了豆瓣，并依赖它惊人的准确推荐来发现新的好看的电影？如果你对这些问题说“是”，那么你已经很好地利用了机器学习。运用机器学习的场景如图 9－1 所示。

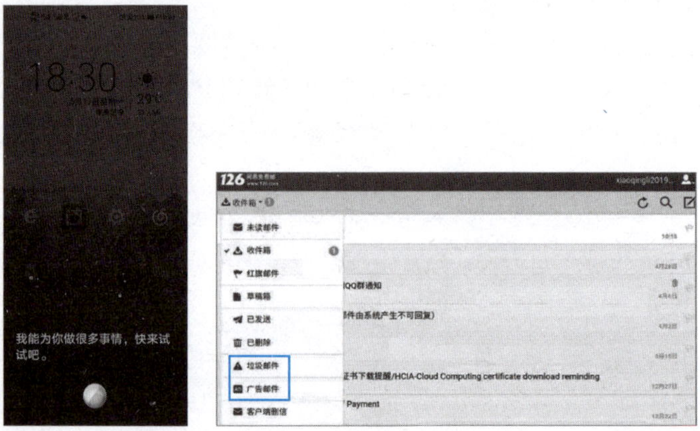

图 9－1　运用机器学习的场景

素质目标

122 掌握机器学习的基本概念素质目标

我国的创新发展已进入新的历史阶段，创新规模与创新活力都有了巨大提升。我国的创新是在经济追赶过程中渐进升级的：从技术模仿、引进技术的消化吸收到自主研发；从技术、产品和生产工艺创新，扩展到管理、组织、商业模式创新。党的二十大报告指出，基础研究和原始创新不断加强，一些关键核心技术实现突破，战略性新兴产业发展壮大，载人航天、探月探火、深海深地探测、超级计算机、卫星导航、量子信息、核电技术、新能源技术、大飞机制造、生物医药等取得重大成果，进入创新型国家行列。全国人民的民族自豪感正是源于经济的高速发展和综合国力的提升。作为当代大学生，要提升自己的民族自豪感和使命感，努力学习科学文化知识，为祖国的建设贡献自己的力量。

任务目标

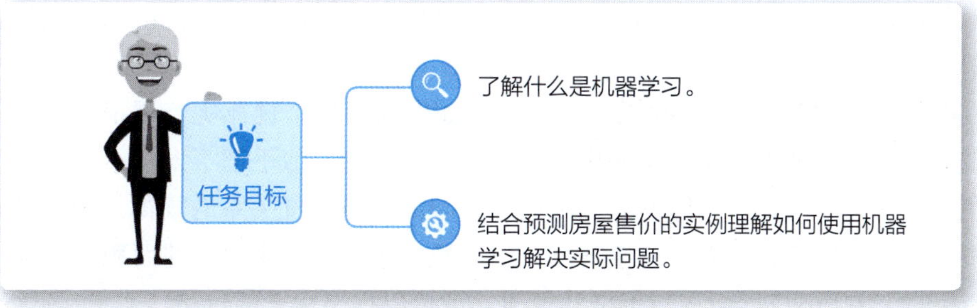

任务分析

123 机器学习的定义

机器学习是人工智能及模式识别领域的共同研究热点，其理论和方法已被广泛应用于解决工程应用和科学领域的复杂问题。机器学习有下面几种定义：

1）机器学习是一门人工智能的科学，该领域的主要研究对象是人工智能，特别是如何在经验学习中改善具体算法的性能。

2）机器学习是对能通过经验自动改进的计算机算法的研究。

3）机器学习使用数据或以往的经验来优化计算机程序的性能标准。

4）从广义上来说，机器学习是一种能够赋予机器进行学习的能力，并以此让它完成直接编程无法完成的功能的方法。

5）从实践的意义上来说，机器学习是一种利用数据训练出模型，然后使用模型预测的一种方法。

任务实施

机器学习是一门多学科交叉技术，涵盖概率论知识、统计学知识、近似理论知识和复杂算法知识，使用计算机作为工具，致力于真实、实时地模拟人类的学习方式，并将现有内容进行知识结构划分，以有效提高学习效率。

下面结合实例来介绍什么是机器学习。图 9 – 2 所示为房屋面积和价格的散点图。

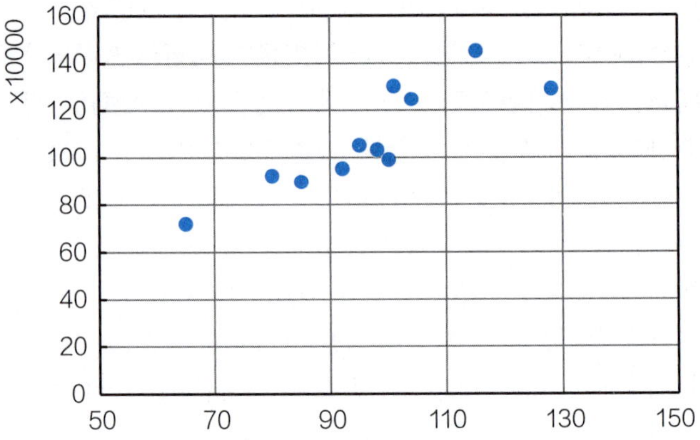

图 9 – 2　房屋面积和价格散点图

假如现在有一套房子要出售，应该给它标什么价格合适呢？房子的面积是 100m²，价格应标 100 万元、120 万元还是 140 万元？关于预测房屋售价的问题，可以使用机器学习的方法来解决。具体步骤如下：

1）应获得房价与面积的某种规律。那么该如何获得这个规律呢？用报纸上的房价平均数据，还是参考与别人面积相似的房屋标价？无论哪种，似乎都不太合适。

现在希望获得一个合理的能够最大限度地反映面积与房价关系的规律。通过调查周边与该房型类似的一些房子可获得一组数据，这组数据包含了很多房子的面积与价格。

2）从这组数据中找出面积与价格的规律，就可以得出房子的价格。

对规律的寻找很简单，拟合出一条直线，让它“穿过”所有的点，并且与各个点的距离尽可能小。

通过这条直线，可获得能够反映房价与面积的最佳规律。这条直线同时也是下式的函数曲线：

$$\text{房价} = \text{面积} \times a + b$$

式中的 a、b 都是直线的参数。

3）获得上述 a、b 参数以后，就可以计算出房子的价格。

假设 $a=1.1$，$b=3$，则房价 $=100\times1.1+3=113$ 万元。这个结果与前面所列的 100 万元、120 万元、140 万元都不一样。由于这条直线综合考虑了大部分的情况，因此从“统计”意义上来说，这是一个最合理的预测。

本任务在求解过程中体现出了如下两个信息：

1）房价模型是根据拟合的函数类型决定的。如果是直线，那么拟合出的就是直线方程。如果是其他类型的线，如抛物线，那么拟合出的就是抛物线方程。机器学习有众多算法，一些强力算法可以拟合出复杂的非线性模型，用来反映一些直线不能表达的情况。

2）数据越多，模型就越能够包含越多的情况，对于新情况的预测效果可能就越好。这是机器学习界“数据为王”思想的一个体现。一般来说，数据越多，机器学习生成的模型预测的效果越好。

通过拟合直线的过程，这里对机器学习过程做一个概括总结。首先，需要在计算机中存储历史的数据。然后，将这些数据通过机器学习算法进行处理，这个过程在机器学习中称为“训练”，处理的结果可以用来对新的数据进行预测，这个结果一般称为“模型”。对新数据的预测过程在机器学习中称为“预测”。“训练”与“预测”是机器学习的两个过程，“模型”则是过程的中间输出结果，“训练”产生“模型”，“模型”指导“预测”。

任务评价

姓名：	班级：　　　　　　　　学号：
什么是机器学习？	
机器学习可以应用到哪些场景？	
机器学习和人类思考的过程有什么异同？	
运用机器学习处理问题的步骤有哪些？	
影响机器学习结果的因素有哪些？	

知识拓展

机器学习与人类在处理新问题时有什么区别？下面把机器学习的过程与人类对历史经验归纳的过程做个对比，如图 9－3 所示。

124　机器学习与人类思考的对比

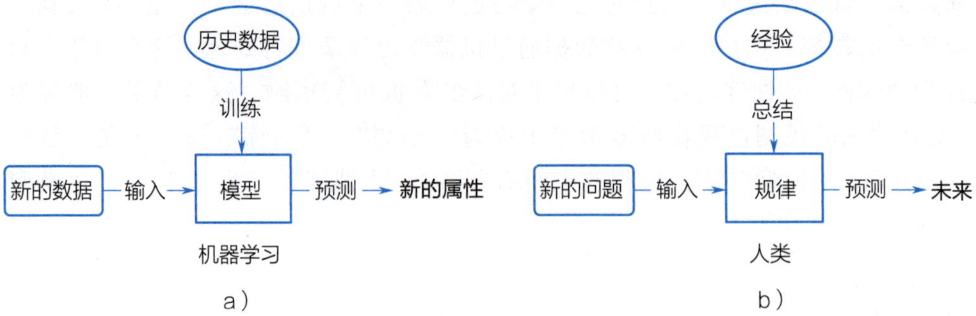

图 9－3 机器学习和人类思考的对比图

人类在成长、生活的过程中积累了很多经验，定期地对这些经验进行“归纳”，就获得了生活的“规律”。当人类遇到未知的问题或者需要对未来进行“推测”的时候，就使用这些“规律”对未知问题与未来进行“推测”，从而指导自己的工作和生活。

机器学习中的“训练”与“预测”过程可以对应人类的“归纳”和“推测”过程。通过这样的对应可以发现，机器学习的思想并不复杂，仅仅是对人类在生活中学习及成长的一个模拟。由于机器学习不基于编程形成结果，因此它的处理过程不是因果的逻辑，而是通过归纳思想得出的相关性结论。

知识巩固

判断题

1. 机器学习完全可以替代人脑解决任何问题。（　　）
2. 训练机器学习的模型时需要大量的数据支撑。（　　）

任务二　了解机器学习的特点

任务导入

第一次接触机器学习的相关概念和成功案例时，人们可能会觉得机器学习能够解决任何问题。但是，不久后就会意识到不是这样的。2016 年 3 月，在与世界围棋冠军李世石的 5 场围棋比赛中，谷歌的人工智能程序在第四场时被击败了。李世石是 18 次世界围棋比赛的冠军。虽然 AI 程序赢得了此系列比赛，但是李世石的胜利证明 AI 的算法不是完美的。新南威尔士大学的人工智能教授 Toby Walsh 说：“李世石发现了 AI 的一个弱点，看来是蒙特卡洛树搜索存在问题。”不仅如此，其实在实际应用中，并非所有的场景都可以使用机器学习。

125 了解机器学习的特点任务导入

素质目标

机器学习不是万能的，任何一项技术都有其优缺点。使用机器学习解决实际问题，应该学习工匠扬长避短的智慧。比如，工匠要做一件工艺作品，第一步就是识料选题，有的材料适合制作室内摆件，有的材料适合制作旅游工艺品，有的材料适合制作山水题材作品等，这个识料选题过程就是扬长避短的“工匠精神”的体现。工匠总是能够发挥材料的最大潜能，实现它们的最高价值，找到它们的最好归宿。

本任务相当于工匠“识料”的过程，只有掌握了机器学习的特点，才能在解决实际问题时让机器学习发挥最大的作用，达到事半功倍的效果。

任务目标

任务分析

要正确地使用机器学习，需要把握机器学习的优缺点，考虑待解决的问题是否适合用机器学习的方法去解决，如果不适合应该怎样重新定义问题，应该使用哪些数据等。换言之，只有清楚地掌握了机器学习的优缺点，才能用它取得更好的结果。

126 了解机器学习的特点任务目标

任务实施

机器学习的算法很多，如用于分类的 KNN 算法、支持向量机（SVM）算法和朴素贝叶斯算法，用于聚类的 Kmeans 算法、EM 最大期望算法，用于集成的 AdaBoost 算法、决策树算法等。不同的算法有不同的特点、不同的应用场景，总体来说，机器学习面向数据分析与处理，切实地解决了现实生活中所面临的一些问题。

1. 机器学习的优点

1）不需要训练所需的知识表达。

2）如果数据充分、算法合适，那么呈现的结果将优于人工构建的模型。

3）不要求专业的数学知识和编程能力，仅靠基本概念就可以充分利用机器学习。

4）支持自动化。可以使用程序自动进行机器学习、寻找最优参数以及对结果进行评估。

5）成本低廉且灵活。除数据之外的其他过程均可实现自动化。

127 机器学习的优缺点

6）可以通过程序随心使用。

2. 机器学习的缺点

1）准备数据时需要付出大量的努力。如果是监督学习，则需要给出所有单一数据的结果值。

2）容易报错。通常很难创建准确度很高的模型。

3）生成的模型是黑箱，所以很难对其解释。想要提高准确度，应当修改或者改善模型，但是大部分机器学习算法很难用训练结果理解生成的模型，而且不能对其本身进行改善。

4）经常发生过拟合问题。虽然优化了既有数据，使训练中使用的数据拥有较高的预测能力，但是其他数据的预测能力并不突出。

任务评价

姓名：	班级：	学号：
机器学习有什么优点？		
机器学习有什么缺点？		
机器学习的应用场景有哪些？试列举3个。	场景一	
	场景二	
	场景三	

知识拓展

了解了机器学习的特点之后，下面再介绍一下机器学习的应用场景。

机器学习早已出现在人们身边了。在使用搜索引擎搜索的时候，机器学习可帮助搜索引擎判断哪个结果更适合用户；大部分垃圾邮件不会被用户注意到，这是因为它们已被机器学习过滤掉了；网易云音乐通过学习用户平时听歌的记录来推荐歌曲；人们边吃早饭边看新闻，这些新闻也是通过机器学习给用户推荐的。

知识巩固

选择题

机器学习的优点有（　　）。

A. 支持自动化，可以使用程序自动进行机器学习

B. 成本低廉且灵活

C. 如果使用的算法合适，那么呈现的结果将优于人工构建的模型

D. 可以解决一切问题

任务三　探究机器学习的发展历程

任务导入

2017 年 1 月 4 日，谷歌公司开发的人工智能机器 AlphaGo，经过 7 天的激战，与世界各国 60 位顶级围棋高手（其中包括 16 位世界冠军）交手，继 2016 年战胜李世石后再次掀起“腥风血雨”的人机大战。早在 20 世纪 50 年代，人工智能便开始向人类发起了挑战。当时来自 IBM 工程研究组的萨缪尔开发出一款跳棋程序，该程序能够在与人对弈的过程中不断累积经验，提升棋艺，并于 1959 年战胜了萨缪尔本人。无论是半个多世纪前的“跳棋对决”，还是当前的围棋“人机大战”，推动人工智能发展的核心动力未曾改变，即计算科学的璀璨明珠——机器学习。那么机器学习是如何一步一步发展到如此强大的？本任务将介绍机器学习的发展历程。

素质目标

任何一个学科的发展都需要务实的态度。机器学习是当前一个“时髦”的概念，这无疑对学科发展和普及有一定的推动作用，但学科的根本还是所研究的问题、方法、技术，以及对社会产生的价值。掌握机器学习技术不能浮于表面，学习要脚踏实地、求真务实，这不仅是对待一个学科应有的态度，更是当代大学生应该具有的优秀品质。

任务目标

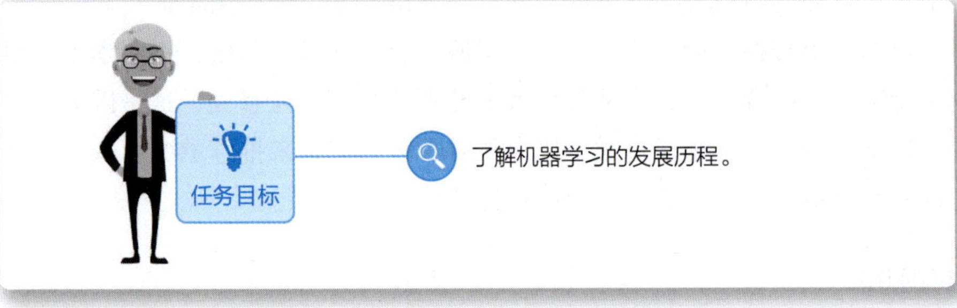

任务分析

围棋仅是机器学习应用的一个方面，机器学习已经存在了几十年或者也可以认为存在了几个世纪。追溯到 17 世纪，贝叶斯、拉普拉斯关于最小二乘法的推导和马尔可夫链构成了机器学习广泛使用的工具和基础。1950（艾伦·图灵提议建立一个学习机器）—2000 年初（产生了深度学习的实际应用，如 2012 年的 AlexNet），机器学习有了很大的进展。在过去的半个多世纪里，机器学习经历了哪些发展阶段？

任务实施

数据是载体，智能是目标，而机器学习是从数据通往智能的技术途径。因此，机器学习是数据科学的核心，是现代人工智能的本质。机器学习是计算机科学和统计学的交叉学科。从 20 世纪 50 年代研究机器学习以来，不同时期的研究途径和目标并不相同，每个时期都有自己的发展成果及特点。

128 探索机器学习的发展历程

第一阶段是 20 世纪 40 年代的萌芽时期。在这一时期，心理学家 McCulloch 和数理逻辑学家 Pitts 引入生物学中的神经元概念（神经网络中的最基本成分），在分析神经元基本特性的基础上提出“M－P 神经元模型”。在该模型中，每个神经元都能接收来自其他神经元传递的信号，这些信号往往经过加权处理，再与接收神经元内部的阈值进行比较，经过神经元激活函数产生对应的输出。M－P 神经元模型主要具有以下特征。

1）每个神经元都是多输入单输出的信息处理单元。

2）神经元之间的连接方式包括“兴奋”和“抑制”两种，当某个神经元处于“兴奋”状态时，便会向相连神经元发送信号并改变其“电位”。

3）每个神经元都需要整合所有输入信号并根据阈值决定是否“兴奋”起来，即神经元具有空间整合特性和阈值特性。当接收信号的神经元“电位”超过自身阈值时，便“兴奋”起来并重复信号发送过程。

4）激活函数的选取应当视具体应用而定，主要分为连续型和非连续型。M－P 神经元模型是神经网络学习的基础，而后者则是机器学习中出现时间最早、应用时间最长的模型。

第二阶段是 20 世纪 50 年代中期至 60 年代中期的热烈时期。在萌芽阶段，神经元的运作过程逐渐明晰，神经网络学习的高效运作需要依赖相关学习规则。热烈时期的标志正是经典学习规则的提出。早在 1949 年，心理学家 Hebb 便提出与神经网络学习机理相关的“突触修正”假设。其核心思想是当两个神经元同时处于兴奋状态时，两者的连接度将增强，基于该假设定义的权值调整方法被称为“Hebbian 规则”。由于 Hebbian 规则属于无监督学习，故在处理大量有标签分类问题时存在局限。1957 年，美国神经学家 Rosenblatt 提出了最简单的前向人工神经网络——感知器，开启了有监督学习的先河。感知器的最大特点是能够通过迭代试错解决二元线性分类问题。在感知器被提出的同时，求解算法也相应诞生，包括感知器学习法、梯度下降法和最小二乘法（Delta 学习规则）等。1962 年，Novikoff 推导并证明了在样本线性可分的情况下，经过有限次迭代，感知器总能收敛，这为感知器学习规则的应用提供了理论基础。在热烈时期，感知器被广泛应用于文字、声音、信号识别和学习记忆等领域。

第三阶段是 20 世纪 60 年代中期至 70 年代中期的冷静时期。由于感知器结构单一，并且只能处理简单线性可分问题，故如何突破这一局限，成为理论界关注的焦点。在冷静时期，机器学习的发展几乎停滞不前。原因主要有以下几点：

1）理论匮乏是制约人工神经网络发展的关键因素。

2）随着现实问题难度的提升，单层人工神经网络的应用局限越来越多。尽管这一时期出现了 Winston 的结构学习系统和 Roth 的逻辑归纳学习系统，但由于只能学习单一概念而未投入实际使用。

3）计算机有限的内存和缓慢的处理速度使机器学习算法的应用受到限制。与此同时，这一时期数据库的容量相对较小，数据规模的增大也使单一机器学习算法效果失真。

4）以 Minsky、Papert 等为代表的一批学者对感知器效果提出了严重质疑。他们通过严密推导并出版著作（如 1969 年出版的《感知器》）来说明感知器应用失败的事实。在此之后，多国停止了对神经网络研究的资助，这进一步加速了以感知器为核心的单层人工神经网络的衰败。

第四阶段是 20 世纪 70 年代中期至 80 年代末的复兴时期。1980 年，美国卡内基梅隆大学举办了首届机器学习国际研讨会，标志着机器学习在世界范围内的复兴。1986 年，机器学习领域的专业期刊 *Machine Learning* 面世，意味着机器学习再次成为理论及业界关注的焦点。在复兴时期，机器学习领域的最大突破是人工神经网络种类的丰富，弥补了感知器单一结构的缺陷。1983 年，加州理工学院的物理学家 Hopfield 采用新型的全互联神经网络很好地解决了旅行商问题（Traveling Salesman Problem，TSP）。1986 年，加利福尼亚大学圣迭戈分校（University of California San Diego，UCSD）的 Rumelhart 与 McClelland 合著《并行分布式处理：认知微结构的探索》一书，提出了应用于多层神经网络的学习规则——误逆差传播算法（BP 算法），将人工神经网络的发展推向第二次高潮。除了 BP 算法，包括 SOM（自组织映射）网络、ART（竞争型学习）网络、RBF（径向基函数）网络、CC（级联相关）网络、RNN（递归神经网络）和 CNN（卷积神经网络）等在内的多种神经网络也在该时期得到迅猛发展。

第五阶段是 20 世纪 90 年代后的多元发展时期。通过对前面 4 个阶段的梳理可知，虽然每一阶段都存在明显的区分标志，但几乎都是围绕人工神经网络方法及其学习规则的衍变展开的。事实上，除了人工神经网络，机器学习中的其他算法也在这些时期崭露头角。例如，1986 年，澳大利亚计算机科学家罗斯・昆兰在 *Machine Learning* 上发表了著名的 ID3 算法，带动了机器学习中决策树算法的研究。20 世纪 90 年代，自 1995 年俄罗斯统计学家瓦普尼克在 *Machine Learning* 上发表 SVM（支持向量机）起，以 SVM 为代表的统计学习便大放异彩，并迅速对符号学习的统治地位发起挑战。与此同时，集成学习与深度学习的提出成为机器学习的重要延伸。集成学习的核心思想是通过多个学习器的结合来完成学习任务，最著名的是 Schapire（1990 年）提出的 Boosting 算法、Freund 和 Schapire（1995 年）提出的 AdaBoost 算法、Breiman（1996 年）提出的 Bagging 算法以及 Breiman（2001 年）提出的随机森林算法。2006 年，Hinton 等（2006 年）提出深度学习，其核心思想是通过逐层学习方式解决多隐藏层神经网络的初值选择问题，从而提升分类学习效果。当前，集成学习和深度学习已经成为机器学习中热门的研究领域。

梳理机器学习半个多世纪的发展历程，可以概括出以下几点：

1）以神经元模型为基础的人工神经网络经历多次起伏，贯穿机器学习发展的每个阶段。

2）机器学习中新算法的提出与其背后的学习理论紧密相连。尽管如此，当前关于机器学习的理论尚不完善，包括人工神经网络等在内的多种机器学习模型仍被划归为“黑箱决策”。

129 总结机器学习的发展历程

3）在具体应用上，机器学习主要用于聚类与分类问题，在预测问题上的应用还比较少，这与其可解释性差、稳定性低有关。当然，该结论主要基于有限数据得出，在大数据时代，机器学习在处理预测问题时将取得新突破。

4）相比于在工业、信息产业中的广泛应用，机器学习在金融领域的应用还不够深入。随着新金融的快速发展，机器学习在大数据风控等领域将发挥更大的作用。

任务评价

姓名：	班级：	学号：	
机器学习发展历程	时间段	该阶段的发展特点	该阶段代表性成果
第一阶段			

（续）

机器学习发展历程	时间段	该阶段的发展特点	该阶段代表性成果
第二阶段			
第三阶段			
第四阶段			
第五阶段			
通过学习机器学习的发展历程你有哪些心得体会？			

知识拓展

130 探索机器学习发展历程得到的启迪

机器学习的发展历程告诉我们：发展一个学科需要一个务实的态度。“时髦”的概念和名字无疑对学科的普及有一定的推动作用，但学科的根本还是所研究的问题、方法、技术和支撑的基础等，以及对社会产生的价值。

“机器学习”是个很酷的名字，它的目的是让机器能像人一样具有学习的能力。但在其十年的黄金发展期，机器学习界并没有过多地炒作“智能”或者“认知”，而是专注于引入统计学等来建立学科的理论基础，面向数据分析与处理，切实地解决了工业界所面临的一些实际问题。

机器学习的发展诠释了多学科交叉的重要性和必要性。然而这种交叉不是简单地相互知道几个名词或概念就可以了，是需要真正地融会贯通。统计学家弗莱德曼早期从事物理学研究，他是优化算法大师，而且他的编程能力同样令人赞叹。乔丹教授既是一流的计算机学家，又是一流的统计学家，而他的博士专业为心理学，他能够承担起建立统计机器学习的重任。辛顿教授是世界非常著名的认知心理学家和计算机科学家。虽然他很早就成就斐然，在学术界声名鹊起，但他依然始终活跃在一线，自己写代码。他提出的许多想法简单、可行又非常有效，被称为伟大的思想家。正是由于他的睿智和身体力行，深度学习技术才迎来了革命性的突破。这些学者非常务实，从不提那些空洞无物的概念和框架。他们遵循自下而上的方式，从具体问题、模型、方法和算法等着手，一步一步实现系统化。

可以说，机器学习是由学术界、工业界和创业界（或竞赛界）等合力造就的。学术界是引擎，工业界是驱动，创业界是活力和未来。学术界和工业界应该有各自的职责和分工。学术界的职责在于建立和发展机器学习学科，培养机器学习领域的专门人才；而大项目、大工程更应该由市场来驱动，由工业界来实施和完成。

知识巩固

选择题

在20世纪80年代，罗斯昆兰提出了（　　）概念。

A. BP　　B. 决策树　　C. 感知机　　D. 随机森林

任务四　理解机器学习的类型

任务导入

2019新型冠状病毒（2019 - nCoV）肺炎疫情的发生对人们生活、生产的方方面面产生了重要影响，并引发国内舆论的广泛关注，众多网民参与了疫情相关话题的讨论。李老师也不例外，他每天密切地关注着疫情的各种新闻，了解各地的疫情状态，网民对于疫情的态度时而消极，时而积极，众多话题让李老师一头雾水。面对这样的情况，相关部门为了掌握真实社会舆论，科学高效地做好防控宣传和舆情引导工作，需要针对疫情相关话题开展网民情绪识别的任务。如何利用机器学习的方法开展网民情绪识别任务呢？使用哪种机器学习类型来实现？本任务将介绍机器学习的类型。

131 理解机器学习的类型任务导入

素质目标

在这场突如其来的新冠肺炎疫情大考中，我国经受住了考验，通过取得疫情初期的阶段性胜利，我国人民更加坚定了打赢这场疫情阻击战的信心。作为当代大学生，要发奋图强、求实创新，勇于担当起建设中国特色社会主义的重任。

任务目标

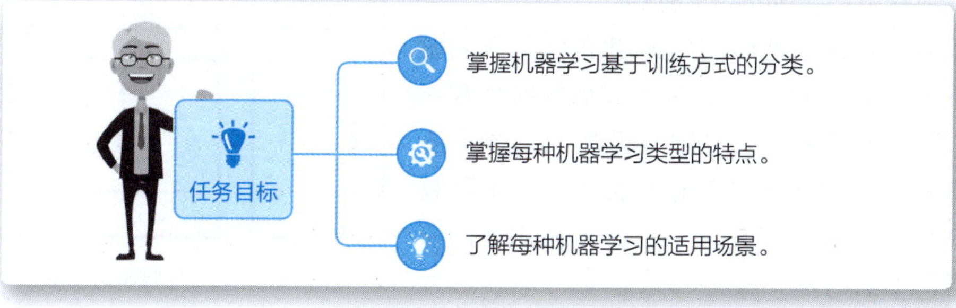

任务分析

机器学习是当前人工智能领域的一个热点内容。很多人在平时的工作中都或多或少地会用到机器学习的算法。根据学习方法的不同，机器学习可以分为四大类：人工提供输入和输出的监督学习、只提供输入的无监督学习、监督学习与无监督学习相结合的半监督学习、在某个环境内为了达到特定目标而进行独立学习的强化学习。从使用频率来看，监督学习用得最多。

机器学习的算法很多，根据数据类型的不同，对一个问题的建模有不同的方式。在机器学习或者人工智能领域，人们首先会考虑算法的学习方式，也就是模型训练的过程，将算法按照训练方式进行分类是一个不错的方法，可以让人们在进行建模和算法选择时能根据输入数据来选择最合适的算法来获得最好的结果，如图 9－4 所示。

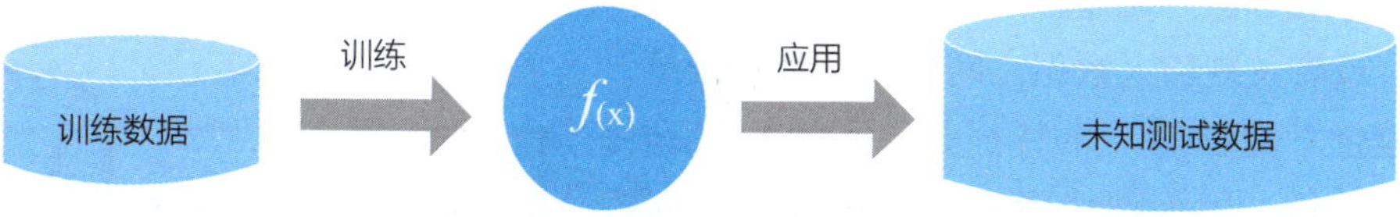

图 9－4　机器学习的过程

任务实施

几十年来，科学家提出的机器学习的方法种类很多，如基于学习策略的分类方法、基于训练方式的分类方法、基于数据形式的分类方法以及基于学习目标的分类方法等。本任务将讨论基于训练方式的分类方法，根据训练模式的不同可以将机器学习分为监督学习、无监督学习、半监督学习和强化学习。

1. 监督学习

监督学习是机器学习中的一种训练方式，是指利用一组已知类别的样本调整分类器的参数，使其达到所要求性能的过程，也称为监督训练，是

132　监督学习

从标记的训练数据来推断一个功能的机器学习任务。任务导入中提到的网民情绪识别使用的就是监督学习这种训练方式。下面介绍监督学习是如何完成一项任务的，如图 9-5所示。

图 9-5 监督学习示例

监督学习通过提供输入和输出进行学习，输入数据被称为“训练数据”，每组训练数据都有一个明确的标识或结果，如对防垃圾邮件系统中的“垃圾邮件”“非垃圾邮件”进行标识，对手写数字识别中的“1”“2”“3”“4”进行标识等。在建立预测模型的时候，监督学习建立一个学习过程，将预测结果与“训练数据”的实际结果进行比较，不断调整预测模型，直到模型的预测结果达到一个预期的准确率。

监督学习的流程可以总结为以下几步：

1）选择一个适合目标任务的数学模型。

2）给机器一部分已知的问题和答案（即训练集）进行训练模拟。

3）机器根据训练集内容进行规律总结，形成一套自己的方法论。

4）方法论形成后，把新的待解决问题（测试集）输入给机器，让其进行解答。

监督学习的常见应用场景包括分类问题和回归问题。常见算法有逻辑回归（Logistic Regression）和反向传递神经网络（Back Propagation Neural Network）。

2. 无监督学习

监督学习是分析输入以得到输出的优化问题，无监督学习则是把握输入数据的结构或者分析关系的方法。无监督学习也称“知识发现”，因为它能够用训练结果发现意想不到的知识，或者发现输入数据之间的组合和特征等。

无监督学习的另一个特征是，它很难对训练结果进行评价，因为训练没有明确的目的，即没有输出，所以无法指定评价标准。监督学习提供数据的时候，每个数据的输入和输出都是元组形式，但是无监督学习没有输出，只有输入。如图 9-5所示，监督学习实例提供了图片中动物的名字；但无监督学习中没有名字，只用图片完成学习，如图 9-6 所示。

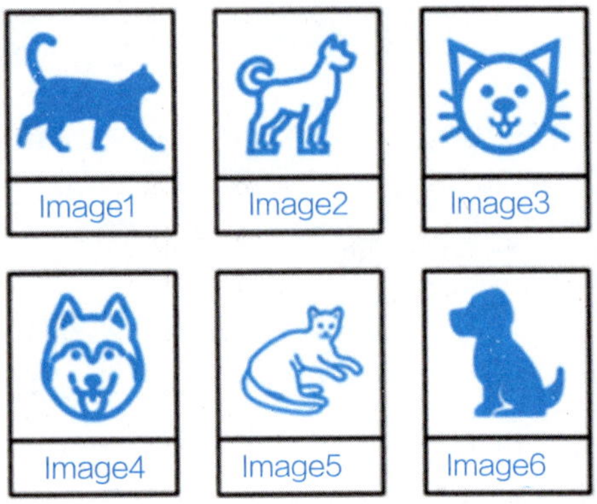

图 9-6 无监督学习示例

无监督学习问题有以下 3 种类型：

1）关联：发现目录中项目共现的概率。其广泛应用于“购物篮分析”。例如，如果一个顾客购买了面包，那么他会有 80% 的概率购买鸡蛋。

2）聚类：将样本分组，同一聚类中的物体与来自另一聚类的物体相比，相互之间会更加类似。

3）降维：指减少一个数据集的变量数量，同时保证还能传达重要信息。降维可以通过特征抽取方法和特征选择方法完成。特征选择方法会选择初始变量的子集。特征抽取方法执行从高维度空间到低维度空间的数据转换。

3. 半监督学习

传统的机器学习技术分为监督学习和无监督学习。无监督学习利用未标记的样本集进行学习，监督学习利用标记的样本集进行学习。但在很多实际问题中只有少量的带有标记的数据，对数据进行标记的代价有时很高，比如在生物学中，对某种蛋白质的结构分析或者功能鉴定可能会耗费生物学家很多年的工作，而大量的未标记数据却很容易得到。这就促使能同时利用标记样本和未标记样本的半监督学习技术的迅速发展。

半监督学习不依赖外界交互，可自动地利用未标记样本来提升学习性能。如图 9－7 所示，半监督学习还可以进一步划分为纯半监督学习和直推学习，区别在于：前者假定训练数据集中的未标记数据不是待预测数据，而后者假定学习过程中的未标记数据就是待预测数据。

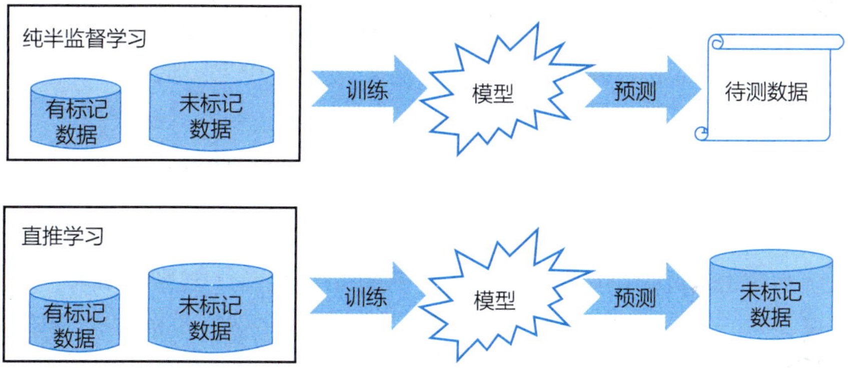

图 9－7 半监督学习

4. 强化学习

这里以种西瓜为例，经过浇水、除草、施肥，一段时间后才能收获西瓜。通常在收获后，人们才知道种出的瓜好不好 。在种瓜过程中，人们执行某个操作（如施肥）时，并不能立即获得最终奖赏（好瓜），仅能得到一个当前反馈（瓜苗更加健壮）。人们需要多次种瓜，在种瓜过程中不断摸索，才能总结出较好的种瓜策略，这个过程抽象出来，就是“强化学习”，如图 9－8 所示。

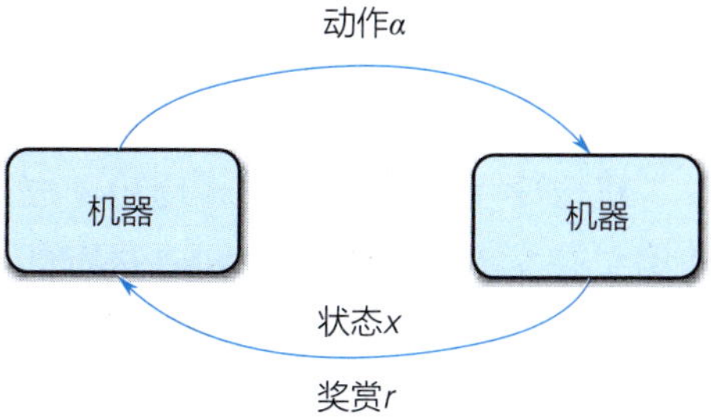

图 9－8 强化学习图示

图 9－8 给出了强化学习的一个简单图示，强化学习任务通常用马尔科夫决策过程（Markov Decision Process，MDP）来描述。

1）机器处于环境（E）中。

2）状态空间为 X，其中，每个状态 $x \in X$ 是机器感知环境的描述。在种瓜任务上，这就是当前瓜苗长势的描述。

3）机器能采取的动作构成动作空间 A，如种瓜过程中有浇水、施不同的肥及使用不同农药等多种可供选择的动作。

4）若某个动作 $a \in A$ 作用在当前状态 x 上，则潜在的转移函数 P 将使环境从当前状态按某种概率转到另一个状态。如瓜苗状态为缺水，若选择动作为浇水，则瓜苗长势会发生变化，瓜苗有一定概率恢复健康，也有一定概率无法恢复。

5）在转到另一个状态的同时，环境会根据潜在的"奖赏"（reward）函数 R 反馈给机器一个奖赏。

综合起来，强化学习任务对应了四元组 $E = <X, A, P, R>$，如图 9－9 所示。

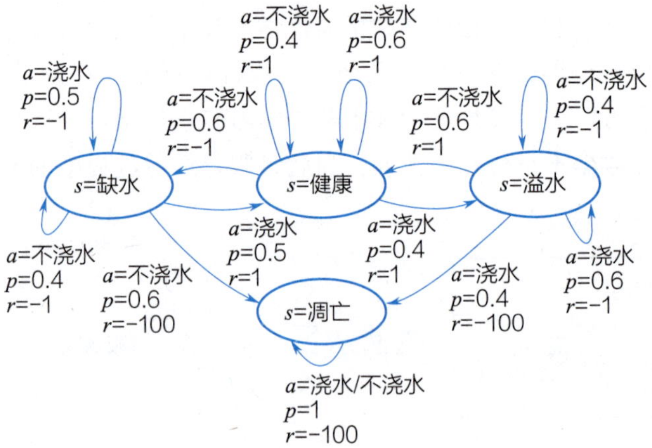

图 9－9 给西瓜浇水问题的马尔可夫决策过程

给西瓜浇水的马尔可夫决策过程：该任务只有 4 个状态（健康、缺水、溢水、凋亡）和两个动作（浇水、不浇水），在每一步转移后，若状态是保持瓜苗健康，则获得奖赏 1；瓜苗缺水或溢水，奖赏为 －1，这时通过浇水或不浇水可以恢复健康状态；当瓜苗凋亡时，达到奖赏的最小值 －100 且无法恢复。图中箭头表示状态转移，箭头旁的 a、p、r 分别表示导致状态转移的动作、转移概率以及返回的奖赏。容易看出，最优策略在"健康"状态选择动作"浇水"、在"溢水"状态选择动作"不浇水"、在"缺水"状态选择动作"浇水"、在"凋亡"状态可选择任意动作。

需要注意"机器"与"环境"的界限。例如，在种西瓜任务中，环境是西瓜生长的自然世界；在下棋对弈中，环境是棋盘与对手；在机器人控制中，环境是机器人的躯体与物理世界。总之，环境中的状态转移、奖赏的返回是不受机器控制的，机器只能通过选择要执行的动作来影响环境，也只能通过观察转移后的状态和返回的奖赏来感知环境。

机器要做的是通过在环境中不断地尝试而学到一个"策略"（policy）π，根据这个策略，在状态 x 下就能得知要执行的动作 $a = \pi(x)$。策略有两种表示方法：一种是将策略表示为函数 $\pi: X \to A$，确定性策略常用这种表示；另一种是概率表示 $\pi: X \times A \to R$，随机性策略常用这种表示，$\pi(x, a)$ 为状态 x 下选择动作 a 的概率，这里必须有 $\sum_a \pi(x,a) = 1$。

策略的优劣取决于长期执行这一策略后得到的累积奖赏。在强化学习任务中，学习的目的就是要找到能使长期积累奖赏最大化的策略。长期积累奖赏有多种计算方式，常用的有“T 步积累奖赏” $E\left[\frac{1}{T}\sum_{t=1}^{T}r_t\right]$ 和“γ 折扣累积奖赏” $E\left[\sum_{t=0}^{+\infty}\gamma^t r_{t+1}\right]$。其中，$r_t$表示第 t 步获得的奖赏值，E 表示对所有随机变量求期望。

从上述例子中可以发现强化学习和监督学习的差别，若将这里的“状态”对应为监督学习中的“示例”，将“动作”对应为“标记”，则可看出强化学习中的“策略”相当于监督学习中的“分类器”或“回归器”，模型的形式并无差别。不同的是，在强化学习中并没有监督学习中的有标记样本，换言之，没有人直接告诉机器在什么状态下应该做什么动作，只有等到最终结果揭晓，才能通过“反思”之前的动作是否正确来进行学习。因此，强化学习在某种意义上可看作具有“延迟标记信息”的监督学习问题。

任务评价

姓名：	班级：		学号：	
机器学习的类型	基本概念	适合的应用场景	基本过程	有何特征
监督学习				
无监督学习				
半监督学习				
强化学习				

知识拓展

除了基于训练方式的机器学习分类方法，还有基于学习目标的分类方法。根据学习目标的不同，可以把机器学习分为以下5种类型：

1）概念学习：学习的目标和结果为概念，或者说是为了获得概念的学习。典型的概念学习主要有示例学习。

2）规则学习：学习的目标和结果为规则，或者说是为了获得规则的学习。典型的规则学习主要有决策树学习。

3）函数学习：学习的目标和结果为函数，或者说是为了获得函数的学习。典型的函数学习主要有神经网络学习。

4）类别学习：学习的目标和结果为对象类，或者说是为了获得类别的学习。典型的类别学习主要有聚类分析。

5）贝叶斯网络学习：学习的目标和结果是贝叶斯网络，或者说是为了获得贝叶斯网络的一种学习。其又可分为结构学习和多数学习。

知识巩固

选择题

机器学习的类型包括（　　）。

A. 监督学习　　B. 无监督学习　　C. 强化学习　　D. 弱化学习

任务五　梳理机器学习的流程

任务导入

传说在古希腊有一位彩虹女神，她的名字为伊里斯。伊里斯从东飞到西替众神向生灵传递消息，她在天空匆匆飞过时会留下一道色彩，形成彩虹。她还指引女人的灵魂到达她们的安息之地，因此蝴蝶花就成了女人墓地上常见的花束，以纪念伊里斯。法国国王路易七世有一夜梦见蝴蝶花，此花给他留下了不可磨灭的印象，于是在十字军圣战中，他将蝴蝶花当作自己的徽章。迷人的蝴蝶花由此而得“路易之花”的美名，后来又被称为鸢尾花（法国王室纹章花形）。本任务要介绍的IRIS数据分类就是基于鸢尾花的机器学习实例。

素质目标

在学习和工作中，不能够只做不说，也不能够只说不做。表达能力、方案执行的落地推进能力都是机器学习工程师的重要技能。所有的重大课题或项目都不是一个人能独立完成的，要注重培养自己的合作意识和精益求精的职业素养。

任务目标

任务分析

了解机器学习的整体流程有助于更全面地理解机器学习。在机器学习中有几个关键的概念：数据、特征、模型和评估。数据是对现实世界中现象的观测；特征是原始数据的数值表示，有多种方法可以将原始数据转换为数值型的表示，所以特征可以有多种形式；模型描述了数据不同部分之间的关系；评估是衡量模型的准确率，判断是否需要进一步进行模型优化操作。

这里结合一个实例（IRIS 数据分类）来分析机器学习有哪些流程。IRIS 数据分类又称为鸢尾花分类，相当于机器学习中的 Helloworld 问题。鸢尾花分类有很多种，它们一般根据花萼长度、花萼宽度、花瓣长度和花瓣宽度进行分类。

IRIS 数据分类是让机器去学习一组关于鸢尾花分类的大数据，然后经过一系列的步骤得到训练模型，最后直接把花的特征数据输入训练模型，进而直接判断花的分类。

整个机器学习的过程一般可以分成以下几步：数据获取、特征提取、数据准备、模型训练、模型测试和模型评估，如图 9－10 所示。这些步骤涵盖了从最初的收集数据到最终解决问题的过程。

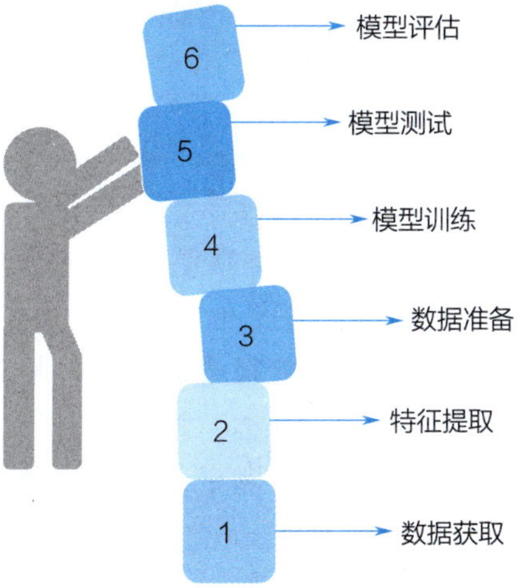

图 9－10 机器学习的大致步骤

任务实施

下面从数据获取、特征提取、数据准备、模型训练、模型测试和模型评估 6 个部分介绍机器学习的整体流程，如图 9－11 所示。

133 机器学习的流程

1. 数据获取

获取各种各样的鸢尾花数据集，鸢尾花如图 9－12 所示。

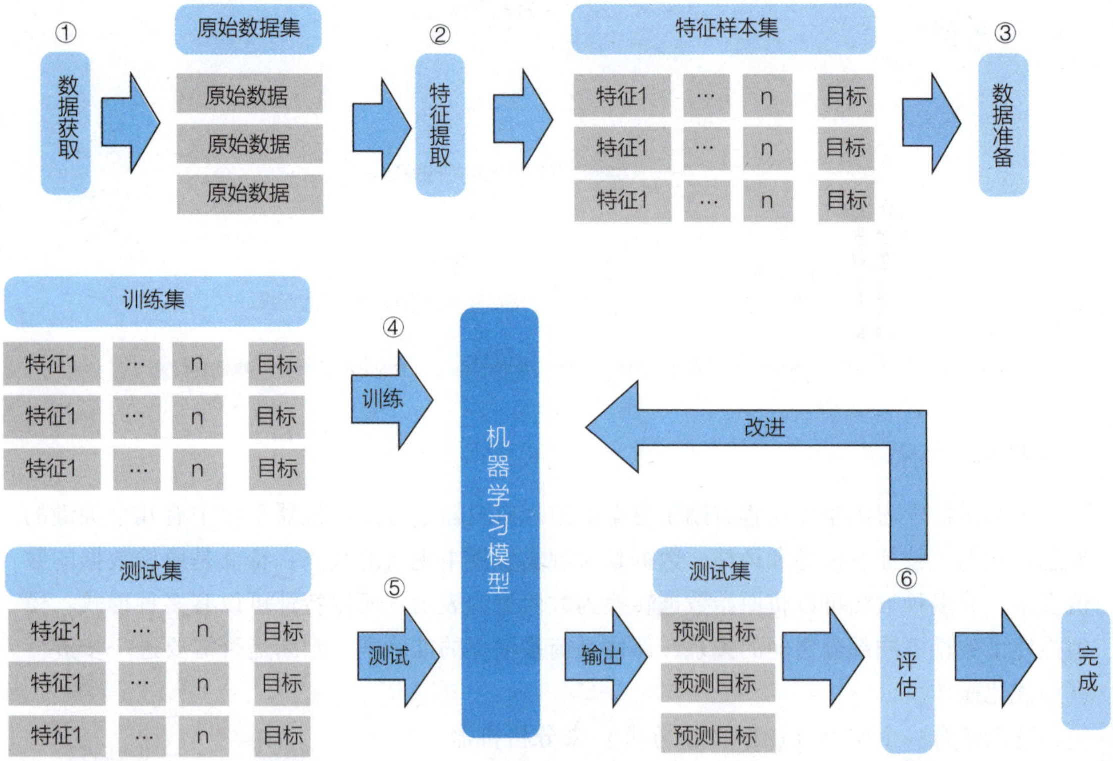

图 9-11 机器学习过程分析

IRIS 数据分类使用的数据全称是安德森鸢尾花卉数据集。安德森是一名植物学家，这个数据集他已经进行标定过。所谓的标定，就是他本身作为植物学家，对这些植物了解很透彻，很轻易就能将这些花进行了分类，并且把它们之间的一些特征进行了测量。这个测量数据及分类的过程就是获取数据的过程。

图 9-12 鸢尾花

2. 特征提取

鸢尾花卉数据集是一类多重变量分析的数据集。数据集包含 150 个分数据集，分为 3 类，每类 50 个数据，每个数据包含 4 个属性。可通过花萼长度、花萼宽度、花瓣长度和花瓣宽度 4 个属性预测鸢尾花卉属于山鸢尾（Setosa）、变色鸢尾（Versicolor）和维吉尼亚鸢尾（Virginica）3 个类别中的哪一类。

部分鸢尾花数据见表 9-1，完整的数据见本书附录。每个数据都由 5 个元素组成，分别对应花萼长度、花萼宽度、花瓣长度、花瓣宽度和类型，其中，类型分别为山鸢尾、变色鸢尾和维吉尼亚鸢尾。

表 9-1 部分鸢尾花数据

序号	花萼长度	花萼宽度	花瓣长度	花瓣宽度	类型
0	5.1	3.5	1.4	0.2	Iris-setosa
1	4.9	3.0	1.4	0.2	Iris-setosa
2	4.7	3.2	1.3	0.2	Iris-setosa
3	4.6	3.1	1.5	0.2	Iris-setosa

3. 数据准备

在这个例子中，数据是很工整的，但是在实际情况中，收集到的数据会有很多问题，所以可能还会涉及数据清洗等工作。当数据本身没有什么问题后，可将数据分成两个部分，即训练集（70%）、测试集（30%），用于后面的验证和评估工作。

4. 模型训练

这里有花萼长度、花萼宽度、花瓣长度和花瓣宽度 4 个参数，这些测量数据可以确定每朵鸢尾花所属的品种。模型训练的目标是利用已知数据集训练出一个理想的机器学习模型，能够根据给定的参数确定鸢尾花的品种。

大部分人都认为训练模型这一步骤是最重要的，其实并非如此。数据的数量、质量以及模型的选择比训练本身重要得多。

这个过程是不需要人为参与的，机器可以独立完成，整个过程如同在做算术题。因为机器学习的本质就是将问题转化为数学题，然后解答数学题的过程。

5. 模型测试

一旦训练完成，就可以测试模型是否有用。评估的指标主要是准确率。这个过程可以让人们看到模型是如何对尚未看到的数据做预测的。这意味着代表模型在现实世界中的表现。

6. 模型评估

模型评估用于评估所构建的机器学习模型预测新鸢尾花的结果准确率，以及是否需要进一步进行模型优化操作。如果对于模型预测的结果准确率不满意，则回到模型训练步骤，通过更换模型或者修改参数等方式，继续完善模型，从而最终得到一个理想的机器学习模型，从而能够根据花萼长度、花萼宽度、花瓣长度和花瓣宽度 4 个参数成功预测新鸢尾花的品种。

机器学习的过程可以概括为数据获取、特征提取、数据准备、模型训练、模型测试、模型评估改进等几部分。需要先对已有数据集进行数据清洗及特征提取，使之满足并且便于后期的模型训练，然后使用数据集中的部分数据（训练集）构建一个机器学习模型，可以从这些已知品种的鸢尾花测量数据中进行学习，从而能够预测新鸢尾花的品种，再使用数据集中的其他数据（测试集）进行结果测试，评估所构建的机器学习模型预测新鸢尾花的结果准确率，确定是否需要进一步进行模型优化操作，最终得到一个理想的机器学习模型。

任务评价

姓名：	班级： 学号：
简要描述机器学习的步骤。	
使用机器学习的方法解决 IRIS 问题的步骤有哪些？	
你认为机器学习步骤中的哪个步骤是最关键的？为什么？	
通过本次任务的学习，你对机器学习有何新的理解？	

知识拓展

在进行数据预处理的时候，有时原始数据比较杂乱，需要对原数据进行清洗。可以把数据清洗分为7个步骤，如图9-13所示。

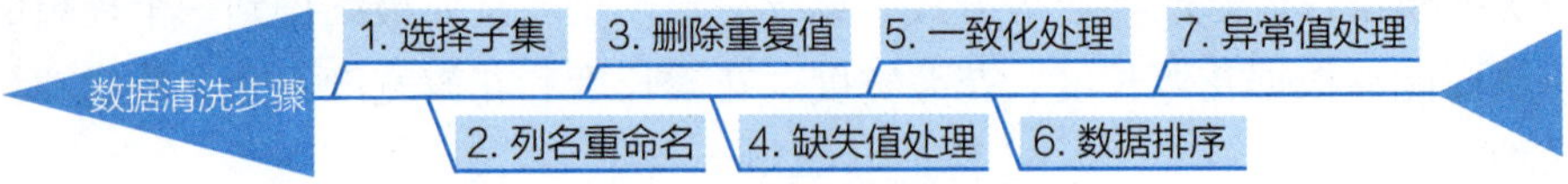

图9-13 数据清洗的步骤

1）选择子集：对不需要的数据进行隐藏。

2）列名重命名：对不同的属性值进行重命名。

3）删除重复值：删除数据集中完全相同的数据。

4）缺失值处理：分为找到缺失值和处理缺失值两部分。处理过程包括人工手动补全、删除缺失值、平均值代替缺失值以及统计模型代替缺失值。

5）一致化处理：数据是否有统一的标准或者命名。

6）数据排序：按照某种排序规则对已有数据进行排序。

7）异常值处理：对于异常数据，可以选择丢弃、替换等方法进行处理，避免异常数据对模型训练等后期步骤的影响。

知识巩固

一、选择题

机器学习的过程包括（ ）。

A. 特征提取　B. 训练模型　C. 测试模型

D. 评估结果　E. 模型优化

二、填空题

机器学习的过程可以概括为数据获取、特征提取、数据准备、（ ）、模型测试、模型评估改进等几部分。先对已有数据集进行数据清洗及特征提取，使之满足并且便于后期的模型训练，然后使用数据集中的（ ）构建一个机器学习模型，再使用数据集中的（ ）进行结果测试。

项目总结

本项目首先介绍了机器学习的相关定义和机器学习的发展历程，然后针对机器学习的优缺点进行了阐述。机器学习的类型包括监督学习、无监督学习、半监督学习和强化学习。针对每种机器学习的类型，介绍了其概念、基本特征、应用场景和工作过程，最后使用机器学习的方法解决 IRIS 问题，梳理机器学习的整个过程。

附 录 完整的 IRIS 数据集

5.1, 3.5, 1.4, 0.2, Iris-setosa
4.9, 3.0, 1.4, 0.2, Iris-setosa
4.7, 3.2, 1.3, 0.2, Iris-setosa
4.6, 3.1, 1.5, 0.2, Iris-setosa
5.0, 3.6, 1.4, 0.2, Iris-setosa
5.4, 3.9, 1.7, 0.4, Iris-setosa
4.6, 3.4, 1.4, 0.3, Iris-setosa
5.0, 3.4, 1.5, 0.2, Iris-setosa
4.4, 2.9, 1.4, 0.2, Iris-setosa
4.9, 3.1, 1.5, 0.1, Iris-setosa
5.4, 3.7, 1.5, 0.2, Iris-setosa
4.8, 3.4, 1.6, 0.2, Iris-setosa
4.8, 3.0, 1.4, 0.1, Iris-setosa
4.3, 3.0, 1.1, 0.1, Iris-setosa
5.8, 4.0, 1.2, 0.2, Iris-setosa
5.7, 4.4, 1.5, 0.4, Iris-setosa
5.4, 3.9, 1.3, 0.4, Iris-setosa
5.1, 3.5, 1.4, 0.3, Iris-setosa
5.7, 3.8, 1.7, 0.3, Iris-setosa
5.1, 3.8, 1.5, 0.3, Iris-setosa
5.4, 3.4, 1.7, 0.2, Iris-setosa
5.1, 3.7, 1.5, 0.4, Iris-setosa
4.6, 3.6, 1.0, 0.2, Iris-setosa
5.1, 3.3, 1.7, 0.5, Iris-setosa
4.8, 3.4, 1.9, 0.2, Iris-setosa
5.0, 3.0, 1.6, 0.2, Iris-setosa
5.0, 3.4, 1.6, 0.4, Iris-setosa
5.2, 3.5, 1.5, 0.2, Iris-setosa
5.2, 3.4, 1.4, 0.2, Iris-setosa
4.7, 3.2, 1.6, 0.2, Iris-setosa
4.8, 3.1, 1.6, 0.2, Iris-setosa
5.4, 3.4, 1.5, 0.4, Iris-setosa
5.2, 4.1, 1.5, 0.1, Iris-setosa
5.5, 4.2, 1.4, 0.2, Iris-setosa
4.9, 3.1, 1.5, 0.1, Iris-setosa
5.0, 3.2, 1.2, 0.2, Iris-setosa
5.5, 3.5, 1.3, 0.2, Iris-setosa
4.9, 3.1, 1.5, 0.1, Iris-setosa
4.4, 3.0, 1.3, 0.2, Iris-setosa
5.1, 3.4, 1.5, 0.2, Iris-setosa
5.0, 3.5, 1.3, 0.3, Iris-setosa
4.5, 2.3, 1.3, 0.3, Iris-setosa
4.4, 3.2, 1.3, 0.2, Iris-setosa
5.0, 3.5, 1.6, 0.6, Iris-setosa
5.1, 3.8, 1.9, 0.4, Iris-setosa
4.8, 3.0, 1.4, 0.3, Iris-setosa
5.1, 3.8, 1.6, 0.2, Iris-setosa
4.6, 3.2, 1.4, 0.2, Iris-setosa
5.3, 3.7, 1.5, 0.2, Iris-setosa
5.0, 3.3, 1.4, 0.2, Iris-setosa
7.0, 3.2, 4.7, 1.4, Iris-versicolor
6.4, 3.2, 4.5, 1.5, Iris-versicolor
6.9, 3.1, 4.9, 1.5, Iris-versicolor
5.5, 2.3, 4.0, 1.3, Iris-versicolor
6.5, 2.8, 4.6, 1.5, Iris-versicolor
5.7, 2.8, 4.5, 1.3, Iris-versicolor
6.3, 3.3, 4.7, 1.6, Iris-versicolor
4.9, 2.4, 3.3, 1.0, Iris-versicolor
6.6, 2.9, 4.6, 1.3, Iris-versicolor
5.2, 2.7, 3.9, 1.4, Iris-versicolor
5.0, 2.0, 3.5, 1.0, Iris-versicolor
5.9, 3.0, 4.2, 1.5, Iris-versicolor
6.0, 2.2, 4.0, 1.0, Iris-versicolor
6.1, 2.9, 4.7, 1.4, Iris-versicolor

5.6, 2.9, 3.6, 1.3, Iris-versicolor
6.7, 3.1, 4.4, 1.4, Iris-versicolor
5.6, 3.0, 4.5, 1.5, Iris-versicolor
5.8, 2.7, 4.1, 1.0, Iris-versicolor
6.2, 2.2, 4.5, 1.5, Iris-versicolor
5.6, 2.5, 3.9, 1.1, Iris-versicolor
5.9, 3.2, 4.8, 1.8, Iris-versicolor
6.1, 2.8, 4.0, 1.3, Iris-versicolor
6.3, 2.5, 4.9, 1.5, Iris-versicolor
6.1, 2.8, 4.7, 1.2, Iris-versicolor
6.4, 2.9, 4.3, 1.3, Iris-versicolor
6.6, 3.0, 4.4, 1.4, Iris-versicolor
6.8, 2.8, 4.8, 1.4, Iris-versicolor
6.7, 3.0, 5.0, 1.7, Iris-versicolor
6.0, 2.9, 4.5, 1.5, Iris-versicolor
5.7, 2.6, 3.5, 1.0, Iris-versicolor
5.5, 2.4, 3.8, 1.1, Iris-versicolor
5.5, 2.4, 3.7, 1.0, Iris-versicolor
5.8, 2.7, 3.9, 1.2, Iris-versicolor
6.0, 2.7, 5.1, 1.6, Iris-versicolor
5.4, 3.0, 4.5, 1.5, Iris-versicolor
6.0, 3.4, 4.5, 1.6, Iris-versicolor
6.7, 3.1, 4.7, 1.5, Iris-versicolor
6.3, 2.3, 4.4, 1.3, Iris-versicolor
5.6, 3.0, 4.1, 1.3, Iris-versicolor
5.5, 2.5, 4.0, 1.3, Iris-versicolor
5.5, 2.6, 4.4, 1.2, Iris-versicolor
6.1, 3.0, 4.6, 1.4, Iris-versicolor
5.8, 2.6, 4.0, 1.2, Iris-versicolor
5.0, 2.3, 3.3, 1.0, Iris-versicolor
5.6, 2.7, 4.2, 1.3, Iris-versicolor
5.7, 3.0, 4.2, 1.2, Iris-versicolor
5.7, 2.9, 4.2, 1.3, Iris-versicolor
6.2, 2.9, 4.3, 1.3, Iris-versicolor
5.1, 2.5, 3.0, 1.1, Iris-versicolor
5.7, 2.8, 4.1, 1.3, Iris-versicolor
6.3, 3.3, 6.0, 2.5, Iris-virginica
5.8, 2.7, 5.1, 1.9, Iris-virginica
7.1, 3.0, 5.9, 2.1, Iris-virginica
6.3, 2.9, 5.6, 1.8, Iris-virginica
6.5, 3.0, 5.8, 2.2, Iris-virginica
7.6, 3.0, 6.6, 2.1, Iris-virginica
4.9, 2.5, 4.5, 1.7, Iris-virginica
7.3, 2.9, 6.3, 1.8, Iris-virginica
6.7, 2.5, 5.8, 1.8, Iris-virginica
7.2, 3.6, 6.1, 2.5, Iris-virginica
6.5, 3.2, 5.1, 2.0, Iris-virginica
6.4, 2.7, 5.3, 1.9, Iris-virginica
6.8, 3.0, 5.5, 2.1, Iris-virginica
5.7, 2.5, 5.0, 2.0, Iris-virginica
5.8, 2.8, 5.1, 2.4, Iris-virginica
6.4, 3.2, 5.3, 2.3, Iris-virginica
6.5, 3.0, 5.5, 1.8, Iris-virginica
7.7, 3.8, 6.7, 2.2, Iris-virginica
7.7, 2.6, 6.9, 2.3, Iris-virginica
6.0, 2.2, 5.0, 1.5, Iris-virginica
6.9, 3.2, 5.7, 2.3, Iris-virginica
5.6, 2.8, 4.9, 2.0, Iris-virginica
7.7, 2.8, 6.7, 2.0, Iris-virginica
6.3, 2.7, 4.9, 1.8, Iris-virginica
6.7, 3.3, 5.7, 2.1, Iris-virginica
7.2, 3.2, 6.0, 1.8, Iris-virginica
6.2, 2.8, 4.8, 1.8, Iris-virginica
6.1, 3.0, 4.9, 1.8, Iris-virginica
6.4, 2.8, 5.6, 2.1, Iris-virginica
7.2, 3.0, 5.8, 1.6, Iris-virginica
7.4, 2.8, 6.1, 1.9, Iris-virginica
7.9, 3.8, 6.4, 2.0, Iris-virginica
6.4, 2.8, 5.6, 2.2, Iris-virginica
6.3, 2.8, 5.1, 1.5, Iris-virginica
6.1, 2.6, 5.6, 1.4, Iris-virginica
7.7, 3.0, 6.1, 2.3, Iris-virginica
6.3, 3.4, 5.6, 2.4, Iris-virginica
6.4, 3.1, 5.5, 1.8, Iris-virginica

6.0, 3.0, 4.8, 1.8, Iris-virginica
6.9, 3.1, 5.4, 2.1, Iris-virginica
6.7, 3.1, 5.6, 2.4, Iris-virginica
6.9, 3.1, 5.1, 2.3, Iris-virginica
5.8, 2.7, 5.1, 1.9, Iris-virginica
6.8, 3.2, 5.9, 2.3, Iris-virginica
6.7, 3.3, 5.7, 2.5, Iris-virginica
6.7, 3.0, 5.2, 2.3, Iris-virginica
6.3, 2.5, 5.0, 1.9, Iris-virginica
6.5, 3.0, 5.2, 2.0, Iris-virginica
6.2, 3.4, 5.4, 2.3, Iris-virginica
5.9, 3.0, 5.1, 1.8, Iris-virginic

参考文献

[1] 李开复，王咏刚. 人工智能［M］. 北京：文化发展出版社，2017.

[2] 李德毅. 人工智能导论［M］. 北京：中国科学技术出版社，2018.

[3] 潘立武，刘志龙，罗丛波. 物联网技术与应用［M］. 北京：航空工业出版社，2010.

[4] 黄玉兰. 物联网概论［M］. 2 版. 北京：人民邮电出版社，2018.

[5] 李俊杰，谢志明. 大数据技术与应用基础项目教程［M］. 北京：人民邮电出版社，2017.

[6] 宋杰. 大数据处理平台［M］. 北京：人民邮电出版社，2017.

[7] 姚海鹏，王露瑶，刘韵洁. 大数据与人工智能导论［M］. 北京：人民邮电出版社，2019.

[8] 刘志成，林东升，彭勇. 云计算技术与应用基础［M］. 北京：人民邮电出版社，2017.

[9] 顾炯炯. 云计算架构技术与实践［M］. 2 版. 北京：清华大学出版社，2016.

[10] 彭帅兴. 区块链：从入门到精通［M］. 北京：中国青年出版社，2019.

[11] JUDMAYER A，STIFTER N，KROMBHOLZ K，et al. 区块链：比特币、加密货币及其共识机制入门［M］. 魏珺洁，程国建，译. 北京：机械工业出版社，2019.

[12] 肖正兴，聂哲. 人工智能应用基础［M］. 北京：高等教育出版社，2019.

[13] 黑马程序员. Python 快速编程入门［M］. 北京：人民邮电出版社，2017.

[14] 聂哲，肖正兴. 人工智能技术导论［M］. 北京：中国铁道出版社，2019.

[15] 言有三. 深度学习之人脸图像处理：核心算法与案例实战［M］. 北京：机械工业出版社，2020.

[16] 乔普拉，乔希，摩突罗. 精通 Python 自然语言处理［M］. 王威，译. 北京：人民邮电出版社，2017.

[17] 冯志伟. 自然语言处理简明教程［M］. 上海：上海外语教育出版社，2012.

[18] 李博. 机器学习实践应用［M］. 北京：人民邮电出版社，2017.

[19] 唐明珠. 类别不平衡数据集分类方法及应用［M］. 南京：南京大学出版社，2017.

[20] 爱索尼克. 机器学习 Web 应用［M］. 杜春晓，译. 北京：人民邮电出版社，2017.